肉牛低蛋白
精准饲养技术

侯冠彧 施力光 曹 婷 主编

中国农业科学技术出版社

图书在版编目（CIP）数据

肉牛低蛋白精准饲养技术／侯冠彧，施力光，曹婷主编 . -- 北京：中国农业科学技术出版社，2024. 8
ISBN 978-7-5116-6613-0

Ⅰ . ①肉⋯ Ⅱ . ①侯⋯②施⋯③曹⋯ Ⅲ . ①肉牛-饲养管理 Ⅳ . ①S823. 9

中国国家版本馆 CIP 数据核字（2024）第 004371 号

责任编辑	张国锋
责任校对	李向荣
责任印制	姜义伟　王思文

出 版 者	中国农业科学技术出版社
	北京市中关村南大街 12 号　　邮编：100081
电　　话	（010）82109705（编辑室）　　（010）82106624（发行部）
	（010）82109709（读者服务部）
网　　址	https://castp. caas. cn
经 销 者	各地新华书店
印 刷 者	北京科信印刷有限公司
开　　本	170 mm×240 mm　1/16
印　　张	15. 75
字　　数	300 千字
版　　次	2024 年 8 月第 1 版　2024 年 8 月第 1 次印刷
定　　价	58. 00 元

《肉牛低蛋白精准饲养技术》
编 委 会

前　　言

　　低蛋白日粮饲喂技术是反刍动物营养研究的前沿和热门话题，因此备受国内外科研工作者的关注。农业农村部高度重视低蛋白日粮研发与推广应用。加快推广低蛋白日粮，可提高原料利用效率，降低豆粕用量，减少大豆进口依赖，降低养殖成本，减少氮排放，一举多得。在生产实践中，在保证生长性能的情况下进一步降低日粮蛋白质水平，以减少氮排放，为构建资源节约型、环境友好型畜牧业提供支撑。反刍动物氨基酸代谢是低蛋白技术的基础。然而，反刍动物氨基酸代谢技术研究有限，为了推广肉牛低蛋白日粮技术，解决生产中的实际问题，我们编写了《肉牛低蛋白精准饲养技术》。

　　本书介绍了反刍动物氨基酸代谢、氨基酸模式、畜禽氮排放与蛋白质饲料资源、低蛋白日粮技术、低蛋白日粮在反刍家畜上的应用、肉牛蛋白质饲料及高效利用技术、肉牛的营养需要及日粮配合、肉牛的饲养管理和肉牛低蛋白质日粮的应用与案例分析等。书中介绍的技术先进，实用性强，可作为学习低蛋白饲喂技术的理想的参考书。

　　本书在编写过程中参阅了许多专家学者的著作或论文，谨向原作者表示感谢，同时也向在本书编写过程中给予支持和帮助的同事和朋友们表示感谢。

　　感谢北京中惠农科文化发展有限公司为本书做的宣传推广工作！

　　由于笔者水平有限、经验不足，且编书时间仓促，书中难免有疏漏之处，敬请广大读者批评指正。我们热切地期望本书的出版能为我国进一步深入开展肉牛低蛋白精准饲养技术研究提供参考。

编　者

2023 年 11 月

目　　录

第一章 反刍动物氨基酸的代谢

与单胃动物不同，反刍动物氨基酸代谢受瘤胃的影响较大。大量的日粮氨基酸在瘤胃内需要转化为微生物蛋白，然后随同瘤胃未降解蛋白质到达小肠为机体所消化吸收。

第一节 氨基酸在瘤胃内的代谢

饲料通过反刍动物口腔采食进入瘤胃，饲料中蛋白质进入瘤胃后，一部分被微生物降解为寡肽、氨基酸和氨，瘤胃微生物再利用发酵生成的挥发性脂肪酸（VFA）作为碳架，将降解的氨及内源分泌的氨利用瘤胃发酵释放的能量（ATP）来合成微生物蛋白，瘤胃微生物合成微生物蛋白的能力受到饲料中可发酵碳水化合物数量及降解速度的影响，即受到瘤胃能氮平衡的同步调控。未被瘤胃微生物利用的氨则被瘤胃壁吸收进入血液，在肝脏中形成尿素进入瘤胃—肝脏氮循环，一部分尿素经唾液或瘤胃壁可重新进入瘤胃，一部分则经肾脏形成尿液排出体外，尿素的排出是蛋白质的损失和浪费；还有一部分未被瘤胃微生物降解的蛋白质，直接进入小肠，称为过瘤胃蛋白。反刍动物小肠吸收氮来源于3个部分，即瘤胃微生物氮、饲料非降解氮和内源分泌氮，其中来自微生物氮占60%~85%。世界各国在新蛋白体系中对微生物蛋白质和饲料过瘤胃蛋白质小肠消化率这两个参数的测定结果并不相同，一般微生物蛋白质小肠消化率比较稳定（70%~85%，平均为80%），饲料非降解蛋白质的小肠消化率变异幅度较大（60%~95%）。

门静脉是消化道吸收营养物质的排流静脉，瘤胃壁吸收的氮和在小肠吸收的瘤胃微生物蛋白、过瘤胃蛋白及内源蛋白质通过消化道吸收进入门静脉；对肠组织氨基酸流量的了解是通过应用导管插入术测定供应和排流胃肠组织的血液成分技术以及血液流速的测定和稳定性同位素标记物质的应用。研究表明，进入肝脏中的氨基酸数量显著少于消化道消失的氨基酸数量，其表进入门静脉之前的氨基酸已经被消化道、胰脏、脾脏和肠系膜脂肪等组织器官大量利用。

同时研究表明，通过胃肠道组织的氨基酸可以以游离氨基酸和小肽两种形式被吸收，肽形式氨基酸的主要吸收部位在瘤胃和瓣胃，此处几乎不吸收游离的氨基酸；大量的游离氨基酸在肠道被吸收，游离氨基酸吸收的主要部位在小肠。

氨基酸通过小肠被吸收进入门静脉后流入肝脏。虽然肝脏重量不到总体重的 2%，但其具有非常强大的代谢功能，肝脏与回流肝脏门静脉一起构成肝脏组织，占不到整个机体的 10%，整个机体能量消耗达到了 50%。吸收后的氨基酸在肝脏有 4 个代谢途径：①以游离氨基酸的形式滞留在血管内外；②转化为特殊的氮代谢物；③异生为葡萄糖提供能量和非氮中间代谢物；④合成并入肝脏和外运蛋白。目前研究反刍动物对代谢蛋白用于体组织合成效率较低（10%~35%），对补加氨基酸的利用率为 40%~90%，其原因与瘤胃发酵降解有关，和反刍动物组织中氨基酸代谢有关。保护性氨基酸研究主要在蛋氨酸和赖氨酸方面，开展日粮氮利用率研究，节约资源。

近年来，随着动物营养研究深入，反刍动物瘤胃内对于蛋白质消化代谢的研究比较成熟，但是对于一些氨基酸的相关代谢途径和功能的研究还不够系统，氨基酸代谢成为热点话题。在反刍动物瘤胃内有大量的微生物，其中包括细菌、原虫和真菌，反刍动物的生存主要依赖于瘤胃微生物发酵后所产生的氨基酸，但饲料中的蛋白质并不是都被分解为氨基酸。众所周知，当动物摄取饲料时，饲料中的蛋白质在瘤胃内降解，大多数由瘤胃微生物完成，这一过程一般分为两个部分：蛋白质水解成肽和游离的氨基酸，氨基酸通过脱氨基作用生产 NH_3、挥发性脂肪酸、CO_2 等，用于合成微生物蛋白或者被瘤胃壁吸收（Kung 等，1996）。在日粮中氨基酸供给量充足的情况下，能量代谢效率会提高，能够增加动物的采食量。为了使小肠内氨基酸含量更高，提高动物的经济效益，了解瘤胃内氨基酸的代谢就变得尤为重要。

一、瘤胃微生物

在反刍动物瘤胃中，存在着大量的瘤胃微生物。瘤胃微生物与蛋白质的降解和氨基酸的代谢息息相关，例如瘤胃微生物通过脱氨基或者脱羧作用来调节氨基酸的代谢途径，影响氨基酸的降解率，从而增加氨基酸进入小肠的流通量。瘤胃微生物包括原虫、细菌和真菌以及少量的噬菌体等，瘤胃微生物与宿主之间、微生物与微生物之间处于动态平衡，共同维持机体的正常运行。研究物胃微生物能更全面地了解消化代谢系统，能合理运用饲料，提高饲料的营养价值和反刍动物的经济效益。在反刍动物瘤胃中，瘤胃细菌种类繁多，而且它们都有着多种功能。瘤胃细菌主要属于拟杆菌门（Bacteroidetes）和厚壁菌门

（Firmicutes），其分类方式也有多种，一般根据形态或者功能进行分类。

反刍动物瘤胃中还存在个体较大的微生物，比如瘤胃原虫，最主要的原虫有纤毛虫和鞭毛虫两大类。原虫是最简单的单细胞真核生物，它由细胞膜、细胞质和细胞核组成。原虫的分类方式也多种多样，在生物学中划分为鞭毛纲、肉足纲、孢子纲和纤毛纲四类（刘凌云等，2009）。其中瘤胃纤毛虫就有布契利属、等毛虫属、厚毛虫属、寡等毛虫属、*Charoina*、内毛属、双毛属、原始纤毛属、单甲属、真双毛属、双甲属、多甲属、鞘甲属、后毛属、硬甲属、甲属、前毛属和头毛属 18 个属。瘤胃鞭毛虫一般分为 5 种，即 *Chilomastix caprae*、*Monocercomoncides caprae*、反刍单尾滴虫、似人五毛滴虫和 *Tetratrichomonacbuttreyi*。

二、蛋白质降解

在反刍动物饲料中，蛋白质是氮的主要来源，饲料中的蛋白质进入瘤胃后，一部分蛋白质被瘤胃微生物所分泌的蛋白酶、肽酶等降解为寡肽、氨基酸和氨。肽是蛋白质降解过程的中间产物，不同肽的降解速率由不同的瘤胃微生物决定。肽的主要吸收是在瘤胃和瓣胃中进行，在反刍动物中的瘤胃内经蛋白质降解得到的肽最终会形成氨基酸，其降解速率与它的化学组成和 N 端结构有关（刘玮等，2011）。体内外试验证明，瘤胃微生物对氨基酸具有优先选择利用的可能（Chalupa，1976）。Maeng 等（1976）研究表明，替代纯化日粮中25%的尿素用混合氨基酸，微生物产量增加100%，细菌分裂的时间减少，因此目前不能确定提高微生物的增殖速度是某种氨基酸作用（杨红建，2000）。蛋白质的组成对于瘤胃微生物具有重要影响，导致日粮中不同氨基酸组合对刺激瘤胃微生物的生长会产生不同效果，不同氨基酸对瘤胃微生物的作用有差异，有正向作用，也有负面影响。钟诚等（1996）研究发现，氨基酸或蛋白质对瘤胃微生物的刺激作用受某些特殊限制性氨基酸的影响而取决于其种类。李建国等（1992）研究表明，通过蛋氨酸可增加纤维消化率，刺激瘤胃微生物的生长。

瘤胃内肽最终形成氨基酸的速率一般高于氨基酸被微生物利用的速率，减缓其降解速率的方法一般是采用控制其酶活性或者抑制菌群对肽的吸收。瘤胃微生物通过再利用发酵产生的挥发性脂肪酸作为碳架，并且利用发酵时产生的能量 ATP，将降解产生的寡肽、氨基酸和氨与内源分泌的氨一起合成微生物蛋白（MCP），这部分蛋白质称为瘤胃可降解蛋白质（RDP）（王佳堃等，2004）。还有一部分蛋白质未被瘤胃微生物降解而进入后段消化道中，这一部分蛋白质称为未降解蛋白质（UDP），这部分微生物蛋白随着食糜一起流入真胃和小肠中进一步消化吸收。

被降解的蛋白质大部分不能得到很好的利用，使得其消化率不高。不同饲料中的蛋白质在瘤胃中的降解率差异较大，通常情况下 RDP 在饲料总蛋白含量中占 65%，蛋白质的降解率能够直接影响后面进入小肠的蛋白质含量和氨基酸数量。

蛋白质降解率的测定方法有很多种，主要分为体内法、尼龙袋法和体外法3 种，其中体外法又分为酶解法、溶解度法和人工瘤胃法 3 种（张乃锋等，2002）。体内法是通过瘘管技术和微生物标记物测定十二指肠的食糜流通量、内源含氮物质数量以及微生物氮的数量来计算降解率，是一种最直接的测量方法，它具有结果准确、数据可靠的优点，缺点是耗费大量的人力物力，操作过程烦琐。尼龙袋法是将饲料装入尼龙袋中，利用瘤胃瘘管技术将尼龙袋放入瘤胃中培养，设定一定的时间梯度收集尼龙袋，测定饲料蛋白质在瘤胃内不同停留时间的消化率，从而计算出蛋白质降解率（林春健等，2011）。由于此方法成本低、操作简单、能够同时进行大批测量，所以运用最为广泛。

体外法测量蛋白降解率有 3 种方法，其中溶解度法是通过计算待测饲料在缓冲液中的溶解度来反映降解率的方法。它的不足之处是相关性低、单一或几种消化酶很难模拟真正的消化体系，重复性较差，优点是操作简单、较经济（李树聪等，2001）。人工瘤胃法则是在体外进行培养，用瘤胃液模拟瘤胃环境来研究降解率的方法，分为短期发酵法和持续动态发酵技术两种。短期发酵法一般用于干物质消化率的测定和利用氨来估测降解率，持续发酵法是通过控制发酵条件及内容物的排出来模拟瘤胃内环境，有更强的相关性，但是也存在着局限性，还不能推广（颜品勋等，2011）。而酶解法与人工瘤胃法相似，也是模拟瘤胃环境，只是将瘤胃液替换成酶溶液，它能模拟微生物分解蛋白质和纤维素的作用，测定方式分为利用单一和多种蛋白水解酶来降解饲料的两种方法，再测量降解率，具有操作简易、稳定性较高、绿色环保的优点。

三、氨基酸在瘤胃内的代谢

瘤胃中的氨基酸主要由蛋白质降解产生，研究氨基酸在反刍动物瘤胃中的代谢机理，有助于我们采取办法降低氨基酸在瘤胃中的降解率，从而提高氨基酸进入小肠内的流通量，还有助于提高动物机体对微生物蛋白的利用率。氨基酸在瘤胃中的代谢分为两类，分别为分解代谢和合成代谢。分解代谢是指瘤胃微生物将不能利用的复杂有机物包括限制性氨基酸分解为葡萄糖、有机酸等物质：合成代谢则以饲料蛋白产生的氨基酸作为氮源合成微生物蛋白（刁欢等，2006）。氨基酸代谢大多数是饲料蛋白代谢中的一个步骤，氨基酸经过脱氨基作用后剩下的碳架用于合成各种挥发性脂肪酸，这一过程是由蛋白降解菌共同完成的。

在反刍动物瘤胃微生物中，瘤胃纤毛虫具有很强的脱氨基作用，在氨基酸代谢中不可或缺，它能使氨基酸产生氨，一般对谷氨酰胺、瓜氨酸、天冬酰胺等数量不多的氨基酸有较强的脱氨基作用，而对谷氨酸、天冬氨酸和组氨酸则没有脱氨基作用（张洁等，2008）。在氨基酸代谢过程中，瘤胃细菌也有着极其重要的作用，不同的细菌则可以利用不同的氨基酸。

对绵羊用尼龙袋法测定大豆粕、花生粕、棉籽粕、菜籽粕和酒糟5种不同蛋白质饲料在瘤胃内氨基酸的动态降解率（李建国等，2004）。结果表明，花生粕总氨基酸动态降解率最高，为69.53%，其次为大豆粕、棉籽粕、酒糟和菜籽粕，分别为61.3%、48.7%、48.0%和38.8%。研究结果还表明这4种不同的蛋白质饲料有着相同点，即它们的赖氨酸、谷氨酸和精氨酸在瘤胃中的降解率都比较高，而亮氨酸和异亮氨酸等在瘤胃中的降解率相对低一些。

四、影响因素

（一）日粮类型

不同的蛋白质饲料各种氨基酸和总氨基酸具有不同的降解率，不同日粮类型可能会通过影响微生物区系和瘤胃内的 pH 等综合影响氨基酸的代谢。研究表明，以青粗饲料为基础日粮比精饲料降解率高，它通过影响蛋白质在瘤胃内的降解产物肽和氨基酸的生成速率来影响氨基酸的代谢。不同饲料中的蛋白组成均不同，而不同蛋白质的蛋白水解酶也不相同，从而影响其降解。蛋白质的二级结构、三级结构、二硫键和结构关联性也同样会影响其降解，不同日粮中的蛋白结构均有差异（刘倩等，2017）；另外，不同日粮的干湿程度也会影响氨基酸代谢，湿料、干料和半干料通过影响瘤胃微生物的活性和降解速率以及饲料在瘤胃中的停留时间，进而影响氨基酸的代谢。

（二）微生物种类

不同的微生物种类具有不同的降解速率，其脱氨基作用也各有差异，原虫、细菌和真菌都与蛋白质降解和氨基酸代谢息息相关，其中纤毛虫能分泌蛋白水解酶。而在细菌中，主要研究的与蛋白降解有关的菌有嗜淀粉拟杆菌、溶纤维丁酸弧菌和栖瘤胃普雷沃氏菌 3 种，部分真菌则能够影响氨基肽酶活性，但真菌对于降解的影响作用并不大（李吕木等，2006）。瘤胃微生物通过分泌的一系列酶以及各自的协同作用和拮抗作用的相互调节，来调控蛋白质和氨基酸的降解程度，进而影响氨基酸的代谢。

（三）饲料氨基酸的瘤胃降解保护

饲料中的蛋白质和氨基酸在瘤胃内降解，会造成大量损失，为了提高其利用率，人们通过常用加热处理、包被处理和单宁保护等方法将氨基酸保护起来，避免氨基酸在瘤胃中降解，而直接进入小肠内被吸收利用，从而提高饲料营养价值（韩继福等，2003）。这种技术称为过瘤胃保护技术，其能够影响蛋白质和氨基酸的降解程度，使得蛋白质沉积，也会影响某些酶和菌群活性，例如加热处理能够使得酶活性降低，从而影响氨基酸代谢。

第二节　氨基酸在乳腺中的代谢

泌乳反刍动物乳蛋白合成的重要器官是乳腺。随着人们消费观的改变，绿色、健康和低脂消费成为主流，乳腺营养物质代谢的研究备受关注。在反刍动物乳腺中，蛋白质和氨基酸代谢旺盛，氨基酸作为三大营养物质之一，能够影响乳腺的生长发育，它也是乳蛋白合成的前体物，与乳蛋白调控机制息息相关。了解氨基酸在乳腺中的代谢过程能帮助我们更好地提高反刍动物的产奶量、乳蛋白合成量，提高泌乳动物的经济效益。

一、乳腺氨基酸的吸收

大量研究表明，乳中特异性蛋白质来源于血液中游离的氨基酸，血液中氨基酸的供给量影响其浓度，进而影响乳腺对氨基酸的吸收。李喜艳等（2011）研究发现，乳腺对赖氨酸的吸收随蛋白质水平增加而增加。日粮中添加鱼粉则静脉血液中赖氨酸的含量和乳腺对赖氨酸、亮氨酸、酪氨酸的净吸收均显著增加。越来越多的实验表明，蛋白质水平能够影响乳腺对氨基酸的吸收作用。乳腺对氨基酸的吸收受血液中氨基酸的浓度、红细胞数、氨基酸转运载体等影响。氨基酸的运输主要是通过氨基酸转运载体完成，多种氨基酸的转运载体和表达调控机制能够影响奶牛乳腺中氨基酸的吸收，从而影响乳蛋白合成效率，提高乳产品品质和经济效益。

二、氨基酸供应

血浆中游离的氨基酸浓度能够影响乳腺氨基酸吸收和代谢，但是其浓度并不是越高越好。两者相互协调能够提高乳蛋白合成效率和乳产品的利用率。Guinard 等（1994）研究表明，在正常情况下，游离的氨基酸浓度会维持在一定的水平范围内，当过量地增加游离氨基酸的含量时，游离氨基酸含量会下调而维持血浆中摄入量的稳定。影响乳腺摄取氨基酸能力的因素有很多，例如氨基酸的转运载体的活力，进一步的研究表明，在十二指肠中增加赖氨酸的灌注量能够提高赖氨酸的吸收量以及乳蛋白的合成量。在十二指肠中增加酪蛋白的灌注量也能够增加其吸收量和乳蛋白合成量，但当浓度达到 762 g/d 时，乳蛋白的合成效率降低，表明在乳腺中必需氨基酸供应并不是越多越好。在一定范围内增加必需氨基酸的量能够提高其吸收能力和乳蛋白合成效率，但当其吸收量超过合成乳蛋白需要量时，合成乳蛋白效率降低。

三、泌乳反刍动物氨基酸在乳腺中的代谢过程

在反刍动物中，乳腺内的氨基酸代谢作为乳产品供应的基础，揭示各氨基酸代谢通路有利于提高乳产品质量。乳腺中的氨基酸从血液中获得，大部分用于合成乳蛋白，若氨基酸的供应量不足或者过量时，会降低乳蛋白的合成量，适度增加氨基酸供应量能够提高其产量。李喜艳等（2011）发现，乳蛋白合成场所开始于粗面内质网的核糖体上，由信号肽引导进入内质网腔，在内质网和高尔基体进行修饰，即进行磷酸化和糖基化等过程，再通过分泌泡转移到上皮细胞顶膜，最后胞吐至腺泡腔内。

乳腺从血液中获得的氨基酸除了用于上述中的乳蛋白合成外，还有一部分合成结构蛋白，用于参与合成细胞，一部分氨基酸进入代谢途径用于非必需氨基酸、部分支链氨基酸以及多胺的合成，血液中氨基酸供应量增加能够影响其氧化能力或者能够使氨基酸直接进入乳内（刘兰等，2016）。

研究反刍动物乳腺中氨基酸的代谢过程，就需要了解乳腺中必需氨基酸和非必需氨基酸的代谢过程和效率。乳腺中各种氨基酸代谢过程比较复杂，通常以支链氨基酸、赖氨酸、精氨酸和含硫氨基酸为主要研究对象。王俊锋等（2004）研究表明，在支链氨基酸中，研究最多的是亮氨酸、缬氨酸和异亮氨酸这 3 种氨基酸，其中乳腺能吸收大量的亮氨酸，其含量超过合成乳蛋白的需要量。Lin 等（2014）研究表明，亮氨酸分解代谢能力越强，乳蛋白产量越低，亮氨酸的氧化能力与乳蛋白的合成呈负相关。支链氨基酸的氧化能够引发

非必需氨基酸、脂肪酸和碳架的合成，是机体维持营养代谢所需的氨基酸。缬氨酸不仅参与合成乳蛋白，还会影响氧化相关的代谢过程。在赖氨酸的代谢研究中，虽然乳腺对赖氨酸的吸收量多于合成乳蛋白的需要量，但是由于赖氨酸与乳腺内的代谢相关，赖氨酸仍作为限制性氨基酸。对赖氨酸进一步研究表明，赖氨酸在乳腺内进行分解代谢，当其含量过量时，其氧化能力增强，但是具体的机制还有待进一步研究。Bequette等（2003）研究发现，精氨酸的代谢功能较多，如精氨酸可作为含氮氧化物前体，也能够合成脯氨酸，是一种功能性必需氨基酸。在乳腺中，精氨酸在精氨酸酶的作用下转化为氨和鸟氨酸，鸟氨酸在鸟氨酸脱羧酶作用下转化为多胺，能够调控乳分泌。含硫氨基酸在代谢中研究最多的是蛋氨酸和半胱氨酸，其中蛋氨酸是限制性氨基酸，能够影响多种代谢途径，它通过生产磷脂、肉碱和多胺等特殊组分来参与代谢。蛋氨酸吸收量高于分泌量，能满足乳蛋白合成，而半胱氨酸也在代谢中起重要作用，但是其吸收低于分泌量，因此需要提供一定的半胱氨酸以合成乳蛋白。

四、氨基酸对乳蛋白合成的影响

在反刍动物乳腺中，蛋白质的合成通常由乳蛋白和组织蛋白的合成两部分组成，乳蛋白最主要是酪蛋白和乳清蛋白。合成乳蛋白主要是利用血液中游离的氨基酸来完成，必需氨基酸全部来源于血液，非必需氨基酸由乳腺中其他物质（如葡萄糖）来合成。氨基酸能够影响乳蛋白的合成效率（Jiakun等，2005），例如精氨酸和鸟氨酸可提供氮源。氨基酸结构相对于蛋白质含量对乳蛋白合成的影响更大。大量研究表明，乳中酪蛋白的合成与必需氨基酸利用率有关，当提供一定量的保护性氨基酸时，可提高乳蛋白的产量和乳产品的质量。氨基酸提供不足或者过量都会降低其产量，乳腺能够根据自身需求量来调控氨基酸摄取量，并且其调控是由代谢来完成的。Pacheco等（2003）研究表明，在反刍动物血液中支链氨基酸和赖氨酸分配给乳腺最多，乳腺支链氨基酸摄取量大于乳中支链氨基酸的含量，而非必需氨基酸摄取量则小于乳中的含量，说明支链氨基酸有可能转化为非必需氨基酸，进一步揭示了氨基酸的相互作用能够影响乳蛋白合成效率。

第三节 反刍动物小肠限制性氨基酸

限制性氨基酸是指在动物日粮中必需氨基酸含量与机体所需必需氨基酸含量相比，比值偏低的氨基酸。这些氨基酸的含量不足会限制其他氨基酸的利用，影响机体的营养调控机制，其中缺乏最多、限制能力最强的作为第一限制性氨基酸，然后根据缺乏量和限制性强度依次分为第二限制性氨基酸、第三限制性氨基酸等。在反刍动物小肠中，限制性氨基酸含量并不少，其中牛和羊的第一限制性氨基酸是蛋氨酸。限制性氨基酸往往会阻碍营养物质的充分吸收，通常增加限制性氨基酸的含量能够提高动物的营养价值和肉品质、乳品质，研究反刍动物小肠限制性氨基酸的调控机制，能提高动物的经济效益和降低尿氮损失，还能够提高动物日粮的消化率，为今后对限制性氨基酸的研究提供理论基础。

一、反刍动物限制性氨基酸的研究进展

在反刍动物中，小肠对氨基酸的消化利用和运输会导致氨基酸利用率增加，使得某些氨基酸的限制作用得以表现。在小肠中，吸收氨基酸的主要部位是空肠和回肠，其大部分氨基酸来源于微生物蛋白质和未降解蛋白。通常情况下增加机体内某种限制性氨基酸能提高氨基酸利用率，但是它会受需要量和氨基酸模式的限制，再加上反刍动物小肠限制性氨基酸的研究与单胃限制性氨基酸的研究不同，所以需要考虑氨基酸之间的相互作用和动物本身的消化系统特点来研究其调控机制（王建华等，2007）。Richardson 等（1978）等研究发现，当用微生物蛋白质作为荷斯坦肉牛生长的唯一蛋白质来源时，生长牛的第一限制性氨基酸是蛋氨酸，而第二和第三限制性氨基酸分别是赖氨酸和苏氨酸。Fraser 等（1991）等发现，用酪蛋白作为唯一氮源的产奶牛，第一限制性氨基酸是赖氨酸、第二限制性氨基酸是蛋氨酸。Greenwood 等（2000）试验证明，饲喂豆皮的荷斯坦生长牛的第一限制性必需氨基酸为蛋氨酸。Sun 等（2007）报道，饲喂玉米–豆粕型日粮的生长山羊小肠第一、第二、第三限制性氨基酸分别是蛋氨酸、赖氨酸、亮氨酸。

（一）蛋氨酸

蛋氨酸（Methionine，Met）是哺乳动物的重要营养物质，生长发育和代谢都需要蛋氨酸。蛋氨酸根据化学结构命名为 2–氨基–4–甲硫基丁酸，能为机体提供甲基与巯基。蛋氨酸在蛋氨酸腺苷转移酶作用下激活转变成 S–腺苷蛋氨酸，可提供 1 个甲基参与体内甲基转移作用的生物化学反应，因此蛋氨酸有着不可替代的代谢与调控作用（Lu 等，2000）。蛋氨酸能作为合成蛋白质的原料，有 4 种构型，参与肝内脂肪与磷脂的代谢，在反刍动物中还能作为过瘤胃蛋白源，有杀菌作用，并能减少氮的排放（丁景华等，2008）。当蛋氨酸不

足时能影响肌肉的生长，表现为生长缓慢、发育不良、生产性能降低等。由于蛋氨酸在饲料中比较缺乏，尤其对于禽类而言经常作为第一限制性氨基酸，严重影响蛋白质的利用率和生长性能，所以大部分日粮中都要添加蛋氨酸。蛋氨酸和赖氨酸一般会被认为是玉米基础日粮的限制性氨基酸。任娇（2015）研究表明，氨基酸受体 T1R1/T1R3 介导氨基酸通过 T1R1/T1R3-PLC-Ca^{2+}-ERK1/2 信号转导途径调控 mTOR，并且主要是蛋氨酸通过该信号通路激活 mTORC1。蛋氨酸还参与多胺的形成，促进细胞的生长和蛋白质的合成（Lu 等，2012）。特别的是，蛋氨酸是唯一含硫的氨基酸，但它的含量在体内并不是很多，反而极低并且自身不能合成。当以豆粕-玉米型为基础日粮且蛋白来源主要为大豆产品时，蛋氨酸为犊牛、后备牛、泌乳奶牛的第一限制氨基酸（NRC，2001）。有研究显示，对于生长山羊来说，蛋氨酸是其小肠第一限制性氨基酸，它的含量不足会造成其他氨基酸利用率下降（Shan 等，2007；计峰等，2011）。蛋氨酸除了对于乳蛋白合成很重要之外，还参与了肝脏脂蛋白合成、抗氧化剂合成和免疫相关蛋白的合成（Osorio 等，2013；Zhou 等，2016）。有研究发现，在幼建鲤的日粮中添加蛋氨酸羟基类似物（HMTBA）能显著增加白细胞吞噬活性、免疫球蛋白 M、补体 C3、C4 含量（Kuang 等，2012）。也有研究在肉鸡的日粮中提高蛋氨酸水平，结果使新城疫抗体滴度显著提高（Panda 等，2007）。经过标记的 35S-Met 进入豚鼠巨核细胞，发现蛋白质合成会在其摄入蛋氨酸 24 h 内完成（Schick 等，1990）；采用同位素标记研究仔猪蛋氨酸的代谢，结果表明，有约 80% 的蛋氨酸用于机体蛋白质的合成（Riedijk 等，2007）。有研究显示，绵羊补饲蛋氨酸可以提高产毛性能（Goulas 等，2003）。补充蛋氨酸以及替代物可以显著地增加大鼠增重；补充瘤胃保护性蛋氨酸可以提高奶牛产奶高峰至中期的牛奶产量（Izumi 等，2000），提高必需氨基酸的利用效率（Lee 等，2015）。最新有研究显示，低蛋白水平日粮添加 RPMet 对黔北麻羊生长性能、血浆生化和抗氧化指标及瘤胃发酵参数没有产生负面影响（王菲等，2020）。

（二）赖氨酸

赖氨酸经常作为合成蛋白质的第一限制性氨基酸，有 L 型和 D 型两种构型，在动物蛋白中含量较高，但在植物性饲料（如玉米、小麦等）中的含量较低，而且赖氨酸容易在饲料加工过程中被破坏导致其利用率不高。在一般日粮原料中，98.5% L-赖氨酸盐酸盐和 65% 赖氨酸硫酸盐作为赖氨酸的添加剂（李刚，2016）。赖氨酸可调控代谢机制，促进骨骼生长发育，还能提高饲料的利用率，与机体内消化系统密切相关。当缺乏赖氨酸时，氨基酸利用率会降低，造成发育不良、神经系统失衡、腹泻等问题的出现。王友明等（2013）研究表明，在日粮中提供适量的赖氨酸可以降低背膘厚度、增加眼肌面积和瘦肉率，赖氨酸经常与其他限制性氨基酸（如蛋氨酸）互相作用来影响机体的营养吸收机制。

（三）组氨酸

在蛋白质中一般均含有 L-组氨酸。组氨酸通常情况下也作为动物机体的限制性氨基酸，当机体缺乏组氨酸时，会影响神经系统和消化系统的调控，影响蛋白质的合成，组氨酸具有疏通血管的功能，又是一种神经递质，在日粮中适量添加组氨酸能刺激胃酸和胃蛋白酶的分泌，促进咪唑乳酸、组胺等物质的合成，维持细胞 pH 稳定，有利于动物机体健康等。当日粮干物质中 UDP 的含量较低时，组氨酸通常作为第一限制性氨基酸（傅莹，2011）。一般在奶牛中组氨酸作为第三限制性氨基酸，影响机体的生理功能。

（四）苏氨酸

苏氨酸有 4 种构型，能调控日粮中氨基酸平衡、影响蛋白质合成、改善肉品质和饲料的消化率，还能降低氮排放、改善环境。当机体缺乏苏氨酸时，会影响机体的免疫功能，降低动物的抵抗力，使动物采食量降低、发育不良；饲粮中适量添加苏氨酸能调节日粮氨基酸模式，满足机体的氨基酸需求、提高饲料利用率和营养价值，苏氨酸还可以作用于另一种氨基酸（色氨酸），可以缓解色氨酸作用于机体时的机体生长抑制作用（刘雪峰，2011）。研究表明，苏氨酸是机体抗体和免疫球蛋白的主要成分，对机体的免疫系统具有重要意义。苏氨酸需要量一般根据赖氨酸的多少来计算，在赖氨酸和蛋氨酸含量已满足的情况下，根据小肠苏氨酸与赖氨酸的比例配制日粮，以提高日粮的营养价值和动物的氨基酸利用率。

（五）其他限制性氨基酸

在不同的反刍动物当中，其限制性氨基酸也有差异，例如 Schwab 等（1992）研究表明，在泌乳奶牛中赖氨酸是第一限制性氨基酸，第二限制性氨基酸是蛋氨酸；Merchen 和 Tigemeyer（1992）指出，在含硫氨基酸的奶牛中亮氨酸、异亮氨酸、缬氨酸是潜在的限制性氨基酸，并证明生长牛的限制性氨基酸为蛋氨酸、精氨酸、亮氨酸。亮氨酸（Leucine，Leu）作为一种不可缺少的氨基酸，在启动蛋白质翻译过程中具有独特的作用。所有氨基酸都是组装新肽所必需的底物，但亮氨酸还有第二个作用，特别是在骨骼肌中，可以作为启动肌肉蛋白质合成（MPS）的营养信号。亮氨酸与包括胰岛素在内的激素共同作用，通过 mTORC1 激活翻译启动的关键元件，包括核糖体蛋白 S6（RpS6）和 eIF4E（Kimball 等，2004；Vary 等，2007）。但随着年龄的增长，激素对翻译启动的影响降低（Cuthbertson 等，2005；Rasmussen 等，2006），这就增加亮氨酸作为信号的重要性。Norton 等（2012）研究表明，蛋白质含量有限的限饲和亮氨酸含量低的蛋白质可能不足以启动组装过程和刺激肌肉蛋白质合成，证明了日粮蛋白质中亮氨酸含量对肌肉蛋白质合成很重要的假设，并强调了长期研究检验亮氨酸浓度对肌肉健康和身体组成的影响的必要性。有研究证明亮氨酸能增加胰腺酶的分泌，特别是 α-淀粉酶的分泌（Yu 等，2013，2014a，2014b；Liu 等，2015）。而肠内营养物质的消化依赖于胰腺和其他相关器官分泌的酶，包括淀粉酶、胰蛋白酶、糜蛋白酶和脂肪酶。在这些酶中，胰腺酶是占优势的酶。研究表明，缺乏 α-淀粉酶可能限制小肠对淀粉的消化（Huntington，1997；Harmon 等，2004），导致小肠淀粉消化率低于 60%（Harmon，2009）。因此，胰腺外分泌功能的改善可以增加反刍动物小肠对营养物质的消化。在日粮诱导的肥胖 C57Bl/6J 小鼠饮水中添加 1.5% Leu，显著改善其脂质及葡萄糖代谢。马清泉等（2020）用高脂料+Leu、高脂料+Ile、高脂料+Leu+Ile 饲喂小鼠，结果发现均可通过增加 Sirt1 的 Mrna 水平，抑制与其相关脂合成基因表达。故而育成牛饲喂亮氨酸可能会对生长发育产生影响。目前关于异亮氨酸（Isoleucine，Ile）在反刍动物中的作用研究很少。与亮氨酸类似，异亮氨酸不仅作为蛋白质合成的底物，而且在调节蛋白质合成的途径中起着调节作用，包括，TOR 途径的 mRNA 转录、蛋白质翻译和哺乳动物靶点（Nair 等，1992，2005；Nair 和 Matthews 等，1992；Nygren 等，2003；Hashimoto 等，2004）。例如，Ile 可以增加泌乳母猪的乳蛋白和脂肪含量（Richert 等，1997）。提高幼年建鲤的比生长率、采食量、体蛋白含量和蛋白质保留值，并提高肝胰脏和肠中胰蛋白酶、糜蛋白酶、脂肪酶和淀粉酶的活性（Zhao 等，2012）。然而，异亮氨酸往往会增加进食和反刍时间以及牛奶乳糖浓度，但对牛奶产量没有影响（Robinson 等，1999；Korhonen 等，2002）。这种差异可能归因于不同的动物模型、组织和哺乳期。Liu 等（2017）用荷斯坦后备母牛研究证实，异亮氨酸可调节反刍动物胰腺外分泌功能，尤其是 α-淀粉酶和胰蛋白酶的分泌。

有研究表示，饲喂缺乏 Ile 日粮的雄性 C57Bl/6J 小鼠，其体重及脂肪重量显著降低（Du 等，2012）。以玉米-豆粕型日粮饲喂时，当豆粕含量较少、蛋白质水平降低或采用血粉作为部分蛋白质来源时，常常发生异亮氨酸缺乏的情况。罗燕红等（2017）的研究表明，饲粮中异亮氨酸缺乏对育肥猪生长性能、胴体性状和肌内脂肪含量有负面影响。异亮氨酸水平增加，育肥猪平均日增重、平均日采食量和肉料比显著提高（Dean 等，2005；Wiltafsky 等，2009）。对于育成牛来说，生长发育是其关键，所以在低蛋白日粮中补充异亮氨酸是值得探讨的。Richardson 和 Hatfield（1978）的研究表明，当用微生物蛋白质作为代谢蛋白的提供源时，生长牛的限制性氨基酸的顺序是蛋氨酸、赖氨酸、苏氨酸。以尿素为唯一氮源的生长绵羊的限制性氨基酸为蛋氨酸、赖氨酸、苏氨酸（王洪荣，2004）；王洪荣（1998）研究了饲喂玉米型日粮生长绵羊的 6 种限制性氨基酸次序为蛋氨酸、苏氨酸、赖氨酸、精氨酸、色氨酸和组氨酸。越来越多的证据表明，不同动物、不同日粮、不同年龄时期其限制性氨基酸均不同，在实际生产中应根据相应的物种和日粮类型来适当增加氨基酸含量，配制适合的日粮对动物体的生长发育具有极其重要的作用。

二、反刍动物限制性氨基酸的研究方法

在研究反刍动物限制性氨基酸时，一般分为体内法和离体试验法，而体内法又分为饲养试验、氨基酸灌注法和血插管技术 3 种，通过动物效应的某些指标（如氮沉积等）来确定限制性氨基酸的排序。

（一）体内法

1. 饲养试验

饲养试验一般是通过动物的生长性能来确定限制性氨基酸的种类和次序。由于反刍动物瘤胃作用，蛋白质在瘤胃中降解和具有部分保护氨基酸，所以很难通过饲料来测定限制性氨基酸。在实际生产中，虽然过瘤胃氨基酸技术越来越成熟，但是到目前为止，在实际应用中仅限于蛋氨酸等少量的氨基酸。

2. 氨基酸灌注法

研究反刍动物限制性氨基酸一般采用氨基酸灌注法。氨基酸灌注法是直接增加氨基酸进入十二指肠的量，通过观察机体各项指标（如尿素氮浓度和血浆氨基酸水平变化等）情况来确定限制性氨基酸的顺序（隋恒凤等，2006），氨基酸灌注法分为递增法和递减法 2 种。应用氨基酸灌注法研究反刍动物限制性氨基酸时，需要先测定其小肠食糜氨基酸流量和氨基酸消化率，以此来计算需要灌注的氨基酸含量，最后再确定各氨基酸水平。采用氨基酸灌注技术，不仅可以较为准确地测量反刍动物限制性氨基酸的种类和顺序，而且能提高肉品

质和营养价值，有利于氨基酸平衡和吸收。

3. 血插管技术

血插管技术是在动物体内某个部位的血管中插入永久性血插管，能够方便采集动物血液和代谢物，用来研究动物机体代谢调控机制。在生产实践中，运用最多的是单一的静脉或动脉插管、动-静脉组合插管等。血插管技术可以用来研究不同的营养素（如蛋白质、氨基酸、生物活性物质、营养调控剂）对门静脉氨基酸、葡萄糖等的影响（徐海军等，2009）。Gillespie（1983）研究发现，颈静脉氨基酸浓度与皮肤氨基酸组成之间有很大的关联。Sahlu 和 Fernadez（1992）发现，在日粮中灌注各种水平的蛋白质和氨基酸到腹腔内的效果没有灌注到皮肤特定区域的效果好，通过皮肤特定区域灌注氨基酸可以确定代谢的流通量，估测限制性氨基酸含量。

（二）离体试验

在限制性氨基酸研究中，蛋白质周转是最直观、最有效的指标。应用离体试验来确定限制性氨基酸的种类和顺序是通过测量各个组织中的蛋白质来进行的。离体培养法稳定性较强、成本低，在试验过程中的饲养条件较容易控制，可比性好。离体试验与体内试验的测量结果可能存在差异，越来越多的研究结果表明，运用离体试验来测量蛋白质代谢的结果与运用体内法测量的结果不同（王洪荣等，2004）。有研究发现，运用离体试验测量在肌肉中合成蛋白质的速率相对于体内法测量的结果更慢，其降解率更快。虽然离体试验存在着瑕疵，但是利用离体试验，也可以获得大量有效数据，例如在研究毛纤维生长的限制性氨基酸时，通常利用离体试验与分子生物学相结合来研究（Preedy 等，1986）。

三、影响因素

（一）日粮

限制性氨基酸对反刍动物日粮组成有很大影响。反刍动物小肠中氨基酸主要来源于瘤胃微生物蛋白质和饲料未降解蛋白质，其中一部分被降解，另一部分进入后消化道被消化吸收。日粮中不同的粗蛋白质水平或饲料原料组合，都会影响限制性氨基酸的种类和顺序。在实际生产中，植物性饲料中玉米蛋白缺乏赖氨酸，油籽类蛋白蛋氨酸含量较低，在用玉米饲料饲喂荷斯坦牛时一般认为赖氨酸和蛋氨酸是第一和第二限制性氨基酸。在饲喂不同降解率蛋白质日粮时，其氨基酸组成也不同，例如饲喂低降解率蛋白质日粮时，十二指肠中的氨基酸组成与日粮相近，而饲喂高降解率时相差很大。日粮中氮源含量差异会影响反刍动物的瘤胃MCP的产量，MCP产量能对氨基酸比例产生一定影响，因此进入反刍动物小肠氨基酸的组成和量不同（王洪荣等，2004）。王洪荣（1998）研究发现，绵羊瘤胃微生物中的多数氨基酸不受含3种氮源的日粮影响，但饲喂血粉日粮的绵羊瘤胃微生物中组氨酸、缬氨酸、酪氨酸、脯氨酸比例降低。因此，某些氨基酸比例会受日粮中氮源种类的影响，不同日粮中的氨基酸氮含量不同，可能是因为不同日粮的微生物类型有差异，导致其氨基酸组成不同。王洪荣（1998）发现，在用麻饼日粮和血粉饲喂同一种绵羊时，它们的第一限制性氨基酸和第二限制性氨基酸均不一样。研究发现，不同能量的日粮也会影响限制性氨基酸。

（二）动物种类

反刍动物小肠限制性氨基酸是在某些条件下形成的。它具有相对性，其限制程度和种类根据动物的种类、性能、生长阶段、生理状况及日粮类型和饲喂方式不同而改变，不同种类、不同生产性能的反刍动物对氨基酸的需求不相同，例如羊与牛的小肠限制性氨基酸存在很大的差异。Fraser等（1991）和Schwab等（1992）的试验发现，泌乳奶牛在产奶高峰期和其他产奶时期的限制性氨基酸有差异，而且氨基酸之间还存在协同限制作用，共同限制机体的营养调控。Merchen和Tigemeyer（1992）与Richardson和Hatfield（1978）的研究发现，奶牛和生长牛的限制性氨基酸的种类和顺序不同，而Nimrich等（1970）研究发现，日粮采用尿素作为唯一氮源时，蛋氨酸、赖氨酸、苏氨酸分别是生长绵羊的第一、第二和第三限制性氨基酸，与生长牛和奶牛有差异。羊绒和羊毛的氨基酸含量与蛋白质沉积有差异，其代谢过程也不同，因此产绒和产毛羊限制性氨基酸的种类和顺序不同。有研究表明，生长绵羊和绒山羊的限制性氨基酸种类和顺序以及限制程度有差异（王洪荣等，2004；董晓玲，2003）。

四、反刍动物小肠限制性氨基酸的评价指标

评价反刍动物小肠限制性氨基酸的指标有很多，在实际生产中最常用的主要有氮平衡值、血浆尿素氮、血浆游离氨基酸浓度、尿中尿素氮、分子生物学指标和蛋白质周转指标等，通过这些指标来真实有效地反映出反刍动物限制性氨基酸调控机体和对体内的限制程度，从而更好地调整日粮氨基酸平衡，获得

最大的营养价值。

（一）氮平衡值

氮平衡值是指氮的摄入量和排泄量的差值，它能够说明机体内蛋白质的代谢过程，氮平衡值能够反映机体对蛋白质的利用状况，从而进一步说明氨基酸的利用率，但是这个评价指标具有不确定性，只能知道摄入量和排放量，具体调控机制和原因并不知晓，更何况机体内还存在内源性氮和蛋白质周转作用，氮平衡值的计算并未将这一部分计算在内，因而存在着一定的误差。应用氮平衡值的方法来评估机体内蛋白质利用状况，反映氨基酸的利用率常常会出现高估氨基酸的摄入量和低估其排放量的情况，使得计算结果不准确，而且不同的外界因素也常常会影响氮平衡值的计算结果，导致此类方法的误差相对较大。

（二）血浆尿素氮

血浆中尿素氮的含量变化可以反映出 RDP、UDP 及能量的供应情况，从而说明蛋白质消化代谢过程和氨基酸的利用情况。有研究发现，通过氨基酸灌注试验改变了血浆尿素氮的含量，但是对其他代谢物和激素浓度则没有影响，对血浆尿素氮的测定可以反映动物体内蛋白质代谢和氨基酸平衡情况。血浆尿素氮还可能与氨基酸具有相互调节作用。Lewis 等（1977）研究发现，当日粮中色氨酸含量较低时，血浆尿素氮浓度会升高，可能是由于色氨酸的限制作用导致氨基酸脱氨基，使得尿素氮含量增加。血浆尿素氮是氮代谢的一个重要指标，研究表明，绵羊的限制性氨基酸不足或者氨基酸不平衡时，都会影响血浆尿素氮含量，导致其含量提高。

（三）血浆游离氨基酸浓度

反刍动物血浆游离氨基酸浓度一般比较稳定，但是摄入的氨基酸含量过高或者限制性氨基酸的限制作用都会导致血浆游离氨基酸浓度的变化，在实际生产中，当机体灌注氨基酸后，测量所得在血浆中氨基酸水平增加最小的为第一限制性氨基酸，其他根据增加量的多少依次为第二、第三……限制性氨基酸。王洪荣（1998）研究表明，在生长绵羊中，减少第一限制性氨基酸和第二限制性氨基酸的供给量时，血浆中该氨基酸水平不会下降，甚至会提高；而减少限制程度较小的限制性氨基酸的供给量时，则血浆中该氨基酸浓度会降低，可能与自身调节有关，因此血浆中游离氨基酸浓度变化与其限制程度息息相关。Egan（1972）研究发现，在绵羊血浆中甘氨酸与其他氨基酸的比值越高，进入十二指肠的氨基酸含量和氮平衡性则越低。所以甘氨酸与其他氨基酸的比值可以作为评价氨基酸利用机制的一个重要指标。1972 年，Chandler 通过测量血浆中游离氨基酸变化来计算氨基酸流入乳腺量与流出量的差值后除以流入量得到乳腺中氨基酸的利用率，来计算奶牛的限制性氨基酸，其比值越大，限制程度则越高。

（四）尿中尿素氮

反刍动物血浆尿素氮的测定可以反映动物体内蛋白质代谢和氨基酸平衡情况，而尿素氮在尿中的含量变化有时也能反映氨基酸利用情况。有研究发现，在氮平衡试验中，反刍动物尿中尿素氮的含量变化能够影响氮的不平衡，因此尿素氮在尿中的含量能够反映蛋白质利用率，从而进一步说明氨基酸的代谢情况。日粮蛋白质或者机体内限制性氨基酸发生改变，都会导致尿素的分泌量变化。尿中尿素氮的变化是评价氨基酸利用率的一个重要指标。

（五）分子生物学指标

一些生物学指标也可以作为评价限制性氨基酸的限制程度和氨基酸的利用情况。例如 Reeds 等（1986）研究发现，在动物肝脏和肌肉中，RNA/DNA 的值以及 RNA 浓度可以影响蛋白质合成能力，而且其结果与氮沉积和日增重所得的结果一致，因此它可作为评价氨基酸利用的间接指标之一。一些生物学指标（如激素和类激素）的作用也与蛋白质合成有关。Prior 和 Smith（1983）等研究发现，一些激素（如胰岛素、生长激素）可以影响组织中蛋白质的合成和分解代谢，因此激素可以作为评价氨基酸的间接指标。

（六）蛋白质周转指标

蛋白质周转是指动物在某段时间内蛋白质合成率和降解率的总和，它可以真实有效地反映蛋白质周转情况和氨基酸代谢动态，是评价氨基酸平衡和限制性氨基酸种类和顺序最有效的方法。在实际生产中，蛋白质合成的测定方法主要是通过同位素示踪技术来观察蛋白质和氨基酸在体内的变化情况来得到合成率。Waterlow 等（1978）研究通过利用同位素[14]C 和[3]H 标记了赖氨酸、亮氨酸和蛋氨酸，来研究不同蛋白质水平日粮的羔羊体内这 3 种氨基酸的蛋白质周转情况和氨基酸的利用率，进一步研究出赖氨酸是其限制性氨基酸。由此可见，在评价限制性氨基酸时，采用蛋白质周转的方法作为评价指标能得到具体的代谢调控过程，结果可靠。

第四节　反刍动物瘤胃保护氨基酸

在反刍动物中，蛋白质作为营养成分之一，在瘤胃中大量被降解供机体吸收，以满足动物机体需求。瘤胃保护性氨基酸又称为过瘤胃氨基酸或者旁路氨基酸，它是将氨基酸通过物理、化学和生物等方法保护起来，避免氨基酸在瘤胃中降解，减少氨基酸不必要的浪费，使氨基酸更多地进入小肠内被消化吸收，从而提高氨基酸的利用率。过瘤胃保护氨基酸一般分为两类，第一类包括氨基酸类似物、衍生物、聚合物、金属螯合物等，蛋氨酸羟基类似物是最常用的一类。第二类为包被氨基酸，包被氨基酸在瘤胃中处于稳定状态，其在真胃中被降解后氨基酸被小肠消化吸收，从而达到减少氨基酸在瘤胃中降解的目的（胡民强等，2003）。

一、过瘤胃氨基酸的保护技术

过瘤胃氨基酸保护技术能够避免氨基酸在瘤胃中降解造成浪费，是降低饲养成本、提高营养价值的一种有效方法，在运用过瘤胃氨基酸时，有很多技术来保护氨基酸不被瘤胃所降解，选择绿色健康、无毒无害且成本低的技术就显得尤为重要。在实际生产中最常用的过瘤胃保护技术有化学合成氨基酸的衍生物、类似物、金属氨基酸螯合物法，物理法包被氨基酸法和微胶囊技术等。通过选择合适的过瘤胃氨基酸保护技术，使氨基酸经过瘤胃被小肠充分吸收，来提高氨基酸的利用率。

（一）化学合成氨基酸的衍生物、类似物和金属氨基酸螯合物

通过化学方法合成氨基酸的衍生物、类似物和金属氨基酸螯合物等化合物，它们不受瘤胃微生物脱氨和转氨作用，在瘤胃中不降解而进入小肠中被吸收，如蛋氨酸羟基类似物、N-羟甲基蛋氨酸钙盐和N-硬脂酸-蛋氨酸等（郭玉琴等，2004）。氨基酸类似物也能在瘤胃中保持一定的稳定性，有研究发现，饲喂赖氨酸类似物的日粮时由小肠吸收的赖氨酸约占一半。对于氨基酸螯合物，它是将多个氨基酸分子与二价金属离子螯合形成五元环结构，这种五元环结构较稳定，不易被瘤胃微生物降解，从而达到保护作用。Fe、Cu、Mn、Zn等微量元素与氨基酸螯合可提高其吸收效率，微量元素氨基酸螯合物经常作为饲料添加剂使用，不仅起到过瘤胃保护氨基酸作用，还能提高微量元素的利用率（任建民等，2009）。利用化学方法合成氨基酸的衍生物、类似物和金

属氨基酸螯合物等方法较为稳定，但是应注意其烦琐的加工工艺造成的污染和避免对机体产生有害影响。

（二）物理法包被氨基酸法

通过物理方法包被氨基酸主要有脂肪包被法、多聚合物包被法和酵母富集法 3 种。包被法的原理是选择对 pH 敏感的材料，如脂肪、纤维素和聚合物等，通过这些材料将氨基酸进行包被处理，使氨基酸不易在瘤胃中降解而在通过真胃和小肠时因 pH 值改变导致这些材料降解，游离氨基酸流出被小肠消化吸收从而形成瘤胃保护性氨基酸。物理法包被氨基酸无毒无异味、包被效果好、价格低廉，但不能大规模生产，且具有不稳定性，因此包被法具有局限性。

1. 脂肪酸和多聚合物包被氨基酸

利用脂肪酸和多聚合物包被氨基酸时，通过感受 pH 值的变化使这种包被物在瘤胃中不被溶解而在真胃和小肠中溶解破裂，释放出游离氨基酸在小肠内被吸收。由于包被物依赖于 pH 值，因此与日粮混合会降低其效果，而且日粮和机体内 pH 有时会改变而影响包被物的效果，如果选用对 pH 值不敏感的材料，则应选择具有对瘤胃有抗性而对小肠没有抗性的材料为宜。采用脂肪酸和多聚物包被氨基酸的方法具有较好的保护性，Rogers（1987）研究发现，当蛋氨酸和赖氨酸被包被物包被时，在 pH 值为 5.4 的环境下稳定性可达 94%，其极高的稳定性能够保证这两种氨基酸在小肠中被充分吸收利用。在用脂肪包被法时应注意兼顾其他物质的利用率是否受到影响，有的包被材料在小肠中难以被消化，使氨基酸利用率降低，出现过度保护。

2. 酵母富集氨基酸

Ohsumi 等研究发现，一种酵母能使赖氨酸富集在酵母的液泡内，该液泡在瘤胃液中稳定而在胃蛋白酶中会立即释放赖氨酸，使赖氨酸在小肠内吸收。这种方法保护性能好，而且绿色环保，不会对机体产生有害影响，起到过瘤胃保护氨基酸的作用，具有很好的发展前景（夏楠等，2008）。

（三）微胶囊技术

微胶囊技术是一种比较新型的包被技术，它是通过物理和化学方法将一些具有活性、敏感性和挥发性的固体或液体用高分子材料包裹成不足 1 000 pm 的微小颗粒，常用的包被材料有长链脂肪酸、甘油三酯和脂肪酸钙等，在食品业中应用较广泛，目前在饲料行业也开始应用。微胶囊技术可保护氨基酸避免在瘤胃中降解，使营养价值提升（褚永康等，2012）。也可以在其他物质中使用微胶囊技术，例如微胶囊技术可调控氮在瘤胃中的释放，降低了高血氨病的患病率，提高了氮的利用率。但由于采用微胶囊技术容易发生包被过度的情况，使包被物在小肠中也不易被吸收，影响其利用率，而且微胶囊技术价格昂贵、操作复杂，因此具有一定的局限性，很难做到广泛应用。

二、过瘤胃氨基酸对反刍动物的影响

（一）过瘤胃氨基酸在奶牛中的应用

大量的研究结果表明，过瘤胃氨基酸通过影响奶牛的产奶量、乳成分等指标来调控机体营养。孙华等（2010）的研究表明，过瘤胃蛋氨酸能够提高荷斯坦奶牛平均日产奶量、乳蛋白率和体细胞数。韩兆玉等（2009）的结果表明，在热应激的条件下，过瘤胃蛋氨酸可以提高荷斯坦奶牛平均日产奶量、乳脂率、乳糖含量以及一些酶活力。有研究指出，饲喂过瘤胃蛋氨酸奶牛平均日产奶量和乳蛋白含量得到了提高。徐元年等（2007）通过在日粮中添加过瘤胃蛋氨酸和过瘤胃赖氨酸，结果显示试验全期产奶量和前期产奶量相比于未添加过瘤胃氨基酸的组均有所提高（杨魁，2014）。当奶牛在泌乳时期氨基酸缺乏时会影响其产奶量，使其不能达到最高产奶量。在奶牛日粮中添加过瘤胃氨基酸不仅可以提高总产奶量和乳蛋白含量，还能减少奶牛日粮中对于某些氨基酸的供应量，提高饲料利用率。过瘤胃蛋氨酸和过瘤胃赖氨酸可增加氨基酸在小肠的吸收，促进乳蛋白的合成，使乳蛋白的含量提高。有研究通过给奶牛日粮中每天添加 15 g 过瘤胃蛋氨酸和 40 g 过瘤胃赖氨酸，结果表明过瘤胃蛋氨酸和过瘤胃赖氨酸对奶牛干物质采食量无显著影响，而乳蛋白含量提高 7.5%（胡民强，2003）。同样地，Rogers 等（1989）在 8 头泌乳中期的奶牛日粮中补充 5 种不同水平的过瘤胃蛋氨酸和过瘤胃赖氨酸，发现乳蛋白的产量和乳蛋白的含量均有所提高。瘤胃氨基酸可以促进奶牛中瘤胃的发酵，增加瘤胃微生物的合成，提高饲料利用率，从而提高了乳脂率，进而提高了奶牛的性能和牛奶营养价值，降低成本（褚永康等，2012）。

在研究过瘤胃氨基酸对奶牛的影响中发现，过瘤胃氨基酸还可能对奶牛的免疫系统产生影响。热应激能通过影响奶牛的外周血液淋巴细胞和抗氧化活性物质的活性来影响奶牛的生产性能。研究发现，过瘤胃氨基酸能够影响外周血液淋巴细胞，从而改善热应激对奶牛的影响。韩兆玉等（2009）研究发现，过瘤胃蛋氨酸能够显著降低在热应激条件下的奶牛外周血液淋巴细胞凋亡率，从而抑制了热应激对奶牛的影响，使其性能有所提高。

（二）过瘤胃氨基酸在肉牛中的应用

过瘤胃氨基酸不仅能影响奶牛的生产性能，同时也能影响肉牛的某些生产指标。Davenport 等（1990）通过饲喂生长育肥牛过瘤胃赖氨酸，提高了日增重和血浆游离赖氨酸含量，降低其干物质采食量、料重比、血浆游离氨基酸总量。Waggoner 等（2009）的研究发现，过瘤胃蛋氨酸可以提高肉牛的血清胰岛素样生长因子含量和血浆尿素氮含量，降低血浆缬氨酸含量。Archibeque 等（1996）在安格斯育肥牛的日粮中添加过瘤胃蛋氨酸能够影响氮的存留量和氮的表观生物学效价。而 Williams 等（1999）的研究则发现，在安格斯杂交阉牛的日粮中添加过瘤胃赖氨酸和过瘤胃蛋氨酸对其日增重有所影响。不仅如此，Liker 等（1991）通过饲喂过瘤胃蛋氨酸来降低肉牛血浆总蛋白、白蛋白、尿素氮，升高血浆血糖、谷丙转氨酶、总胆固醇、肌酐含量（杨魁，2014）。因此，过瘤胃氨基酸不仅影响肉牛的日增重、血浆游离氨基酸含量等，还对一些血生化指标产生影响。不仅如此，过瘤胃氨基酸还能通过影响肉品质来影响肉牛的营养价值，例如薛丰等（2010）在利木赞杂交肉牛的日粮中添加过瘤胃赖氨酸可以提高其胴体重量和肉的剪切力、滴水损失、粗蛋白质和粗脂肪的含量，降低背膘厚和眼肌面积，进一步影响肉牛的肉品质。过瘤胃氨基酸还可能影响氮沉积，单达聪等（2007）研究发现，过瘤胃蛋氨酸和过瘤胃赖氨酸能够提高氮的沉积量，从而减少氮排放，优化环境，为今后氮沉积的研究提供依据。

（三）过瘤胃氨基酸在羊中的应用

过瘤胃氨基酸在反刍动物羊身上的作用也极其显著。过瘤胃氨基酸在羊的基础生长指标中研究较多，如刘丽丽等（2007）在绒山羊日粮中添加过瘤胃氨基酸发现羊绒生长速度、伸直长度、细度、强度和拉伸长度均有所提高。斯钦等（1995）发现，过瘤胃蛋氨酸可以提高内蒙古细毛羯羊平均日增重、羊毛增长量和重量，影响胃肠道内的氨基酸水平，从而提高氨基酸利用率，提高氮沉积率和经济效益。对过瘤胃氨基酸在羊的氮沉积中的影响也有研究，刘建华（2004）在内蒙古绒山羊的日粮中添加过瘤胃赖氨酸可以降低其尿氮、尿中尿素氮、血浆尿素氮、尿中肌酐和血浆肌酐的含量，增加氮的沉积量，减少氮排放。不仅如此，过瘤胃氨基酸还能够提高羊对氨基酸的利用率，通过给羔羊饲喂过瘤胃蛋氨酸可以提高血浆蛋氨酸和赖氨酸的含量。过瘤胃氨基酸也能够影响羊的免疫系统，沈赞明等（2005）研究发现，饲喂过瘤胃蛋氨酸和赖氨酸能够提高山羊血液中淋巴细胞转化率和白细胞介素含量，从而影响羊的免疫系统。由此可见，过瘤胃氨基酸通过对羊的基础生长指标和氮沉积以及免疫系统等方面的影响，来调控羊的营养机制和经济效益。

三、过瘤胃保护氨基酸的影响因素

（一）生产工艺

过瘤胃氨基酸尤其是包被氨基酸，虽然效果极佳，但是它在实际生产中还存在一些困难。当运用不同的生产工艺时，可能对产品的使用效果造成影响。例如在加工时某些包被物产品包膜容易被破坏，此时氨基酸不能得到很好的保护，降低了产品过瘤胃保护效果，而且不同的包被处理方法也会有不同的效果，例如在利用动物油包被处理的方法中，其营养物质消化率、氮沉积率和氨基酸水平均高于用氢化棕榈油包被处理的方法。当然，过瘤胃保护氨基酸技术同样会出现"过度保护"的情况，使氨基酸在小肠内不能得到完全被消化吸收，降低了氨基酸的利用率。这就是不同的处理方法有可能造成的影响，因此在选择包被物材料和方法时需要提前了解其作用机制和进行大量的试验来筛选出最适合的包被方法（任建民等，2009）。在选择包被方法和材料时，不仅要考虑到氨基酸的包被效果，同时还需要兼顾一些其他方面的作用。谢实勇等（2002）利用包被处理的产品时发现氨基酸在唾液、瘤胃液及真胃液中的溶解度都超过10%，其原因可能是粒度过细。因此，为了避免产品的损失和提高产品的使用效果，在加工过程中需要选择适合的包埋材料和方法，同时还需要兼顾氨基酸的生物利用率，才能生产出更有价值的过瘤胃保护氨基酸产品供畜禽使用。

（二）日粮

日粮中氨基酸构成对产品效果具有重要影响。Socha等（2005）分别在蛋白质水平为16%与18.5%的日粮中添加过瘤胃蛋氨酸，结果发现前者的血清尿素含量更低，后者乳蛋白和乳脂肪含量分别提高了0.21%和0.14%。在日粮中的氨基酸越均衡，其消化率就越好，例如在豆粕型日粮和玉米青贮日粮比较中，由于玉米青贮型日粮氨基酸较均衡，所以其添加效果要比豆粕型日粮好。在不同的日粮中，由于成分上的差异，对于赖氨酸和蛋氨酸的补充量难以统一，当饲喂玉米型或者大麦型日粮时，第一限制性氨基酸可能是赖氨酸，当饲喂豆科植物型或者动物性蛋白质型日粮时，第一限制性氨基酸可能就不是赖氨酸而变成蛋氨酸。Rogers 等（1999）在玉米蛋白粉+尿素日粮中添加过瘤胃蛋氨酸和过瘤胃赖氨酸能提高奶量和奶蛋白含量。在豆粕型日粮中添加过瘤胃蛋氨酸能提高产奶量和乳中的固形物含量，而在大麦型日粮中添加过瘤胃蛋氨酸则无显著影响，由此可见，不同类型的日粮添加过瘤胃氨基酸的作用效果不同。

（三）添加时期

在动物不同生长时期添加过瘤胃保护氨基酸也会影响其效果。Misciattlli 等（2003）研究发现，在泌乳前期给奶牛添加过瘤胃蛋氨酸和过瘤胃赖氨酸对产奶量无显著影响。杨正德等（2011）研究表明，在盛乳期添加过瘤胃蛋氨酸和过瘤胃赖氨酸使乳脂率及乳蛋白含量有所提高。从分娩前2周至分娩后12周添加液状蛋氨酸羟基类似物，泌乳量提高8%，乳脂含量增加7%，乳蛋白含量无显著影响。也有人发现添加过瘤胃蛋氨酸和过瘤胃赖氨酸，生长牛的生长性能显著高于成年牛（夏楠等，2008）。研究发现，在奶牛产前2~3周添加氨基酸能促进干物质的摄取，从而提高奶牛的产奶量。

（四）氨基酸种类

过瘤胃氨基酸产品的稳定性和使用效果不仅与材料和加工方法有关，同时与氨基酸的种类也有关。赖氨酸本身具有溶解性较高的特点，因此其过瘤胃的保护效果没有其他氨基酸稳定。郭玉琴（2006）利用相同的加工工艺来包被等量的蛋氨酸和赖氨酸时发现，过瘤胃蛋氨酸的稳定性和效果均显著高于过瘤胃赖氨酸，由此可见，氨基酸种类的不同也会影响产品的稳定性和效果的发挥。

第二章　氨基酸模式

　　某种蛋白质中各种必需氨基酸组成比例称为氨基酸模式。日粮蛋白质中的氨基酸模式影响动物对氨基酸的利用，当日粮中的任何一种必需氨基酸缺乏时，会造成机体氨基酸不平衡，从而影响蛋白质的合成，改变日粮蛋白质的利用效率。当日粮蛋白质的氨基酸模式越接近动物的蛋白质中氨基酸模式时，日粮中氨基酸才能被机体充分利用。日粮氨基酸模式的意义在于在降低动物日粮蛋白质水平的前提下，不影响动物正常生长和繁殖性能，科学合理地补充必需氨基酸，使氨基酸模式越加接近机体的需要，在最经济的条件下，保证机体达到最佳的性能，从而使得蛋白质的营养价值得到最大程度的利用。

第一节　理想氨基酸模式概念及其理论基础

　　理想氨基酸模式指动物日粮中各种氨基酸的最佳平衡量，这种平衡不会因为某种氨基酸的量的改变而得到增效。目前这种平衡模式已在畜牧生产中得到广泛应用。

　　畜禽氨基酸需要量受日粮、遗传因素和环境的影响很大。猪营养学家首先将体重不同的猪对其必需氨基酸的需要量表示为相对于赖氨酸的比例。该方法的理论基础是，氨基酸的总需要量受多种因素的影响会不断地发生改变，但是必需氨基酸相对于赖氨酸的比例只有在日龄有较大变化时才会产生显著性变化。因此，获知在一定阶段的一种必需氨基酸相对于赖氨酸的理想比例就可以精确计算出在变化情况下赖氨酸的需要量。根据理想氨基酸模式配制的动物日粮还可以提高饲料蛋白质的利用效率，减少养殖氮排放，从而降低环境污染。

　　理想氨基酸模式尽管具有非常明显的优势，但是在实际生产中会受到各种因素的影响，使结果达不到预期，例如氨基酸的互作效应。由于用于维持和生长的氨基酸相对于总氨基酸的比例随着动物体型的变化而发生改变，而且动物维持和生长的氨基酸模式也并不是恒定不变的，所以动物在整个生长过程中理想氨基酸模式的组成都在发生着变化，因此，理想氨基酸模式的研究需要区别不同家畜品种、生长时期、生理状态及生长环境。

人们对动物理想氨基酸模式的认识最早可追溯到 Howard（1958）提出的"完全蛋白质"概念，其实质内容为当动物对各种氨基酸的需要量与日粮中的各种氨基酸组成与比例相接近甚至吻合时，机体会最大限度地利用日粮中的蛋白质营养。理想蛋白质较为完整的定义是 Mitchell（1964）提出来的"理想蛋白质可用氨基酸混合物或者可以被完全氧化或者代谢的蛋白质来描述，而这种氨基酸的混合物与动物用于生产和维持的氨基酸需求量和占比几乎一致"。而Fuller（1979）则将理想蛋白质重新定义为"每种非必需氨基酸与必需氨基酸的含量都具有限制性的日粮蛋白质"。动物日粮如果出现缺乏一种或者多种必需氨基酸时，可以通过平衡缺乏氨基酸的手段来改变饲料蛋白质沉积，当动物日粮出现缺乏非必需氨基酸时，向日料中添加任何一种氨基酸均会使饲料蛋白质沉积发生变化。

理想氨基酸模式研究的理论基础源自动物生长所需要的氨基酸比例为一个相对稳定的值，一般不会受到遗传因素的影响。尽管机体的生理条件、环境因素、日粮等因素可能会对其产生一定的影响，但是在一定条件下，机体对各种氨基酸的需要量为一相对稳定的值。氨基酸平衡是保证动物对氨基酸利用效率最大化的关键点之一。在实际生产中都会非常严格把控各种氨基酸的添加量及比例，计算出各种限制性氨基酸之间的平衡模式，确定出各种氨基酸的最适添加比，真正做到精准饲养、精准营养，以保证各个氨基酸之间的平衡关系。动物日粮中如果出现某一种或多种氨基酸的过量和缺乏时都会导致各种氨基酸之间失去相对平衡，进而影响畜禽的健康生长和发育。氨基酸不平衡首先会对限制性氨基酸代谢产生影响。Papas 等（1984）给绵羊真胃灌注平衡和不平衡氨基酸混合物，结果灌注平衡氨基酸混合物的绵羊采食量和日沉积氮显著提高。氨基酸之间存在的协同和拮抗作用也会对氨基酸平衡产生影响。例如，赖氨酸和精氨酸之间有拮抗作用，亮氨酸、异亮氨酸和缬氨酸之间有拮抗，这种拮抗作用可提高尿中精氨酸排出量，抑制肝脏中转氨酶活性，从而使肌酐合成量减少。D'Mello 等（1971）的研究结果表明，赖氨酸和精氨酸之间的拮抗作用会降低鸡的采食量和生长速度。氨基酸营养平衡饲粮的优化配合是减少动物的粪、尿氮排出量，提高动物体内氮沉积和蛋白质饲料利用效率以及减少动物排泄物对环境污染的重要途径。

随着越来越多的学者对理想氨基酸模式进行研究，氨基酸模式的研究与定义日益成熟，虽然各位学者对氨基酸模式的阐述有细微差别，但是所表之意相同。理想氨基酸的实质就是必需氨基酸以及非必需氨基酸与必需氨基酸之间最佳的平衡蛋白质模式，因此，其精髓是氨基酸之间的平衡。在理想氨基酸模式下，机体可以达到最高的日粮蛋白质利用率，同时受到日粮中的部分必需氨基酸与非必需氨基酸的氮源限制作用。影响动物氨基酸平衡的主要因素为环境因素、遗传因素、生产性能及营养因素。

第二节　理想氨基酸模式的研究方法

动物日粮氨基酸在消化、吸收、合成生物活性物质及参与蛋白质构建等众多过程中，各氨基酸之间存在着复杂的作用机理。由于这些互作的影响因素及互作机理不明确，因此，很难对理想氨基酸模式作出机理性的阐述，目前现有的理想氨基酸模式都存在一定的缺陷，有待进一步完善。现将目前理想氨基酸模式研究方法总结为如下几种。

一、分析动物体氨基酸组成法

分析动物体氨基酸组成的方法。分析畜禽血液或肌肉组织的氨基酸成分，作为建立理想蛋白氨基酸平衡的依据。早期，国外很多学者用动物血液氨基酸组成来确定理想氨基酸模式，但是血液氨基酸组成存在复杂的互作且受外界因素影响较大，难以对理想氨基酸模式作出准确表达。因此，后来根据吸收后门静脉及动静脉的氨基酸组成差异性来研讨氨基酸模式。蛋白质含量非常高的肌肉组织为动物体最大的氨基酸代谢池，是体内氨基酸需要量最大的组织。因此，对于动物在不同生长阶段的整体蛋白质的氨基酸组成进行分析，并将其作为动物理想蛋白模式的氨基酸组成比例的指示物。在计算氨基酸比例时，可用绝对含量（单位理想蛋白中各种氨基酸的含量）和相对含量两种方式来表述。相对含量是采用与某一氨基酸的比例来表示，现如今，多采用将赖氨酸定为100，计算其他各种氨基酸对赖氨酸的比例。利用析因法，将动物的氨基酸需要量剖分为维持、增重、生产产品（如羽毛、鸡蛋）等各种需要量，并通过对动物的胴体及其他产品的氨基酸组成进行分析，推导出动物的理想蛋白模式。此外，动物乳中的氨基酸组成成分与机体的氨基酸组成在比例关系上具有某种一致性，这似乎是动物自身调节的一种形式，以最大限度地满足初生动物的营养需要。但是，这类方法目前尚属于组织氨基酸成分分析和具体的数据上的比较，处于定性的研究阶段，还需要对具体的日粮蛋白质（氨基酸）在动物机体各部分的沉积效率进行充分研究后，才能在动物体组织氨基酸成分分析与动物理想蛋白模式之间建立起科学、定量的联系。

二、氨基酸部分扣除法

氨基酸部分扣除法，是由 Wang 和 Fuller（1989，1990）创立的，也是当时公认的一种测定氨基酸模式较理想的方法。其基本原理是：在理想蛋白中，每一种氨基酸都是限制性的，且限制性的顺序相同；去除非限制性氨基酸对 N 沉积无影响。因此，就可以用去除某一氨基酸的一部分对 N 沉积所产生的影响来确定氨基酸的模式。

三、梯度氨基酸日粮法

梯度氨基酸日粮法即以低蛋白日粮为基础，固定除待测氨基酸以外的其他氨基酸的浓度，变换待测氨基酸的浓度，通过 N 平衡试验筛选出最佳的日粮氨基酸浓度，即为梯度氨基酸日粮法测定理想氨基酸平衡模式。

四、同位素示踪法

氨基酸在动物体中的代谢，一般在不平衡或者过量时表现为转化为能量，当日粮中氨基酸严重失衡或超限时，不仅容易导致后肠道的微生物发酵，影响动物肠道健康，对动物产生不利的影响，而且造成日粮蛋白质资源的严重浪费。应用同位素标记饲粮氨基酸和纯化日粮，充分考虑氨基酸转化为能量等的浪费占比，甚至根据同位素性质揭示氨基酸在动物体内的转化情况，以便于更加系统地阐述动物氨基酸理想应用模式。同位素示踪技术具有准确、快捷、灵敏度高等特点，但是在利用同位素标记外源氨基酸时，由于肠道氨基酸循环速度很快，可能会对氨基酸的测定值造成一定的影响。

五、营养免疫法

氨基酸在机体免疫中具有突出地位。例如，苏氨酸、精氨酸、谷氨酰胺和甘氨酸有助于增强猪体的免疫力和维护肠道完整性。功能性氨基酸不同程度地参与调节胃肠道、胸腺、脾脏和淋巴等组织器官以及血液中免疫细胞的免疫功能，根据一些免疫指标可以很准确地反映机体营养代谢情况，因此，一些免疫指标可以作为评价理想氨基酸模式的指标。

六、"黑匣子"法

不考虑动物体内氨基酸的转化及代谢情况，仅考虑开始状态与最后状态氨基酸模式的差异性，选取不同生长时期的健康动物进行整体匀浆处理，分析不同生理状态的氨基酸组成及差异性，将其氨基酸模式作为理想氨基酸模式参考。该法对理想氨基酸模式的探讨较为粗略，适用于小型动物的氨基酸模式研究。

七、综合法

所谓综合法就是查阅、总结以往测定的各阶段及用途的动物氨基酸的需要量，建立其比例关系。利用综合法确定动物理想蛋白氨基酸模式是目前比较常用的方法，ARC（1981）首次推荐生猪的理想蛋白氨基酸模式时，除了考虑母猪乳和仔猪机体氨基酸组成模式之外，还从其他方面进行了工作。首先，汇总了生长猪的单个氨基酸的需要量，并建立其比例关系，发现猪（集中于20~50 kg的生长猪）对赖氨酸、异亮氨酸、苏氨酸、半胱氨酸和蛋氨酸等必需氨基酸的需要量表示为占日粮的百分比时差异较大；然后，当蛋白质的生物学效价达到最大时，估计出日粮蛋白质中的赖氨酸的最适浓度为6~8 g/16 g氮，因而推荐猪的理想蛋白氨基酸模式中赖氨酸的浓度为7 g/16 g氮。该法看似简单，只需总结前人的试验结果并对未测定的氨基酸进行测定即可，但是由于不同研究者的研究条件存在差异，如日粮因素、饲养水平等，其次考察指标也不相同，要想越加接近地表达动物理想氨基酸模式，需要综合考虑环境和遗传因素。因此，利用综合法得出的理想蛋白氨基酸模式与实际的生理需要可能存在一定的偏差，其准确性还有待进一步探究。在利用综合法确定理想氨基酸模式时需尽可能对比不同的研究方法确定的理想氨基酸模式，以确定最接近动物实际的理想蛋白质氨基酸模式。

八、其他法

除了以上列出的几种方法之外，还有传统的饲养试验法和氨基酸指示剂氧化法。传统的饲养试验法是根据动物的生产性能和基础日粮中氨基酸的关系，探索最佳生产性能下氨基酸的需要量，但这种方法每次只能测定1种氨基酸，甘氨酸有助于增强猪体的免疫力和维护肠道完整性。功能性氨基酸不同程度地参与调节胃肠道、胸腺、脾脏和淋巴等组织器官以及血液中免疫细胞的免疫功能，根据一些免疫指标可以很准确地反映机体营养代谢情况，因此，一些免疫指标可以作为评价理想氨基酸模式的指标，不能反映其他需求量大的氨基酸之间的供求关系。氨基酸指示剂氧化法的原理是，除了被测氨基酸之外，在其他氨基酸都能满足需要的日粮中，随着被测氨基酸含量增加，其他必需氨基酸的氧化将降低，且蛋白质的合成量增多。如果被测氨基酸的量增加到超过需要量时，氨基酸指示剂的氧化将维持一个恒态，这一转折点就是被测氨基酸的需要量。但该方法中，氨基酸指示剂和被测氨基酸必须有不同的氧化途径，以保证日粮被测氨基酸浓度的改变不会影响氨基酸指示剂。

第三节　反刍动物理想氨基酸模式

对于反刍动物而言，日粮氨基酸营养平衡的重点就是日粮中各种蛋白质组分之间的平衡。首先要根据动物生产水平和目的来确定日粮蛋白质总水平，还需要充分考虑日粮蛋白质中可溶性蛋白质（SP）、降解蛋白质（RDP）与非降解蛋白质（UDP）之间的平衡。

一、反刍动物氨基酸平衡模式

反刍动物由于瘤胃微生物的作用，使得对其日粮理想氨基酸模式的评价很难应用。王洪荣（2013）认为，对于反刍动物而言，瘤胃微生物发酵对日粮蛋白质具有降解作用，故难以将微生物合成的蛋白质与饲粮中的蛋白质区别开来，导致对反刍动物的营养氨基酸需要量很难作出精确的评定。反刍动物的日粮组成在各个胃室之间变化非常明显，很难评估其生物学价值，使得研究者无法完全根据饲料原料中氨基酸模式配合反刍动物日粮。氨基酸平衡日粮的优化配合技术的最终目的是降低动物的尿、粪氮排出量，提高动物体内氮沉积和蛋白质饲料利用效率，从而降低动物排泄物对环境造成污染。目前，理想氨基酸营养平衡模式的研究已成为反刍动物氨基酸营养研究新热点。反刍动物蛋白质营养利用是一个非常复杂的系统性过程，需要从日粮氨基酸营养平衡、小肠可吸收氨基酸平衡、肝脏门静脉排流组织氨基酸平衡等方面综合考虑。

（一）小肠可吸收氨基酸平衡

近年来，人们逐渐认识到进入反刍动物小肠的可吸收氨基酸组成平衡与否对动物生产有很大影响。因此，如何预测进入小肠的各种氨基酸的流量及其组成模式，以及采取相应的调控措施来改善其平衡，并满足动物的生产需求成为当今反刍动物氨基酸营养研究的主要目标。在理想氨基酸研究中，需要选择一种参比蛋白作为对照，参比蛋白的选择因研究目标不同而异。对于生长动物，以组织（肌肉或胴体）的氨基酸组成作为参比蛋白是最佳选择。在奶牛理想氨基酸模式研究中，也可选择牛奶酪蛋白或微生物蛋白质作为参比蛋白。王洪荣等（2013）研究生长绵羊的小肠可消化理想氨基酸模式时选择改进的肌肉模式作为目标模式。甄玉国通过研究绒山羊小肠内理想氨基酸模式得出，可以选择肌肉氨基酸（90%）+绒毛氨基酸（10%）和肌肉氨基酸（80%）+绒毛氨基酸（20%）之间的模式作为目标模式。这说明在一定范围内动物机体可通过自我稳衡调控功能来调节血液循环中的氨基酸趋于平衡，但一旦超出动物本身所能达到的调控范围，某些氨基酸在血液循环中大量滞留，反而会影响氨基酸平衡性。同时也说明，小肠可吸收氨基酸理想模式是一个范围，而不是一个固定值。在这个理想模式范围内，动物借助机体的自我调控功能，使进入组织代谢层次的氨基酸模式趋于理想的平衡模式。

反刍动物小肠氨基酸来源于瘤胃微生物发酵产生的氨基酸和日粮瘤胃非降解氨基酸及少量的内源性氨基酸。与反刍动物小肠氨基酸代谢密切相关的因素主要有：①小肠对氨基酸的吸收利用；②过瘤胃日粮蛋白质的数量与氨基酸的组成；③进入小肠的瘤胃微生物氨基酸的数量与瘤胃微生物的氨基酸组成。Abe 等（1999）研究发现，向体重约为 103 kg 的生长牛真胃内投喂 0.33 g/kg BW 的 Met，育成牛会出现明显的中毒症状。此外，日粮氨基酸平衡还可以大幅度降低饲养成本，节约蛋白饲料资源，一定程度降低了粪氮、尿氮的排放量。氨基酸平衡能保证最大程度地发挥各种氨基酸的利用效率，从而降低日粮蛋白水平，节约成本，有利于反刍动物养殖业的长远发展。

（二）肝脏门静脉排流组织氨基酸平衡

门静脉是消化道（包括胰腺和肝脏）的回流静脉血管，担负着从日粮中取新氮源的功能，因此，门静脉中氨基酸平衡状况能够反映肠道对氨基酸的利用情况。小肠可吸收氨基酸（小肽）经过胃肠道吸收进入肠系膜静脉，再流入门静脉，然后经肝脏处理由肝静脉汇入后腔静脉，进入心脏，最后在肺中携氧后分配给外周组织利用。氨基酸在肝脏中经过整合与部分氧化后供肝外组织利用，肝脏门静脉排流组织氨基酸模式与小肠可吸收氨基酸有一定差异。在连续饲喂条件下，肠道组织的总蛋白质代谢状况应该是维持稳态，所以外源蛋白质吸收量应能弥补动脉供应清除的氨基酸。门静脉氨基酸的净流量应该能够反映肠道可消化蛋白质的氨基酸模式。通过门静脉回流内脏的氨基酸是随着日粮和胃肠组织内能量载体物质的变化而变化的。近年来，随着插管技术及血流量和同位素示踪技术的应用，加深了对肠道氨基酸与门静脉氨基酸平衡的研究。甄玉国研究发现，绒山羊小肠可吸收氨基酸模式对门静脉氨基酸的净流量具有显著影响。

（三）肝脏外组织氨基酸平衡

经肝脏代谢整合后的氨基酸经肝静脉汇入后腔静脉，进入心脏，最后在肺中携氧后分配给外周组织利用。外周组织包括肌肉、骨骼、皮肤、脂肪和乳腺组织等，重量占体重的 80%~90%。氨基酸吸收后的分配和利用与各个组织的氨基酸组成有很大的关系。肌肉是体内蛋白质合成速率最低的组织，在成年反刍动物只有 2%~3%。但是，由于肌肉蛋白质的比例高，在 50% 以上，所以每天合成总量约占全身的 20%。作为主要的蛋白质贮存器官，骨骼肌的氨基酸组成与整个机体的氨基酸库非常相似。皮肤和羊毛的氨基酸组成与胴体有很大的差异；皮肤含有高比例的甘氨酸、脯氨酸和羟脯氨酸，而羊毛含有低比例的蛋氨酸、赖氨酸，酪氨酸比例变化大，半胱氨酸比例比较高。由于这些氨基酸比例的差异，也造成不同组织氨基酸需求的特殊性。反刍动物小肠内所吸收的氨基酸用于内脏组织（消化道和肝脏）蛋白质合成的数量远远大于用于肌肉组织蛋白质合成的数量。Macrea 等（1993）研究表明，羔羊和阉牛小肠内所吸收的氨基酸用于内脏组织蛋白质合成与用于肌肉组织蛋白质合成的数量比分别为 2.1 : 1.0 和 3.2 : 1.0。

二、牛生长阶段的理想氨基酸模式

近年来，理想氨基酸模式在成年奶牛的研究较多，对生长阶段反刍动物的氨基酸平衡模式的研究较少。Hill 等（2008）研究表明，5 周龄前犊牛代乳料中赖氨酸、甲硫氨酸和苏氨酸的适宜比例为 100 : 31 : 60。刁其玉提出羔羊的氨基酸平衡模型为赖氨酸、苏氨酸和色氨酸比值为 100 : 50.5 : 14.3。云强等（2011）研究表明，8~16 周龄犊牛的玉米-豆粕型开食料中适宜的赖氨酸、甲硫氨酸比例为 3.1 : 1。

氨基酸平衡模式的构建除与饲粮和动物本身有关外，还受研究方法的影响。动物理想氨基酸模式的研究方法主要有析因法、计量效应法、屠体法和氨基酸部分扣除法。许多研究指出析因法和剂量效应法易受其他因素的影响，结果都存在一定的问题。

陈正玲（2001）用 3 种方法确定的肉鸭理想氨基酸模式之间存在一定差异，屠体法测定的模式只能作为参考，剂量效应法测定的维持生长模式与氨基酸部分扣除法确定的模式相对较为接近，氨基酸部分扣除法确定的模式可能与肉鸭实际理想氨基酸模式更为接近。氨基酸部分扣除法是基于析因法和剂量效应法两者优点于一体的准确测定理想氨基酸模式的有效方法。通过扣除日粮部分氨基酸观察动物的生长性能、饲料转化率、N沉积等指标，从而确定动物的氨基酸限制性顺序。Wang等（2011）采用氨基酸部分扣除法确定了猪的理想氨基酸模型，并作为NRC（2012）修订猪理想氨基酸模式的一个重要依据。但氨基酸扣除法在反刍动物理想氨基酸模式的研究中应用不多，有两篇研究采用氨基酸部分扣除法确定了犊牛和羔羊的理想氨基酸模式。Wang等（1990）采用氨基酸扣除法指出获得最大平均日增重时，0~2周龄和4~6周龄犊牛的赖氨酸、甲硫氨酸和苏氨酸需求比例100∶35∶63和100∶27∶67。李雪玲等采用氨基酸扣除法确定了60~90日龄和90~120日龄羔羊获得最大平均日增重、料重比和DP时，赖氨酸、甲硫氨酸、苏氨酸和色氨酸的适宜比例为100∶44∶42∶8和100∶41∶38∶11，并且采用屠体法验证发现两种方法确立的羔羊氨基酸适宜比例相近。

目前，氨基酸部分扣除法已应用于单胃动物的氨基酸限制性顺序及平衡模式的研究，但此方法在反刍动物，尤其在生长牛理想氨基酸模式的研究方面应用较少。由于反刍动物的特殊消化生理，该方法是否适用于不同阶段生长牛的理想氨基酸模式研究需进一步验证，生长牛适宜的理想氨基酸模式研究方法也需进一步探索。

三、牛生长阶段氨基酸需要量的研究

由于反刍动物的特殊消化过程，评定反刍动物的氨基酸需要量不能根据其摄入的氨基酸量进行评定，要根据其进入小肠并被吸收的氨基酸量进行统合评定，也是根据代谢氨基酸量来确定。体重、日增重均是影响生长阶段牛的氨基酸需要量的因素，并根据研究成果拟合出了生长肉牛甲硫氨酸的需要量模型$METR = 1.956 + 0.029\ 2PG + 0.029\ 0W$（PG为蛋白增重，$W$为体重，$R^2 = 0.92$）氨基酸需要量与其动物试验测定的生长肉牛氨基酸需要量相近。Zinn等（1998）将上述公式具体化，得出了依据体重和日增重确定甲硫氨酸需要量的模型：$METR = 1.956 + 0.029\ 2 \times ADG\ [268 - (29.4 \times 0.055\ 7\ BW^{0.75} \times ADG^{1.097}) / ADG] + 0.112 \times BW^{0.75}$，经过100头生长公牛的饲养试验验证得出本公式计算的小肠Met的提供量与实际测定量之间的相关性为0.99，此模型可用于计算肉牛生长阶段Met需要量。Montano等（2016）用192头公牛验证了NRC（2000）氨基需要量计算模型的准确性，认为NRC（2000）提供了可靠的计算日粮提供给小肠代谢氨基酸量及生长牛代谢氨基酸的需要量的模型。但目前很少有研究证实此计算模型在生长牛增重关键时期的实用性。

由于瘤胃发酵的转化导致进入生长牛小肠的氨基酸的数量和种类不统一。

计算到达小肠的氨基酸量非常困难，所以近些年有关建立不同阶段生长牛的氨基酸需要量模型的研究很少。但模型的建立是确定各阶段反刍动物氨基酸需要量的基础，通过模型的拟合确立各阶段生长牛的氨基酸需要量是有待研究的重点，模型建立需要以大批量数据为基础，但目前生长阶段后备牛的氨基酸需要量还处于空白，所以研究生长后备牛的氨基酸需要量，为后续模型的建立提供基础刻不容缓。微生物蛋白质是一种"高质量"的蛋白质，它会同过瘤胃蛋白质随食糜进入真胃和小肠，供动物体吸收和利用。大量研究表明，MCP 可提供成年奶牛所需的绝大部分氨基酸，犊牛由于瘤胃发育不完善。MCP 合成有限。微生物提供的氨基酸较少，其氨基酸主要由日粮提供，生长牛的瘤胃发育基本完善，已具备基本的合成 MCP 的能力，所以 MCP 为生长牛氨基酸的另一主要来源。因此，MCP 的氨基酸组成也可能会影响生长牛的氨基酸平衡及需要量。

第四节　理想蛋白质氨基酸模式的意义

一、有效地评定蛋白质的营养价值

由于蛋白质资源在日粮中的重要地位和蛋白质原料价格的逐年攀升，国内外对其营养价值的评定做了大量的研究，但利用各种化学方法、微生物方法甚至离体法、去盲肠法等，均无法充分考虑各种氨基酸之间的互作效应，更不能够对各种氨基酸在动物体内吸收利用情况作出明确阐述。动物理想氨基酸模式不仅综合考虑了各种氨基酸的互作平衡，还可以对饲料蛋白质中的可利用氨基酸作出系统评定。

二、确定动物对各种氨基酸的需要量

采用理想蛋白质氨基酸模式可以确立整理出一套理论上的氨基酸需要量。首先确定饲料蛋白质中赖氨酸的最佳浓度，然后按理想氨基酸模式固定它与其余必需氨基酸之间的最佳比例，求出其余必需氨基酸的最低限制性浓度，通过计算总必需氨基酸与非必需氨基酸之间的比例，最终得出理想蛋白质需要量。该种方法确定的理想氨基酸模式在 1~5 kg 仔猪和 50~100 kg 育肥猪阶段存在一定争议，需要综合多种方法确定最佳氨基酸模式。

三、有利于非常规蛋白质原料的开发

目前，我国蛋白资源严重短缺、价格高昂，每年需要向国外进口将近
9 000万 t 的大豆。为降低饲料成本，来源丰富、价格低廉、氨基酸消化率较
低且不平衡的非常规蛋白原料（如菜籽、棉籽粕等）大量用于饲料生产，以
总氨基酸含量为基础配制动物日粮面临一定的挑战。以真消化氨基酸为基础，
通过添加适量的合成氨基酸来配制低蛋白平衡日粮，不仅能在数量和比例上满
足动物机体对氨基酸的需要，还能提高机体对饲料蛋白质的利用效率，减少氮
排放、降低饲料成本。陈朝江（2005）以可利用氨基酸指标为基础配制低杂
粮及高杂两种日粮，结果表明日粮中含 10% 棉粕和 10% 菜粕对产蛋后期蛋
鸡的生产性能无显著影响。理想氨基酸模式利于非常规蛋白质原料在饲料生产
中的大面积使用。以理想氨基酸模式拟合饲粮中常规蛋白质原料、非常规蛋白
质原料及平衡氨基酸，在充分考虑环境因素、营养因素及生理状态等多种影响
因素的条件下，将不会影响动物的生产性能，会极大程度地缓解饲料蛋白质资
源短缺对养殖业造成的冲击。

四、预测动物生产情况

充分考虑氨基酸利用率的理想氨基酸模式，氨基酸利用效率达到最大，通
过建立氨基酸投入与产出之间的关系，准确预测出动物生长及生产情况，有利
于畜牧场管理。理想氨基酸模式还可以深化对氨基酸营养代谢机理、理想氨基
酸模式与其他营养元素之间互作机理的认识。

五、提高氨基酸利用效率

利用理想蛋白质氨基酸模式，动物采食平衡氨基酸日粮，可以提高氨基酸
的有效利用率，减少排泄物中的氮含量，改善禽舍环境。Latshaw（2011）研
究发现，当必需氨基酸相同时，蛋白质摄入量每增加 1 g，蛋鸡排出的粪氮就
增加 0.43%。而过多的氮以尿酸或尿素的形式排出，增加合成这些物质所需
的 ATP，所以平衡氨基酸对缓解笼养蛋鸡应激也有重要意义。

六、减少氮的排放量与节约蛋白质资源

理想蛋白质氨基酸模式是配制动物低蛋白日粮的理论基础。目前，人们对
畜禽养殖业造成的环境污染（尤其是氮、磷等的过量排放）的认识不断加深，
而理想氨基酸模式可以为动物提供精准的氨基酸需要比例、平衡饲料氨基酸配

比、较大程度地减少氮排放。因此，非常有必要考虑将理想氨基酸模式应用在动物的低蛋白饲料配方制作中。刘国华等（2006）试验表明，氨基酸平衡的低蛋白与高蛋白玉米-豆粕型日粮相比，显著降低鸡粪中水分、含氮量和挥发性盐基氮。Fuller 等（1990）在生长猪上做了大量有关理想氨基酸模式的试验，运用理想氨基酸模式配合日粮可以明显降低粗蛋白质的含量。Applegate 等（2008）试验结果表明，添加日粮氨基酸水平超出 NRC 推荐量并不能使生产性能达到更高水平，而且会使氮排放量增加，然而添加赖氨酸、蛋氨酸和苏氨酸的低蛋白平衡日粮可明显降低氮摄入量和排出量。Yakout 等（2010）研究表明，当日粮粗蛋白质水平降低 2~3 个百分点时，按照理想氨基酸模式添加晶体氨基酸、配制平衡日粮，能够维持产蛋鸡最佳生产性能，且可以减少氮排放。因此，理想氨基酸模式在蛋鸡上的应用具有实用性和经济性，有利于减轻氮排放，提高对杂粮的利用效率，降低饲粮蛋白质水平，为节约蛋白资源提供了一种有效的思路。应用理想氨基酸模式配置动物低蛋白饲粮，不仅能降低动物饲料成本，节约蛋白质资源，更重要的是降低养殖污染物的排放，改善养殖场周围环境，利于动物健康。过多的氮以尿酸和尿素的形式排放，消耗大量的 ATP，增加动物的应激，不利于动物健康。

第三章 畜禽氮排放与蛋白质饲料资源

近年来，氮排放引发的环境污染随畜禽养殖规模、集约化程度的不断扩大而日趋严重。目前，我国畜禽氮排放量为 500 万~600 万 t，其中单胃动物（主要是猪）的氮排放量约占总排放氮的 60%。与此同时，我国蛋白质资源严重缺乏，2017 年，中国国产大豆约为 1 100万 t，而进口大豆约为 9 553万 t，大豆进口依存度超过 85%。

第一节 畜禽氮排放现状

随着我国人民生活水平的提高，居民对肉类的消费量大幅增加（付强等，2012；孙良媛等，2016；刘家斌等，2017）。自 1991 年以来，我国肉、禽、蛋总产量已连续多年保持世界第一（程鹏，2012），并在 2016 年达到 13 523万 t，其中肉、禽和蛋类总产量分别为 8 540万 t、1 888万 t、3 095万 t（国家统计局，2016）。与此同时，畜禽排泄物带来的环境污染问题也越来越严重（Anthony 等，1991；中华人民共和国环境保护部，2002；高定等，2006；庄莉等，2015；Qi 等，2017）。农业面源污染的主要污染源便是畜禽养殖，贡献率达到 58.2%（杨志敏，2009）。2010 年《全国首次污染普查公报》显示，从化学需氧量、总氮排放量、总磷排放量 3 项主要污染物指标来看，农业源污染物排放占全国排放总量的比重分别为 43.7%、57.2%、67.4%，其中畜禽养殖业又分别占农业源的 96.0%、38.0%、56%。畜禽粪便中含有大量的氮、磷等物质，处理方式不彻底会导致大量营养元素进入水体和土壤，造成水环境污染（Hou 等，2017）。据陈瑶和王树进（2014）报道，2007 年全国畜禽养殖业粪便和尿产生量分别达到 2.43 亿 t 和 1.63 亿 t，畜禽养殖产生的氮元素、磷元素化学需氧量和年物放量分别占全国污染物排放总量的 22%、38% 和 42%。据测算，中国畜禽养殖业氮排放总量已达到 300 万~600 万 t（GU 等，2017）。我国畜禽养殖业已给环境带来了巨大的压力。尽管我国在努力提高畜禽粪尿的处理水平，但与其他发达国家相比还存在巨大差距。研究表明，我国有 80% 的规模化养殖场因缺乏必要的处理设施使大量的养殖废弃物直接进入环境，从而引起严重的环境污染。

第二节　畜禽氮排放的危害

一、对环境的影响

从环境保护方面来看，畜牧行业是氨气排放的主要贡献者，因为动物的氮排泄受粗蛋白质摄入量和利用率的影响，进而影响着大气中氨气排放（Todd等，2013）。大气中的氨气可以多种形式存在，包括气体（NH_3）、细颗粒物〔（NH_4）$_2SO_4$ 和 NH_4NO_3〕，或作为液体（云雾中的 NH_4OH）（Protection，2004）。这些颗粒物质使空气污染更加严重，每年估计造成全球高达 200 万人过早死亡（Brunekreef 和 Holgate，2002）。而且二氧化硫、氮氧化物和氨气作为空气污染物会引起酸性降水的发生，并对生物多样性产生非常大的危害（Erisman 等，2008；Steinfeld 等，2006）。过量氨气排放到大气中会产生严重问题，因为氨气会在对营养素敏感的生态系统中沉积（Arogo 等，2003）。畜禽排放出的氨气所造成的难闻气味也会严重影响农场附近居民的生活质量（Meginn 等，2003）。尽管尿素不是挥发性的，但其一旦遇到粪便，由于粪便中尿素酶活性较高，会使尿素迅速水解为氨气和 CO_2，这样就可以确定尿氮是牛粪以氨气形式挥发出氮的主要来源（Bussink 和 Oenema，1998）。动物以氨气、氮气、一氧化二氮、一氧化氮、硝酸盐等多种形式排放到环境中的氮，对空气、土壤、水质和人体健康都具有潜在的负面影响。自然界水体中过量的氮大都来自动物养殖场（Bouwman 等，2013）。另外，水体中氮含量过高还会增加破坏水生生态系统平衡的风险，例如微生物耗氧将其他含氮化合物转化为亚硝酸盐、硝酸盐，地下水也会受到污染。高浓度硝酸盐最终进入饮用水，会导致大量的人类健康问题，如高铁血红蛋白血症、蓝婴综合征等病症（Nosengo，2003；Majumdar 和 Gupta，2000）。因此，降低日粮粗蛋白质的百分比已被证明是一种有效减少氮损失、尿中尿素排泄和粪便中氨排放的策略（Agle 等，2010；Lee 等，2012；Colmenero 和 Broderick，2006）。

规模化养殖业不仅向外界环境排放大量的粪尿污染物和有害气体，同时也会对畜禽健康、生长与生产造成危害。氨气是畜禽养殖业产生的主要有害气体之一，畜禽舍内氨气的产生途径主要如下：一是畜禽摄入蛋白质后代谢分解产生氨气；二是畜禽尿氮分解产生氨气。畜舍氨气大部分来源于排泄物中的尿素，家禽肝脏中没有精氨酸酶和氨甲酰磷酸合成酶，因此家禽不能通过肝脏尿素循环把体内代谢产生的氨合成尿素，只能在肝脏和肾脏中合成嘌呤，在黄嘌呤氧化酶的作用下生成尿酸。嘌呤代谢通常在肝脏中进行，嘌呤氧化后变为尿酸（David 等，2015）。由于家禽消化道较短，食糜在其中停留的时间不长，有很多营养物质不能被充分利用而以粪便的形式排出体外。据调查，家禽舍氨气浓度和排放量通常高于畜舍（Hayes 等，2006）。氨气不仅对环境造成巨大污染，同时也严重影响畜禽的健康，诱发各种疾病，导致生产性能下降。

二、对动物的危害

氨气对畜禽健康有重要影响，而且是多方面的。研究发现，随着氨气浓度的升高，肉鸡出现跗关节及脚垫感染、跛行、行走不稳等状况的程度加大（孟丽辉等，2016）。氨气引起肉鸡的眼部异常，肉鸡置于高浓度氨气环境中会出现用翅膀揉眼睛的行为（Miles 等，2006）。处于 50 mg/kg 氨气环境下保育猪血液中巨噬细胞、淋巴细胞数量及皮质酮含量显著增加，这是呼吸应激的一种免疫应答（Evon 等，2007）。在 70 mg/kg 氨气环境下肉鸡血清球蛋白含量和溶菌酶活性显著降低，后者主要由巨噬细胞分泌，这是动物机体的一种非特异性免疫（Wei 等，2015）。因此，氨气会导致畜禽的免疫功能下降，各种病原微生物随之入侵机体，诱发各种呼吸道疾病，从而降低动物生产性能。

（一）消化系统疾病

氨气作为一种应激源会造成肠道黏膜损伤，同时通过影响肠道消化酶活性及黏膜上皮养分转运载体降低畜禽的营养物质的消化率。注射乙酰胺（血氨浓度高）抑制大鼠肠道短链脂肪酸氧化（Cremin 等，2003）。Zhang 等（2015）报道，处于 75 mg/kg 氨气环境中，肉鸡小肠细胞骨架蛋白表达下调，肠道绒毛的长度变短或缺失、隐窝加深，生长性能下降。高浓度氨气导致肠道黏膜中与氧化磷酸化和细胞凋亡有关的蛋白上调，触发氧化反应，并干扰肉鸡的免疫功能和小肠黏膜对营养物质的吸收。处于 70 mg/kg 氨气环境中，肉仔鸡十二指肠、空肠、盲肠内容物 pH 值极显著增加，随着时间延长氨气对肠道发育的影响加重。pH 值是肠道健康的重要指标之一，酸性条件有利于乳酸菌和双歧杆菌等有益菌的繁殖生长，对大肠杆菌、沙门氏菌等有害微生物有抑制作用。肠道内主要致病菌有大肠杆菌、链球菌、葡萄球菌等，肠道 pH 值在 6.5~8.0，而有益菌适宜生存 pH 环境偏酸性，因此高浓度氨不利于肠道微生物区系平衡，反而有利于肠道腐败菌的滋生（包正喜等，2017）。

（二）呼吸道疾病

氨气浓度过高会对畜禽气管、眼黏膜以及肺组织造成严重影响。氨气对呼吸系统的损坏程度与浓度高低和暴露时间长短有关。长期处于 20 mg/m³ 氨气环境中（6 周）引起肉鸡肺水肿，采食量减少，生长性能降低，并增加各种疾病易感性；氨气浓度达到 70 mg/kg 时，肉仔鸡气管和肺部黏膜纤毛脱落、肺部炎性细胞显著增加（魏凤仙，2012）。75 mg/kg 的高氨环境导致肉鸡气管纤毛变短或缺失，呼吸道黏蛋白的表达量上调，而过度分泌黏蛋白会导致气管阻塞，这一结果解释了为什么舍内高浓度氨气环境下的畜禽会出现咳嗽、喘气等症状。此外，处于高浓度氨气环境中，肉鸡气管中肌球蛋白、肌钙蛋白表达量上调，这些蛋白质在肌肉收缩中发挥重要作用，通过促进细丝滑动和增强肌肉收缩功能来收缩气管，从而减少氨气吸入（Yan 等，2016）。

氨气不仅直接危害呼吸道，还会导致畜禽舍内空气中微生物气溶胶浓度升高、各种病原体数量增多。Hamilton 等（1996）研究氨气对哺乳仔猪呼吸道发病率的影响，设置 5 mg/kg、10 mg/kg、15 mg/kg、25 mg/kg、35 mg/kg、50 mg/kg 的氨气浓度，结果发现 10 mg/kg 氨气浓度引起猪萎缩性鼻炎的发病率最高。当猪舍氨气浓度为 15 mg/kg 时，易导致猪感染呼吸道疾病；达到 35 mg/kg 时，开始出现萎缩性鼻炎（曹进和张峥，2003）。Michiels 等（2015）研究氨气浓度对生长猪舍内空气中 PM2.5 含量和生长猪肺组织病变的影响，结果表明随着氨气浓度增加，生长猪死亡率和支原体肺炎的患病率都有显著增加。

（三）神经系统疾病

氨气浓度过高会导致一部分氨气进入血液后无法全部转化为 NH_4^+，过量的氨以氨气形式进入脑组织。氨气在脑组织的主要代谢途径是形成谷氨酸和谷氨酰胺，而大脑将氨气转化为谷氨酰胺的能力有限，导致大脑氨气和谷氨酰胺升高，大脑功能异常，包括脑积水增多、离子运输和神经递质功能异常（Butterworth，2014）。氨气会抑制三羧酸循环中 α-酮戊二酸脱氢酶和丙酮酸脱氢酶的活性，导致星形胶质细胞线粒体中烟酰胺腺嘌呤二核苷酸和 ATP 生成减少（Nakhoul 等，2010）。氨气导致线粒体通透性转换孔开放程度加大，使其通透性增加、线粒体基质肿胀、氧化磷酸化不完全及 ATP 合成阻断（Malik 等，2010；Alvarez 等，2011）。高血氨引起的大脑缺氧或细胞有氧呼吸抑制会导致脑组织乳酸含量增加（Rose 等，2007）。氨的毒性对脑组织中神经元、小胶质细胞和星形胶质细胞都具有很强的破坏作用，氨气易导致星形胶质细胞的肿胀（Vijay 等，2016）。氨气处理培养星形胶质细胞产生活性氮氧化物，导致氧化/亚硝化应激（ONS），氨气诱导的 ONS 与星形胶质细胞体积的增加相关。ONS 增加和星形细胞肿胀导致谷氨酰胺合成增多，其在线粒体中积累和降解后损害线粒体功能（Skowronska 和 Albrecht，2013）。肉牛饲喂过量尿素会出现肌肉震颤、瘤胃停滞、心率加快、轻度或严重脱水和抽搐等病理反应（Antonelli 等，2004）。5 mmol/L 氯化铵（NH_4Cl）处理大鼠星形胶质细胞，细胞能量代谢和磷酸化功能严重受损，ATP 生成量骤降（Albrecht 等，2010）。

（四）肝脏组织疾病

进入肝脏中的血氨大部分用于合成尿素，也有一部分用于合成非必需氨基酸和其他含氮化合物。氨气和 CO_2、水结合生成尿素这个过程消耗的能量约占肝脏消耗总能的 45%（Lobley 等，1995），畜禽吸入的氨气过多，会影响整个机体的能量代谢。高血氨导致肝脏负荷加重，容易造成肝脏疲劳及衰竭、增生肥大（Lin 等，2006）。氨气同样会减弱肝细胞的抗氧化性能，导致活性氧浓度升高（邢焕等，2015）。高浓度氨气环境下的肉仔鸡肝脏代谢紊乱、抗氧化性能降低、肝细胞再生能力减弱，甚至可能出现肝硬化（Zhang 等，2015）。高血氨甚至会造成肝昏迷、血氨的来源增多或去路减少，引起血氨升高，高浓度的血氨通过干扰脑组织的能量代谢，对神经细胞膜的抑制作用，以及对神经递质的影响从而出现脑功能障碍而导致昏迷。

第三节　减少畜禽氮排放的营养措施

一、科学确定氨基酸的需要量

饲料种类较多，而且品质不一，为了更好地设计饲料配方，必须科学估测饲料中氨基酸的含量、畜禽对氨基酸的需要量以及对氨基酸的利用率。因此，不仅要测定饲料原料中各种氨基酸含量，还必须测定各种动物对氨基酸的消化率，从而设计更好的饲料配方。还应考虑影响畜禽氨基酸需要量的因素，如品种、日龄、生产水平、管理方式、畜禽健康状况等，还要选择有代表性的动物，应用一些先进的技术，形成切实可行的标准计算模式，从而减少饲料的浪费和更多氮的排出。

二、选择优质饲料原料

在配制日粮过程中，选择饲料原料要考虑氨基酸含量，更要注意氨基酸的利用率。各种氨基酸的真消化率直接影响氮排出量，而影响饲料原料中各种氨基酸真消化率的因素有饲料原料种类和动物个体本身。因此在生产实践中，一定要选择氨基酸含量多的饲料原料，并选用消化率好的动物品种，从而减少过量氨基酸的降解排出，减少环境污染。

三、科学配制加工日粮

减少氮排出量的方法有很多，其中最有效的就是降低日粮中粗蛋白质含量，例如当猪日粮中的粗蛋白质含量降低1%，氮排出量可减少约8.4%，而对于鸡来说，粗蛋白质含量每降低2%，氮的排出量可减少20%，但是并不能无限制地降低粗蛋白质含量，还必须考虑满足畜禽营养需要，而且动物本身并不需要蛋白质，只需要组成蛋白质的氨基酸即可。因此日粮中氨基酸组成和氨基酸的有效含量越接近于畜禽维持和生产需要，畜禽利用日粮氨基酸的转化能力就越强，需要的有效蛋白质就越少，而且此时粪尿中氮的排泄量也会减少，这样既能保证畜禽正常的生产，还可降低饲料蛋白质含量，减少氮的排放。饲料颗粒大小直接影响着饲料利用效率，因此饲料经膨化和颗粒加工后，可提高饲料转化率以及氮的利用率。

四、合理的饲喂方法

不同饲喂方法，蛋鸡对饲料营养物质的利用率也不相同。因此可以采用合适的饲喂方法，从而达到提高饲料营养物质利用率、减少氮排出量的目的。

（一）分段饲养

畜禽的生产目的、生长阶段和生产水平不同，对营养物质的需求也不同，因此应对家禽采用分段饲养的方法，即在满足家禽营养需要的前提下，给予不同营养水平的日粮，从而使营养物质消耗减少的一种饲养方法。这种饲喂方法不仅可减少日粮的浪费，又能减少氮的排出量和对环境的污染。有研究表明，将罗曼蛋鸡产蛋期分成20~45周、46~78周两阶段进行饲养时，粗蛋白质含量降低1%~2%，氮的排出量减少25%~30%。

（二）限制饲养

限制饲养即限饲，是为了使蛋鸡性腺发育略受抑制，使其体成熟与性成熟同步，达到高产、稳产的目的，人为限制蛋鸡采食量。采食量的减少使饲料效率提高，氮排出量也相应减少，目前在蛋鸡生产中应用较为普遍。

五、添加饲料添加剂

（一）酶制剂

在饲料中添加酶制剂，既可以改变内源性酶的活性以及补充其含量，又可降解非淀粉多糖，改善消化机能，提高饲料的利用率，从而减少粪中氨的排出量。王玲在玉米–豆粕型日粮中添加主要成分是木聚糖酶、一葡聚糖酶和纤维素酶的复合酶饲喂肉雏鸡，结果大幅提高了肉雏鸡对饲料中能量和蛋白质的利用率，干物质和粗蛋白质消化率分别提高 11.0% 和 11.6%。

（二）微生态制剂

张晓梅等（1999）用不同类型的微生态制剂饲喂雏鸡，结果表明，雏鸡血清和肠道蛋白酶、脂肪酶、淀粉酶活性都有不同程度的升高，并且营养物质的消化吸收能力也相应地增强。这可能是因为微生态制剂可改善家禽体内微生态环境，提高各种微生物在体内的代谢，从而提高机体免疫力和抗病力，增强营养物质的消化吸收，促进畜禽的生长，减少环境的污染。有益微生物不但与畜禽肠内微生物联合使消化道菌群达到平衡，增强肠道活动能力，提高饲料利用率，还可阻止有害菌的进入，降低蛋白质向氨及胺转化率，从而减少氮排出量。

第四章 低蛋白日粮技术

第一节 低蛋白质日粮的意义

一、低蛋白质日粮概念与种类

日粮中的蛋白质是供给动物生长发育或生产所必需的，从营养学的角度来讲，动物对蛋白质的需求本质上是对氨基酸的利用。日粮中氨基酸的含量并非越多越好，过多氨基酸只能通过脱氨基作用作为能源被利用，增加机体能耗和排泄量；而日粮中蛋白质过低则不能满足畜禽的维持需要，机体就会出现氮的负平衡，不仅降低能量的利用，还会影响生产性能和繁殖性能等。我国是一个蛋白饲料资源严重匮乏的国家，虽然一些植物性蛋白饲料资源丰富，但由于抗营养因子的存在以及营养成分评估的缺乏，限制了其在畜禽日粮配制中的广泛应用。目前，我国蛋白饲料主要依赖于进口。根据国家统计局公布的数据，2022年我国大豆进口量高达9 108万 t，国产大豆只有2 028万 t。因此，在不影响动物生长性能的前提下，提高氨基酸利用效率、减少蛋白饲料资源浪费对于畜牧业的持续、稳定发展具有重要意义。

近年来，畜禽低蛋白日粮越来越受到重视。所谓低蛋白日粮是指将饲料中粗蛋白质水平按 NRC 或我国的营养标准推荐量降低1~4个百分点，并补充重要氨基酸配制而成的饲料。按照添加氨基酸种类的不同，低蛋白饲料大致可以分为3种：①平衡所有必需氨基酸的低蛋白日粮；②平衡部分必需氨基酸的低蛋白日粮，其中以平衡赖氨酸、蛋氨酸、苏氨酸和色氨酸为主；③平衡所有必需氨基酸和非必需氨基酸的低蛋白日粮。根据氨基酸平衡理论，低蛋白质日粮中氨基酸的比例和含量应与动物机体一致或者接近，此时氨基酸利用率最高。以猪为例，根据 NRC（1998）的猪营养需要标准，仔猪、生长猪和育肥猪饲料粗蛋白需要量分别是20%、18%和16%，低蛋白日粮则是指将日粮蛋白质水平按 NRC 推荐标准降低2~4个百分点，即仔猪、生长猪和育肥猪饲料中粗蛋白质水平分别控制在 16%~18%、14%~16% 和 12%~14%，然后通过添加合成氨基酸、降低蛋白饲料原料用量来满足动物对氨基酸需求（即保持氨基酸平衡）的日粮。在 2012 年第 11 次修订的 NRC 标准中，进一步强调了猪饲料配制中氨基酸的需要量（其中包括许多非必需氨基酸），而不再是蛋白质水平。NRC 的改版突出了饲料中氨基酸的重要性，更有利于猪低蛋白日粮的研发以及配制技术的进一步发展与完善。研究证实，只要进行科学配比设计，低蛋白日粮不仅不会降低畜禽的生产性能，而且对于减少氮排放、降低饲料成本、节约蛋白饲料资源都大有益处。目前，配制低蛋白氨基酸平衡日粮在养猪业中的研究已相对成熟，在生产中也得到了应用。

二、低蛋白质日粮的意义

低蛋白质日粮除降低氮排放外，还具备以下实践意义。

（一）改善幼龄动物肠道健康

幼龄畜禽生长迅速、生理急剧变化，营养需要高，但其消化系统发育不完善，同时还要面临环境应激（离开母畜、转群、转圈）、日粮转换应激（由母乳转向固体饲料）。以豆粕为主的大豆蛋白，价格低廉、蛋白质含量丰富、氨基酸组成适宜，是畜禽饲料中主要的蛋白质饲料资源，但是豆粕含有大量的抗营养因子，如胰蛋白酶抑制因子、凝集素、大豆抗原等，会引起幼龄动物肠道过敏。日粮中蛋白质过高会导致幼龄动物腹泻和生长抑制。在生猪养殖中，仔猪断奶腹泻一直是困扰行业的问题，尤其是抗生素和氧化锌添加日趋限制的情况下，该问题亟待解决。过去的研究表明，降低 4~6 个百分点的粗蛋白质含量，对于仔猪的生长性能是没有影响的，同时改善仔猪肠道健康、减少腹泻、提高仔猪健康状态（Heo 等，2008）。丹麦养猪研究中心（2014）建议在高腹泻风险阶段（6~15 kg），日粮钙和蛋白质水平含量不能超过 0.76% 和 17.7%。当断奶仔猪发生腹泻时，猪场会调整营养配方，丹麦专门制定了仔猪腹泻时的营养标准。以 9~20 kg 猪为例，日粮 SID 蛋白质水平由 17.7% 降低至 16.8%，SID 赖氨酸水平由 1.13% 降低至 1.07%，钙水平由 0.76% 降低至 0.7%。同时也会采取一些管理措施，如增加饲喂次数及限制饲喂量。

（二）影响能量代谢

大多数试验显示，降低 2~3 个百分点的日粮粗蛋白质含量不会影响生长猪与育肥猪的生长性能（Gallo 等，2014；Hinson 等，2009；Hong 等，2016）。但也有试验指出，饲喂低蛋白质日粮会增加猪的背膘厚、降低瘦肉率。在很多研究中，在设计日粮时仅仅通过增加玉米比例来降低日粮蛋白质比例，尽管玉米和豆粕的代谢能值相近（玉米为 3.65 Mcal[①]/kg，豆粕为 3.66 Mcal/kg），但玉米的净能（2.97 Mcal/kg）远高于豆粕的净能（1.93 Mcal/kg），这样会导致在日粮配方代谢能差异不明显的情况下日粮的净能水平却差异显著，低蛋白质日粮的净能含量会大大增加，从而导致胴体过肥。因此，在配制低蛋白质日粮时需要应用 SID 氨基酸和净能值。此外，脂肪、淀粉产生的热增耗同蛋白质和日粮纤维相比要低很多（Noblet，1994），因此，减少日粮中的粗蛋白质和纤维水平会降低热量产生，进而导致环境高热气候条件下的应激反应。

（三）缓解蛋白质饲料资源缺乏

随着畜禽养殖业的不断发展，我国对饲料原料特别是蛋白质原料的进口量逐年增加，其中大豆的对外依存度达到 85% 以上，鱼粉的进口依存度也达到 70% 以上。因此，使用低蛋白质日粮可降低日粮中蛋白质的含量，减少饲料成本，缓解蛋白质资源缺乏的形势。以生猪养殖为例，猪生产的全程料肉比大约在 2.6：1，每头猪出栏体重按照 125 kg 计算，出栏 1 头猪需要消耗饲料 325 kg。假设日粮中的粗蛋白质含量降低 2.5 个百分点，那么出栏 1 头猪可以节约蛋白质 8.13 kg，相当于节约豆粕 18.9 kg。按我国每年出栏肉猪 7 亿头计算，每年则可节约 1 323万 t 豆粕或 1 653万 t 大豆。

（四）降低成本

在畜禽养殖成本中，饲料成本占 60%~70%，如何降低饲料成本是市场关注焦点。减少豆粕等价格高的饲料原料是降低成本的重要途径。研究表明，25 kg 生长猪日粮蛋白质水平降低 2 个百分点，饲料成本可下降 0.3 元/kg；日粮蛋白质水平下降 3 个百分点，饲料成本可下降 0.5 元/kg（梁利军和张伟峰，2013）。和玉丹和邹君彪（2012）研究指出，50 kg 中猪饲料蛋白质水平下降 3 个百分点，饲料成本可减少 0.17 元/kg。此外，随着环保压力的增大，粪污处理成本在规模养殖成本中的比例逐渐增大，低蛋白日粮由于减少了氮排放，也将显著减少环保处理成本。

---

① 1Mcal 约为 4.184 MJ，全书同。

第二节　低蛋白质日粮的理论与技术基础

一、理想氨基酸模式

我国畜禽日粮以玉米 - 豆粕型为主，而玉米 - 豆粕型日粮存在赖氨酸缺乏以及氨基酸配比不合理的缺点，因此，尽管日粮中粗蛋白质水平满足营养标准，但实际上能够被利用的氨基酸数量和种类满足不了动物的需要。在实际生产中往往通过增加日粮粗蛋白质水平来克服这一问题，但会造成饲料资源的浪费和环境污染。此外，随着日粮蛋白质水平的增加，大量未消化吸收的氮进入大肠并在此进行有害发酵，为避免由此带来的仔猪腹泻往往需要在日粮中添加大量的抗生素。理想氨基酸模式的提出为解决这些不利影响带来了希望。理想氨基酸模式最早来源于 Mitchell 等（1946）有关蛋鸡氨基酸需要量的论述，即蛋鸡产蛋的氨基酸需要量与一个"全蛋"所含的氨基酸相等。20 世纪 80 年代早期，英国农业研究委员会（ARC，1981）重新定义了理想氨基酸模式的概念，即日粮蛋白质中的各种氨基酸含量需要与动物用于生长或生产所需的氨基酸一致。理想氨基酸模式实质上是指日粮中氨基酸的比例需要达到最佳，在理想氨基酸模式模型中，所有氨基酸都被看作是必需和同等重要的，它们都可能成为第一限制性氨基酸，添加或减少任何一种氨基酸都会影响氨基酸之间的平衡。理想氨基酸模式模型中最重要的是必需氨基酸之间的比例，为便于推广和应用，通常把赖氨酸作为基准氨基酸，将其需要量定为 100，其他必需氨基酸的需要量表示成与赖氨酸的百分比，这就是所谓的必需氨基酸模式。赖氨酸作为基准氨基酸的原因是理想氨基酸模式模型的研究始于猪，而赖氨酸通常是猪的第一限制性氨基酸，与其他必需氨基酸之间不存在相互转化的代谢关系。而且赖氨酸主要用于蛋白沉积，其需要量受维持需要的影响比较小，赖氨酸与其他必需氨基酸之间不存在相互转化的代谢关系。

二、可消化氨基酸

过去很长一段时间，人们在考虑和配制畜禽日粮中的氨基酸数量与比例时，基本上仍以所含各种氨基酸总量为基础。从理论上讲这种做法不尽合理，因为饲料中的氨基酸进入动物体要经过消化、吸收、利用一系列过程，在体内也存在生物学利用效率的问题。因此从实际角度出发，提出采用可消化氨基酸评定饲料蛋白质的营养价值及配制畜禽的日粮。氨基酸回肠消化率（氨基酸回肠末端消化率）是指饲料氨基酸已被吸收，从肠道消失的部分。它采用回肠末端瘘管技术收集食糜，根据饲料和食糜中不消化标记物（通常是三氧化二铬）的浓度计算得到的氨基酸回肠消化率，即氨基酸回肠表观消化率。计算公式如下：氨基酸回肠表观消化率（％）＝（食入氨基酸量－食糜氨基酸量）／食入氨基酸量×100。1988年荷兰已将可消化赖氨酸、可消化蛋氨酸、可消化胱氨酸列入猪、鸡饲养标准与饲料成分表。然而"表观回肠消化率"未考虑到内源氨基酸的损失，导致低蛋白质含量饲料比高蛋白蛋含量饲料的氨基酸表观消化率低，这是因为前者内源氨基酸损失相对较多。"真消化率"对内源氨基酸损失进行了校正。此外，考虑到理想蛋白质模式的确定方式，它实际上反映的是真回肠消化率，而不是表观回肠消化率。所以NRC（1998）中将不同饲料原料的氨基酸表观消化率和真消化率一起发表。Stein等（2007）建议以SID AA来表述猪对氨基酸的需要量更合理。目前，在权威机构发布的营养标准中，以SID AA为基础的理想氨基酸模式主要有4个：英国猪营养需要（BSAS，2003）、美国科学研究委员会的猪营养标准（NRC，2012）、赢创德固赛公司发布的氨基酸推荐需要量（Rademacher等，2009）以及美国猪营养指南（NSNG，2010）。

三、净能体系

目前，配制猪饲料普遍采用消化能和代谢能体系，但随着研究的深入，人们发现消化能和代谢能体系已不能完全满足动物营养需求，越来越多的学者推荐使用净能来配制日粮。动物有机体在采食时常有身体增热现象产生，代谢能减去体增热（热增耗）能即为净能。净能又可以分为维持净能和生产净能。动物体维持生命所必需的能量称为维持净能。用于动物产品和劳役的能量称为生产净能。由于蛋白质、纤维素等饲料原料在消化过程中代谢时间长，导致热增耗增加，从而降低了饲料的净能。因此，饲料代谢能并不能完全反映饲料能值，而净能相对更为准确。降低日粮蛋白质水平减少了机体在物质消化代谢过程中的能耗，因而有利于能量的利用与沉积（朱立鑫和谯仕彦，2009）。配制低蛋白日粮时若不采用净能体系，很容易导致生长育肥猪胴体变肥（Fuller等，2010；梁郁均和叶荣荣，1990；唐燕军等，2009），而采用净能体系能够解决低蛋白日粮致胴体变肥的问题（唐燕军等，2009），这一点得到了尹慧红等（2008）的研究证实。但净能值测定的过程比较烦琐，这是制约其应用的一大因素。在实际中，通常将氨基酸的总能值乘以0.75转化为净能值使用（Noblet等，1994）。此外，不少研究表明，赖氨酸在机体生长发育中具有重要作用，是第一限制性氨基酸，日粮中赖氨酸和能量的绝对数量和比例对机体蛋白质和脂肪的沉积有显著影响，采用赖氨酸/净能比配制低蛋白饲料，能更好地平衡营养，提高胴体性能（徐海军等，2007）。

四、功能性氨基酸

随着氨基酸研究的深入，一些氨基酸功能逐渐被揭示出来，特别是一些支链氨基酸的功能，在不同生长阶段的猪中加入不同种类的支链氨基酸有利于机体机能和生产性能的提升，如在母猪低蛋白日粮中添加缬氨酸和异亮氨酸等支链氨基酸可以有效提高母猪泌乳和生产性能（黄红等，2008）；在仔猪低蛋白日粮中添加亮氨酸、缬氨酸和异亮氨酸等支链氨基酸能刺激蛋白合成和提高免疫力（Zhang 等，2013；Ren 等，2015；Norgaard 等，2009；Che 等，2017），促进仔猪健康生长，减少抗生素使用；在生长育肥猪低蛋白日粮中添加精氨酸，可提高瘦肉率、降低脂肪率、改善猪肉质性状（周招洪等，2013）。因此，在低蛋白日粮配制过程中应充分考虑功能性氨基酸的使用。

五、氨基酸的合成工艺

尽管低蛋白质日粮的经济效益和环保效益显著，但是需要添加大量的合成氨基酸，尤其是必需氨基酸和一些关键非必需氨基酸，否则动物的生长或生产会受到明显影响。受氨基酸生产工艺的影响，氨基酸之间的价格差异极大。饲料企业和养殖企业主要添加一些成本较低的限制性必需氨基酸来配制低蛋白日粮，因赖氨酸、蛋氨酸、色氨酸和苏氨酸工艺相对成熟，价格较低，因此，在低蛋白质日粮中应用得较为普遍。一些重要的氨基酸（如亮氨酸、异亮氨酸和缬氨酸等）虽然对猪的生长性能有显著影响（Zhang 等，2013；Ren 等，2015；Norgaard 等，2009；Che 等，2017；Mavromichalis 等，1998），但因价格高昂，很少在生产中添加，仅仅停留在研究层面。因此，未来应加强此类氨基酸生产工艺的研发以降低功能性氨基酸的使用成本。

第三节　低蛋白质日粮的应用现状

一、国内外低蛋白质日粮的研究与应用现状

近几年，我国在低蛋白质日粮的研究与应用上做了不少尝试和努力。2013—2017 年，南京农业大学朱伟云教授主持了国家 973 项目"猪利用氮营

养素的机制及营养调控"。该项目围绕 3 个科学问题：①胃肠道消化代谢如何改变氮营养素供给模式？②肝脏和肌肉组织高效利用氮营养素的机制是什么？③氮营养素消化代谢网络的关键靶点是什么，如何实现营养调控？围绕这 3 个科学问题，设置了 6 个研究内容：①胃肠道化学感应与氮营养素的消化；②小肠黏膜结构、功能与氮营养素吸收利用；③肠道微生物与氮营养素的消化代谢；④肝脏中氮营养素的代谢通路及其调节；⑤氮营养素的感应与肌肉蛋白质沉积；⑥氮营养素消化代谢网络关键靶点解析与营养调控。通过南京农业大学、中国科学院亚热带农业生态研究所、中国农业大学、华中农业大学、西南大学、华南农业大学、吉林农业大学、广东省农业科学院等单位的学术骨干的不懈努力，在以下方面取得突破性成果：①系统阐述了日粮氨基酸在消化道-肝脏-肝外组织间的代谢转化规律；②发现肠道微生物与肠黏膜在氨基酸代谢过程中的分工协作机制，阐明了肠道微生物影响猪氮利用的机制；③揭示了支链氨基酸（BCAA）调节猪氮营养素利用的机制；④明确了在不影响生长性能、总氮排放降低的前提下，确定日粮蛋白可下降的最低临界点及平衡氨基酸的种类；⑤建立了多种猪营养研究关键技术平台，例如，猪肠道原位结节灌流评价氨基酸净吸收量技术、猪小肠隐窝干细胞的分离培养技术、猪的多重血管插管（门静脉-肝静脉-肠系膜静脉-颈动脉血管插管）技术等。该项目的实施推动了我国氨基酸代谢与低蛋白质日粮技术的研究水平，而且某些方面处于世界领先水平，此外还为动物营养与饲料科学学科培养了一大批中青年学术骨干。

低蛋白质日粮氮减排效果非常显著，日粮蛋白质每降低 1 个百分点，日粮中豆粕用量降低 2.82 个百分点（Spring 等，2018）、氮排放降低 10%（Galassi 等，2010）、圈舍氨气浓度降低 10% 以上（Nguyen 等，2018）。做到限制性氨基酸的平衡是低蛋白质日粮技术的关键，目前主要补充的是 L-赖氨酸、DL-蛋氨酸、L-苏氨酸和 L-色氨酸。过去的研究表明，降低猪日粮粗蛋白质含量的同时平衡重要必需氨基酸，可以在不影响猪生长性能的情况下减少动物对摄入的多余氨基酸脱氨基代谢的能量消耗、降低氮的排出量（Gallo 等，2014；Hinson 等，2009；Galassi 等，2010；Hong 等，2016）。除平衡赖氨酸、蛋氨酸、色氨酸、苏氨酸 4 种氨基酸外，近年来的科研工作者也尝试添加其他氨基酸如 BCAA 来提高低蛋白质日粮的减氮与促生长效果（Zhang 等，2013；Li 等，2017）。总体来看，在补充重要氨基酸的情况下，日粮粗蛋白质水平降低 2~3 个百分点不会影响动物的生长性能（Gallo 等，2014；Hinson 等，2009；Hong 等，2016）。低蛋白质日粮氮减排效果极佳，与发展资源节约型、环境友好型畜牧业相符。但是，低蛋白质日粮在降低粗蛋白质含量的同时需要补充重要氨基酸，因为氨基酸价格远高于普通蛋白质饲料原料，造成低蛋白质日粮没有明显的价格优势，因此，在低蛋白质日粮生产中尤其是集约化生产中很难得到广泛应用。

二、制约低蛋白质日粮广泛应用的因素

低蛋白质日粮研究与应用已有 100 多年的历史，但推广面仍然不大，主要限制性因素在于：①我国多年形成的以饲料蛋白质含量判定饲料质量的思维习惯短时间内难以纠正，养殖场（户），特别是小的养猪场（户）以饲料中豆粕含量和粗蛋白质水平来判定饲料的质量优劣；②高蛋白质日粮有促进动物生长的作用，在部分饲料企业利益的驱使下，相当数量的养殖场（户）将蛋白质含量高的小猪料一直饲喂到育肥，造成大量蛋白质浪费；③蛋白质含量高的日粮配方容易配制，不用过多考虑能氮和氨基酸平衡等较为复杂的技术问题；④我国预混料产量很大，各饲料企业的推荐配方中豆粕用量很大；⑤我国2008 年发布的推荐性国家标准《仔猪、生长肥育猪配合饲料》（GB/T 5915—2008）、《产蛋后备鸡、产蛋鸡、肉仔鸡配合饲料》（GB/T 5916—2008）均规定了饲料蛋白质的最低要求，一些饲料执法机构将这 2 个标准中的蛋白质含量作为饲料质量合格的执法依据；⑥降低日粮蛋白质水平需要补充重要氨基酸，降低得越多，补充得越多，否则会影响动物生长，尽管氮减排效果显著，但经济效益不明显，这一重大技术缺陷导致日粮蛋白质水平仅能降低 2~3 个百分点，当日粮蛋白质水平降低幅度超过这一范围时，动物的生长性能往往会受到抑制（Figueroa 等，2003；He 等，2016）。

三、低蛋白质日粮推广契机

由于以上限制因素，我国低蛋白质日粮配制技术的推广进程一直比较缓慢，仅限于一些大型饲料和养殖企业的小规模试用，中小型饲料企业以及散户等由于技术和日粮配制理念缺失，还一直处于观望态势。2018 年对于低蛋白质日粮配制技术的推广应用是一个契机，因为豆粕价格在 2018 年 10 月中旬已突破 3 900 元/t，创近年来新高，采用低蛋白质日粮配制技术平均可降低 2~3个百分点的日粮蛋白质水平，每吨饲料可减少 50 kg 左右的豆粕用量。我国每年生产的配合饲料大约为 2.1 亿 t，因此可减少 1 050 万 t 左右的豆粕使用量，折合大豆 1 313 万 t（每吨大豆可产出 0.8 t 豆粕）。此外，"饲料原料来源多元化"是低蛋白质日粮配制技术的另一大优势，如菜籽粕中含有较多的含硫氨

基酸，尤其是蛋氨酸，而棉籽粕中精氨酸含量较高，采用这2种原料代替部分豆粕可以减少饲料中相应氨基酸的添加量。因此，低蛋白质日粮中通过添加适量棉粕、菜粕、花生粕、玉米胚芽粕等非常规蛋白原料，可进一步减少豆粕使用量，从而缓解豆粕价格上涨对我国畜禽养殖生产的负面效应。

第四节　未来低蛋白质日粮的发展

基于目前低蛋白质日粮应用存在的问题，今后的研究还需注意以下几个要点。

（1）低蛋白质日粮在猪体内的能量代谢可能与正常蛋白水平日粮有所差异，这也是造成低蛋白质日粮在实际生产中应用不稳定的重要影响因素；此外，由于某些氨基酸（如谷氨酸）可用于肠道供能，在低蛋白质条件下此类氨基酸不足也会影响到动物胃肠道的正常功能。因此，探究日粮不同蛋白水平下适宜的能氮比对于动物的生长性能极为重要。

（2）在低蛋白质日粮中麦麸和米糠粕等副产物较多，纤维含量较高。日粮中适量的纤维可促进肠道的发育，并维持正常的胃肠道功能，但另一方面也会阻碍营养物质的消化和吸收，造成饲料转化效率降低。因此，如何平衡日粮蛋白质和纤维之间的互作也是低蛋白质日粮研究需要继续探索的命题。

（3）猪食入的饲料蛋白质在肠道内消化酶作用下被降解为游离氨基酸或肽段，其中，氨基酸残基小于10的称为寡肽，含2~3个氨基酸残基的为小肽。已有研究表明，当日粮蛋白质水平极低时，无论如何补充CAA，猪的生长性能均达不到理想状态（Gloaguen等，2014）。有学者指出，哺乳动物对小肽有某种特殊的需求，完整的蛋白质是日粮中不可缺少的组成部分；但也有研究表明，日粮中小肽的添加并不会影响动物本身的氨基酸平衡和蛋白质沉积。因此，该结论尚需进一步验证。

（4）由于理想氨基酸模型是低蛋白质日粮的研究基础，低蛋白质日粮是理想氨基酸模型的初步实践，因此，如何在现有基础上进一步优化低蛋白质日粮的氨基酸结构，提高低蛋白质日粮的使用效率，最终实现向理想氨基酸模型的最高阶"全氨基酸纯合日粮"的发展成为低蛋白质日粮研究的最终目标。

第五章　低蛋白质日粮在反刍家畜上的应用

鉴于反刍家畜在我国畜牧业结构中的重要地位，如何在不影响动物生产性能的情况下降低反刍动物日粮粗蛋白质水平，对缓解我国蛋白质饲料资源短缺和自然生态环境保护压力具有战略性意义。然而，盲目地降低日粮粗蛋白质水平会引起反刍动物生产性能的下降，需要利用日粮调控技术来促进蛋白质高效利用，以此达到上述目的。因此，在不影响反刍动物生产性能的条件下，采用何种日粮调控方式来促进反刍动物高效利用蛋白质饲料资源，提高蛋白质在机体内的产品沉积效率以及减少氮污染排放量，已成为我国反刍动物养殖业亟待解决的问题。

第一节　低蛋白质日粮对反刍动物氮平衡的影响

一、低蛋白质日粮是减少反刍动物氮排放的重要途径

提高日粮中氮的利用效率可提高动物经济效益，减少畜禽养殖生产对自然生态环境的恶劣影响。鉴于氮污染排放问题已经成为关系到我国畜牧业能否实现可持续发展的一个重要制约因素，因此我国出台了一系列的政策法规，养殖业将逐渐向规模化养殖场方向整合，逐步淘汰无法达到环境保护标准的小型养殖场。在行业整合发展进程中，环境净化技术也在不断发展，但氮排放问题依然得不到有效解决，国家相关科技部门也正在针对这一情况加大相关领域的科学研究经费投入。就肉牛育肥期的精饲料而言，摄入氮转化为畜产品的氮只有30%左右，仍有约70%的氮排出体外（粪便占30%，尿液占40%）（Vandehaar 和 St-Pierre，2006）。粪肥中氮含量与饲料蛋白质摄入量有很强的正相关关系（Yang 等，2010）。饲喂高蛋白质水平日粮，会增加动物的氮排泄，降低动物氮营养素利用效率（Kalscheur 等，2006）。研究发现，肉牛日粮蛋白质浓度从11.5%增加到13%时，肉牛生长性能没有显著变化，但每日排放到体外的氨排放量增加了60%~200%（Cole 等，2005），其中主要是由于尿

氮排泄量增加（岳喜新等，2011）。而在保证反刍动物生长性能稳定的前提下，适当减少日粮蛋白质水平，再通过日粮调控来提高蛋白质利用效率，降低反刍动物粪尿中的氮含量，达到减少氨排放的目的。日粮粗蛋白质含量降低3~4个百分点，同时增补第一限制性氨基酸 Met 和第二限制性氨基酸 Lys，可减少 20%~30% 的氮排放（Cole 和 Todd，2005）。低蛋白质日粮是反刍动物减少氮排放的一个重要途径。

二、低蛋白质日粮对反刍动物氮排放的影响

近几十年来，学者们对反刍动物日粮调控策略的研究，特别是在低蛋白质日粮方面的探索研究不断深入，就如何提高蛋白质利用效率、降低饲料成本、减少氮排泄、减少氨气污染、减少温室气体排放、减少土壤和水污染、提高畜禽生产性能做了大量工作（Abbasi 等，2017；Agle 等，2010）。降低日粮粗蛋白质水平可提高氮营养素利用率，减少奶牛氮排放量，而对牛奶产量没有影响（Castillo 等，2001；Armentano 等，2003；Monteils 等，2002）。降低日粮粗蛋白质水平不但能解决堆肥和粪肥改良土壤中氨氮和氧化亚氮的损失问题，也可以减少肠道甲烷的排放（Dijkstra 等，2011）。饲料中氮的百分比每减少 1个百分点，奶牛对氮的利用率就会提高 1.5%~2.0%（Gustafsson 和 Palmquist，1993）。研究发现，在分阶段饲养与厩肥管理期间，12% 的粗蛋白质水平可使氮损失降低 21%，可使厩肥降低 15%~33% 氮挥发损失，对总的氮损失也有显著降低影响（Erickson 和 Klopfenstein，2010）。樊艳华等（2015）在研究不同日粮氮水平对山羊氮代谢时发现，在维持动物微生物蛋白质需求量基本稳定的前提下，适当降低日粮氮水平，可以减少尿氮的排放，提高绒山羊尿素氮循环和氮利用率，从而减少了对环境的污染和蛋白质饲料资源的浪费。所以，在不影响反刍动物正常生长性能的前提条件下，适当地降低日粮蛋白水平并调控日粮使日粮高效利用被证明是减少氮排放的可选方法（Lee 等，2015）。

氮沉积指的是食入氮减去总排出氮的差值，是反映动物生长与生产的一个重要指标。Pathak 和 Sharma（1991）研究发现，适当降低山羊的日粮蛋白水平，其氮沉积量差异不显著；Bas 等（1993）在奶山羊上的研究结果也证明了这一点。也有研究证明反刍动物微生物蛋白质产量与日粮蛋白质水平也密切相关，日粮蛋白质水平的降低会导致微生物蛋白质的产量下降（王文娟等，2007），这也会间接地造成反刍动物氮沉积量的减少，另外，日粮蛋白质水平过低会引起总氮摄入不足，造成动物氮沉积的降低。

第二节 低蛋白质日粮对反刍动物抗氧化能力的影响

一、血浆抗氧化能力

组织器官在生化反应过程中持续产生自由基（Mates 等，1999）。自由基发挥诸多重要生理功能，如细胞分化、细胞凋亡、胞内信号转导以及抵御细菌微生物侵袭等（Lee 等，1998；Lambeth，2004）。在营养缺乏或其他非生理状态下，机体内自由基产生量增多、抗氧化酶生物合成下降、内源性抗氧化剂水平减少、外源性抗氧化剂供给量不足，使自由基的产生与清除失衡，出现明显的内源性氧化应激，导致重要生物大分子损伤，机体对损伤的修复能力也会随之降低（方允中等，2003）。机体具有平衡氧化还原态势的能力，在正常生理状态下组织细胞可自我保护免受氧化损伤，而处于非正常生理状态下组织细胞免受氧化损伤的自我保护能力将下降。在抗氧化防御体系中，各种抗氧化酶起着不同的作用，超氧化物歧化酶是超氧阴离子自由基的天然清除剂，可加速超氧自由基发生歧化作用、清除 O^{2-}，防止 O^{2-} 对机体产生损伤作用；谷胱甘肽过氧化物酶利用谷胱甘肽作为底物，与超氧化物歧化酶和过氧化氢酶一起作用，共同清除机体的活性氧，减少和阻止对机体的氧化损伤（蔡晓波和陆伦根，2009）；过氧化氢酶是一种四聚氧化还原酶，能够分解 H_2O_2；丙二醛是脂质过氧化产物的降解物，测定丙二醛的浓度可以反映机体内自由基的积累程度，血浆丙二醛的高低间接反映机体细胞受自由基侵害的严重程度。Sun 等（2012）研究报道，对 28 日龄羔羊进行为期 6 周的 40% 的能量限饲、40% 的蛋白限饲或同时进行 40% 的能量和蛋白同时限饲会引起总抗氧化能力下降、机体氧自由基的累积。机体氧自由基的累积会引起机体细胞膜损伤，细胞氧化磷酸化障碍，损害细胞内 Dna、蛋白质分子，引发脂质过氧化作用。在其他模型动物上进行的营养限制试验也证实会降低血浆抗氧化能力（Ziegler 等，1995；Bai 和 Jones，1996）。

二、胃肠上皮抗氧化能力

Sun 等（2012）研究报道，对 28 日龄羔羊进行 40% 的能量限饲、40% 的蛋白限饲或同时进行 40% 的能量和蛋白限饲，显著降低空肠黏膜和瘤胃上皮组织抗氧化能力；同时需要指出的是空肠黏膜组织抗氧化能力降低程度明显高于瘤胃上皮组织，其原因可能是瘤胃上皮和空肠黏膜组织调控氧化还原平衡的能力不同，关于这一推断有待于进一步深入研究。目前，断奶期哺乳动物进行营养限制对氧化-还原平衡体系的影响多集中在血液、肌肉、脾脏和肝脏等胃肠道外组织器官或系统上，对胃肠道上皮氧化-还原平衡体系的影响的研究报道甚少。日粮中蛋白质缺乏不仅影响抗氧化酶的合成，同时减少组织中抗氧化物的浓度，导致氧化还原态势降低（Fang 等，2002）。营养缺乏降低大鼠肠黏膜组织中谷胱甘肽含量（Jonas 等，1999）。于晓明等（2007）研究报道，当能量供给不足时，大鼠肠黏膜的抗氧化能力明显降低，而补充蛋白质后，在一定程度上能提高机体的抗氧化能力，减轻脂质过氧化物丙二醛的生成。

消化道是养分消化、吸收和代谢的重要器官，过量自由基极易引发消化道功能障碍，使胃肠道黏膜损伤及黏膜通透性升高（陈群等，2006）。活性氧自由基是一种胃黏膜独立损伤因子，可直接攻击胃黏膜细胞，也可间接损伤黏膜，减弱黏膜对其他攻击因子的抵抗力。体外试验研究发现，小肠上皮细胞轻度的氧化应激可显著抑制肠细胞的增殖能力（陈群等，2006）。胃肠道是合成谷胱甘肽的主要场所，谷胱甘肽能清除氧自由基，促进胃肠细胞增殖，谷胱甘肽浓度下降会造成空肠黏膜结构和功能出现严重退化（白爱平，2006）。本研究结果显示，28 日龄断奶羔羊进行为期 6 周的能量、蛋白或能量与蛋白限制饲养破坏羔羊胃肠上皮氧化还原态势的平衡，使代谢产生的多余氧自由基得不到及时清除。氧自由基的累积会损伤胃肠黏膜组织，使肠黏液层变薄、隐窝变浅、绒毛表面积减少、绒毛变短，以及胃肠黏膜上皮通透性增高，肠黏膜损伤致使大量吸收细胞受到破坏，严重影响胃肠吸收功能（黎君友等，2000）。此外，胃肠道氧化应激将影响腺体分泌，谷胱甘肽过氧化物酶降低导致胰腺功能损伤，引起胰腺萎缩进而发生病变（陈群等，2006）。

第三节　低蛋白质日粮对反刍动物胃肠道发育的影响

一、低蛋白质日粮对反刍动物胃肠道发育的影响

胃肠组织占机体重量的 5%~7%，却需消耗个体所需营养物质的 15%~20%（Eldelstone 和 Holzman，1981）。这一时期营养物质缺乏将影响胃肠道组织的发育。Sun 等（2013）报道，28 日龄羔羊进行为期 6 周的 40% 的能量限饲、40% 的蛋白限饲或同时进行 40% 的能量和蛋白限饲会对胃肠道形态发育造成负面影响。其他人的研究也证实，生命早期关键营养素的缺乏将抑制胃肠道的发育。妊娠母鼠蛋白质缺乏显著降低其后代成年后的小肠长度、体长和体重

（Plagemann 等，2000）。孕期母体蛋白质和能量缺乏显著降低新生大鼠肠道 DNA 含量和重量（Hatch 等，1979）。Schuler 等（2008）报道妊娠期母鼠蛋白和能量缺乏，出生时以及哺乳期以后其后代的体重、体长显著降低，小肠长度明显变短。妊娠母猪营养不足或营养分配不合理易导致胎儿发生宫内生长受限，宫内生长受限仔猪肠道的长度与重量明显下降（Xu 等，1994），空肠绒毛数量及空肠重量与长度的比值显著低于正常仔猪（Wang 等，2005）。Wang 等（2008）研究发现，宫内生长受限仔猪肠道指数（肠道重与仔猪出生体重的比值）下降，肠道中细胞骨架蛋白 β-actin 所占比例增加，负责细胞与细胞外基质连接以及信号交流的主要黏附受体整合素家族中的 $β_1$ 亚基表达下调。胃肠道细胞增殖、组织分化、酶的分泌以及其他重要功能的形成受多种营养素、激素和生长因子等的共同调节。营养素中蛋白质（氨基酸）显得尤为重要，某些氨基酸还作为信号分子参与调控 mRNA 的翻译。亮氨酸具有提高真核细胞启动子转录效率的功能，在蛋白质合成过程中发挥信号分子的作用（Anthony 等，2000）。谷氨酰胺在维持胃肠上皮结构完整性方面起十分重要的作用（Ferrier 等，2006）。葡萄糖、谷氨酰胺和酮体是胃肠道所需的主要能源物质，胃肠道对能量的需要量约占机体总需要量的 20%，远高于胃肠道重量占机体总重量的比值，而胃肠上皮是胃肠道能量消耗的主体。激素（如肾上腺皮质激素、甲状腺素、生长激素等）和生长因子（如 IGF-1、表皮生长因子和血管内皮生长因子）同胃肠道的发育密切相关，它们通过直接作用或者与营养素协同发挥对胃肠道发育的调控功能（Burrin 和 Stoll，2002）。

二、低蛋白质日粮对瘤胃参数的影响

pH 值是反映瘤胃发酵水平的一项重要指标，可以综合反映瘤胃微生物、代谢产物有机酸的产生、吸收、排除及中和状况（刘敏雄，1991）。一般情况下瘤胃液的 pH 值在 5.5~7.0 范围内，过酸或过碱都不利于瘤胃的发酵（赵旭昌等，1997）。瘤胃液的 pH 值是能综合反映反刍动物瘤胃发酵水平和瘤胃内环境状况的重要指标，通过检测瘤胃液的 pH 值可以评估瘤胃的发酵能力，降低日粮蛋白质水平没有改变瘤胃酸碱性。瘤胃液 pH 值的大小主要与瘤胃液的 NH_3-N 和挥发性脂肪酸浓度有关。瘤胃液中 NH_3-N 主要来源于饲料在瘤胃中降解产生的蛋白氮和非蛋白氮，其也是合成 MCP 的主要原材料。饲料蛋白质的瘤胃降解、瘤胃微生物对 NH_3-N 的利用以及瘤胃壁细胞的吸收能力都直接影响瘤胃液中 NH_3-N 的浓度。在一般情况下，饲料中含氮物质供应不足，将阻碍微生物蛋白质的生成，降低反刍动物的生产性能；反之，供应过量，将在瘤胃内降解，引起反刍动物氨中毒，同时造成蛋白质资源的浪费。有研究表明，瘤胃液 NH_3-N 会随含氮物质摄入量的减少而降低（Lee 等，2015；Shi 等，2012）。瘤胃液中氨氮浓度主要取决于日粮蛋白质水平及其降解程度、瘤胃上皮对氨氮的吸收以及日粮能量水平（陈志远等，2016）。日粮中的碳水化合物在瘤胃微生物的作用下降解为挥发性脂肪酸，经瘤胃上皮吸收，是反刍动物主要的能源物质；瘤胃液中挥发性脂肪酸的组成、产量及比例是评估瘤胃发酵能力和方式的重要测量指标，其浓度和成分比例主要受日粮成分组成的影响（陈志远等，2016）。瘤胃中微生物发酵产生的 VFA 是反刍动物维持生命和提供产品的能量来源，是饲料中碳水化合物在瘤胃内发酵产生的终产物。而且碳水化合物在瘤胃中发酵产生的有机酸（乙酸、丙酸、丁酸、乳酸和戊酸）、气体（甲烷、CO_2）和能量能够促进合成微生物蛋白（张霞，2014）。VFA 主要包括乙酸、丙酸、丁酸、异丁酸、戊酸和异戊酸，其中乙酸、丙酸和丁酸对反刍动物影响尤为重要；当瘤胃液 pH 值<7 时，吸收速度为乙酸<丙酸<丁酸（Lei 等，2014）。张相鑫（2019）报道，山羊瘤胃液的 NH_3-N 和乙酸/丙酸值随日粮粗蛋白质水平的下降而显著降低，丙酸、丁酸浓度高于对照组。结果与 Chen 等（2010）和 Norrapoke 等（2012）体外发酵试验研究结果不一致。

第四节　低蛋白质日粮对胃肠消化和吸收的影响

瘤胃在反刍动物的整个消化过程中占有特别重要的地位，70%~85%的日粮干物质在瘤胃内消化。饲料进入瘤胃后，在微生物作用下，发生一系列复杂的消化与代谢过程，饲料中的营养物质被分解，产生挥发性脂肪酸、氨基酸和氨等消化产物，同时合成微生物蛋白、糖原及维生素等，供机体利用。反刍动物所需糖的来源，主要是纤维素。纤维素经细菌或纤毛虫的协同或相继作用，在纤维素酶、木聚糖酶和内切葡聚糖酶等消化酶的作用下分解成纤维二糖，再变成己糖（如葡萄糖），然后经丙酮酸和乳酸阶段，最终生成挥发性脂肪酸、甲烷和 CO_2。

Sun 等（2017）报道，低蛋白组和低能低蛋白组羔羊瘤胃食糜中纤维素酶活力受到营养限制的影响。瘤胃微生物的正常繁殖除需提供一个高度厌氧的环境外，还需供应微生物生长和代谢所需的营养物质。微生物蛋白是十二指肠中蛋白质的主要来源，所占比例为 60%~80%。瘤胃微生物蛋白质的合成需要提供比例合适的碳源和氮源，除一部分内源性的，大部分来自日粮。因此，日粮营养供应不足极有可能影响瘤胃微生物的正常繁殖，从而引起分泌纤维素酶的细菌数量的减少或酶分泌功能的降低。

瘤胃食糜进入小肠后，在蛋白酶、淀粉酶和脂肪酶等消化酶的作用下进行蛋白质、淀粉和脂肪的消化。Sun 等（2017）报道，进行能量限制、蛋白限制或能量蛋白同时限制饲养降低了生长山羊胰腺、十二指肠黏膜或空肠黏膜组织中的部分蛋白酶、淀粉酶和脂肪酶的活力，在营养水平恢复后，蛋白酶、淀粉酶和脂肪酶酶活力恢复到对照组水平。消化道蛋白酶、淀粉酶和脂肪酶的活力分别反映蛋白质、脂肪和碳水化合物的分解代谢状况（Rodriguez 等，1994；Johnston，2003）。目前，日粮调控反刍动物胰酶的机制不详，可能同消化酶基因表达（Swanson 等，2000，2002）和胰腺组织形态发育相关（Swanson 等，2002）。非反刍动物上进行的研究表明，作为酶作用的底物，肠道中养分含量通常引起消化酶的适应性分泌。Corring 等（1987）和 Flores 等（1988）提高日粮脂肪和碳水化合物含量分别提高了小肠脂肪酶和淀粉酶的活性。降低日粮蛋白质水平导致胰酶活性降低（Corring 和 Saucier，1972；Hibbard 等，1992）。Zhao 等（2007）研究报道，日粮 ME 水平不影响鸭空肠消化酶活力，但是蛋白水平却显著影响蛋白酶和淀粉酶活力。Snook 和 Meyer（1964）指出，日粮蛋白质通过提高消化酶的合成与分泌同时延迟消化酶在小肠中的降解来提高小肠食糜中的消化酶活力。增加日粮蛋白水平提高育肥牛胰腺淀粉酶和蛋白酶活力（Swanson 等，2008）。消化酶合成与分泌的改变同消化酶基因转录水平（Brannon，1990）和翻译水平（Swanson 等，2002）变化相关。胆囊收缩素是胰腺功能的主要调控因子，除刺激消化酶分泌外，胆囊收缩素同时调控胰腺的发育、胰腺酶的基因表达（Bragado 等，2000）。

反刍动物前胃主要吸收挥发性脂肪酸、氨气、葡萄糖和小肽，而小肠是脂肪酸、氨基酸、微生物和糖的主要吸收部位。Sun 等（2017）报道，进行能量限制饲养不影响羔羊瘤胃上皮和回肠黏膜上皮对所检测的营养物质的转运，而进行蛋白限制或能量蛋白同时限制饲养不同程度上降低羔羊瘤胃上皮和回肠黏膜上皮对所检测的营养物质的转运；在营养水平恢复后，低蛋白组或低能量低蛋白组羔羊瘤胃上皮物质转运效率恢复到对照组水平，低能量低蛋白组除缬氨酸外其余营养物质的转运都恢复到对照组水平。瘤胃上皮和空肠黏膜上皮物质的吸收效率同形态指标以及上皮物质转运载体的表达和活性相关。进行蛋白限制或能量蛋白同时限制饲养降低羔羊瘤胃上皮和回肠黏膜上皮物质转运效率主要归因于上皮形态发育受到抑制所致。

第六章 肉牛蛋白质饲料及高效利用技术

蛋白质饲料是指饲料干物质中粗蛋白质含量大于或等于20%、粗纤维含量小于18%的饲料，可分为植物性蛋白质饲料、单细胞蛋白质饲料和非蛋白氮饲料。为了避免恶性疫病传播，如疯牛病，国家无公害食品标准中规定牛饲料中不允许使用动物源性饲料。因此，本章主要介绍植物性蛋白质、单细胞蛋白质和非蛋白氮饲料以及蛋白质饲料的合理加工调制。

第一节 植物性蛋白饲料

常用的植物性蛋白质饲料主要有豆类籽实和饼粕类，饼粕类蛋白质饲料由于产地、制油工艺和加工方法等不同，同种原料的饼和粕营养价值也不同。饼是用压榨法取油后的副产品，含脂比粕高，能值也较高；而粕是用浸提法取油后的副产品，含脂量较低，蛋白质含量高于饼类。

一、豆类籽实

豆类籽实包括大豆、豌豆、蚕豆等。粗蛋白质含量高，占干物质的20%～40%，为禾谷类籽实的1～3倍，且品质也好。精氨酸、赖氨酸、蛋氨酸等必需氨基酸的含量均多于谷类籽实。脂肪含量除大豆、花生含量高外，其他均只有2%左右，略低于谷类籽实。钙、磷含量较禾谷类籽实稍多，但钙磷比例不恰当，钙多磷少。胡萝卜素缺乏。无氮浸出物含量为30%～50%，纤维素易消化。总营养价值与禾谷类籽实相似，可消化蛋白质较多，是牛重要的蛋白质饲料。

（一）大豆

大豆为双子叶植物纲豆科大豆属一年生草本植物。大豆按种皮颜色分为黄色、黑色、青色、其他大豆和饲用豆（秣食豆）5类，以黄种最多而得名黄豆，其次为黑豆。

1. 营养特性

大豆蛋白质含量高，如黄豆和黑豆的粗蛋白质含量分别为37%和36.1%。生大豆中水溶性蛋白质较多（约90%），氨基酸组成良好，主要表现在植物蛋白质中最缺的限制因子之一的赖氨酸含量较高，如黄豆和黑豆分别为2.30%和2.18%，唯一的缺点是蛋氨酸一类的含硫氨基酸不足。大豆脂肪含量高，如黄豆和黑豆的粗脂肪含量分别为16.2%和14.5%，其中不饱和脂肪酸较多，亚油酸和亚麻酸可占55%。因属不饱和脂肪酸，故易氧化，应注意温度、湿度等贮存条件。脂肪中还含有1%的不皂化物，由植物固醇、色素、维生素等组成。另外还含有1.8%～3.2%的磷脂类，具有乳化作用。大豆碳水化合物含量不高，无氮浸出物仅26%左右，其中蔗糖占27%，木苏糖16%，阿戊糖18%，半乳糖22%，纤维素18%。其中阿聚糖、半乳聚糖和半乳糖酸相结合而形成黏性的半纤维素，存在于大豆细胞膜中，有碍消化。淀粉在大豆中含量甚微，为0.4%～0.9%。纤维素占18%。矿物质中以钾、磷、钠居多，钙的含量高于谷实类，但仍低于磷，而60%磷为不能利用的植酸磷。铁含量较高。在维生素方面与谷实类相似，但维生素 B_1 和维生素 B_2 的含量略高于谷实类，而维生素 A、维生素 D 少。其综合净能为8.25 MJ/kg。

生大豆含有一些有害物质或抗营养成分，如胰蛋白酶抑制因子、血细胞凝集素、脲酶、致甲状腺肿物质、赖丙氨酸、植酸、抗维生素因子、大豆抗原、皂苷、雌激素、胀气因子等，它们影响饲料的适口性、消化性与牛的一些生理过程。但是这些有害成分中除了后3种较为耐热外，其他均不耐热，经湿热加工可使其丧失活性。

2. 饲用价值

大豆因含有丰富的具有完全价值的蛋白质，所以是牛生长发育最好的蛋白质饲料。但是，不宜与尿素同用，这是由于生大豆中含有尿素酶，会使尿素分解。大豆的熟喂效果最好，熟大豆因其所含的抗胰蛋白酶被破坏，故能增加适口性和提高蛋白质的消化率及利用率。肉牛饲料中使用过高会影响采食量，增重下降，且有软脂倾向。饲喂量占日粮的1/6以下为宜。生大豆喂牛可导致腹泻和生产性能的下降，会降低维生素 A 的利用率。笔者曾用24头180日龄的改良牛试验，日粮精料占30%（豆粕占精料的35%），用生豆粕代替熟豆粕60 d平均日增重降低21.7%。

3. 质量标准

我国农业行业标准《饲料用大豆》中规定：大豆中异色粒不许超过5.0%，秕食豆不能超过1.0%，水分含量不得超过13.0%，熟化全脂大豆脲酶活性不得超过 0.4。以粗蛋白质、粗纤维、粗灰分为质量控制指标，按含量可分为 3 级，各项质量指标含量均以 87% 干物质为基础计算，3 项质量指标必须全部符合相应等级的规定，低于 3 级者为等外品。

4. 加工与品质判定

大豆加工方法主要有焙炒、干式挤压膨化、湿式挤压膨化、爆裂法和微波处理等。焙炒是将精选的生大豆用锅炒、磨粉（或去皮）的制品，一般 140℃ 焙炒 90 min 或 150℃ 焙炒 60 min 或 160℃ 焙炒 30 min。干式挤压膨化是大豆粗碎，在不加水及蒸汽情况下，大豆直接进入挤压机螺旋轴内，经内摩擦生热产生高温高压，然后由小孔喷出，冷却后即得产品，操作容易，投资成本低。湿式挤压是先将大豆粉碎，调质机内注入蒸汽以提高水分及温度，大豆经过挤压机螺旋轴，摩擦产生高温高压，然后由小孔喷出，冷却后即得产品。加工方法不同，饲用价值各异。干热法产品具有烤豆香味，风味较好，但易出现加热不匀，过熟影响饲用价值；挤压法产品脂肪消化率高，代谢能较高。大豆湿法膨化处理能破坏全脂大豆的抗原活性。

大豆中存在的几种抗营养因子等有害物质，以抗胰蛋白酶为最主要。由于大豆中脲酶与抗胰蛋白酶的含量呈正相关，通过对脲酶活性（UA）的测定，即可以预测大豆的加工（加热或烘焙）是否适宜及其营养品质的优劣。因为加热过度，还原糖与氨基酸之间发生美拉德反应，生成不能消化利用的褐色氨基糖复合物，该反应导致大多数氨基酸，尤其是赖氨酸和精氨酸利用率下降，同时会使胱氨酸遭到破坏，降低大豆的营养价值。

脲酶活性是指在（30±0.5）℃和 pH 值为 7.0 的条件下，每分钟每克大豆制品分解尿素后，所释放的氨态氮的毫克数。测定时将试样粉碎至 0.35 mm（42 目）以下。分别准确称取（0.4±0.001）g 试样于 2 支试管中，1 支试管（空白）内加入 20 mL 磷酸缓冲液（取分析纯 $KHPO_4$，3.403 g 溶于约 100 mL 蒸馏水，再取分析纯 $KHPO_4$ 4.355 g 溶于约 100 mL，混合配制成 1 000 mL，调节 pH 值至 7.0，该缓冲液的有效期为 90 d），另 1 支试管内加入 20 mL 尿素缓冲液（取分析纯尿素 15 g 溶于 500 mL 磷酸缓冲液调 pH 值至 7.0，为防止霉菌发酵，加入 5 mL 甲苯为防腐剂），塞紧摇匀后放入 30℃ 的恒温水浴箱中。每 5 min 摇匀 1 次。反应 30 min 后，在 5 min 内用酸度计测定 pH 值。试样的 pH 值测定值减去空白的 pH 值测定值即为脲酶活化度（pH 值上升值）。

世界各国和地区对脲酶活化度的规定不一致，美国规定为 0.05~0.2，巴西为 0.01~0.3，中国台湾地区为 0.02~0.3，多数国家为 0.05~0.5。我国规定不得超过 0.4。一般脲酶活化度高于上限，说明加热不足，即加热温度低或加热时间短，表明大豆中脲酶活性钝化程度不够，不适于饲喂牛；低于下限说明加热过度，即加热温度太高或加热时间过长，严重发生美拉德反应，氨基酸利用率显著下降，大豆营养价值降低。

（二）豌豆

豌豆又称麦豌豆、毕豆、寒豆、淮豆、麦豆。豌豆适应性强，喜冷凉而湿润的气候。

1. 营养特性

豌豆可分为干豌豆、青豌豆和食荚豌豆。干豌豆籽粒粗蛋白质含量为20.0%~24.0%，介于谷实类和大豆之间。豌豆中清蛋白、球蛋白和谷蛋白分别为21.0%、66.0%和2%。蛋白质中含有丰富的赖氨酸，而其他必需氨基酸含量都较低，特别是含硫氨基酸与色氨酸。干豌豆含约60%的碳水化合物，淀粉含量为24.0%~49.0%，粗纤维含量约7%，粗脂肪1.1%~2.8%，约60%的脂肪酸为不饱和脂肪酸。能值虽比不上大豆，但也与大麦和稻谷相似。矿物质含量约2.5%，是优质的钾、铁和磷的来源，但钙含量较低。干豌豆富含维生素 B_1、维生素 B_2 和尼克酸，胡萝卜素含量比大豆多，与玉米近似，缺乏维生素 D。

2. 饲用价值

豌豆中含有微量的胰蛋白酶抑制因子、外源植物凝集素、致胃肠胀气因子、单宁、皂角苷、色氨酸抑制剂等抗营养因子，不宜生喂。国外广泛地用其作为蛋白质补充料。但是目前我国豌豆的价格都较贵，很少作为饲料。一般肉牛精料可用12%以下。

3. 质量标准

我国农业行业标准《饲料用豌豆》中规定，以粗蛋白质、粗纤维、粗灰分为质量控制指标，按含量可分为3级。

（三）蚕豆

蚕豆又称胡豆、川豆、大豌豆、佛豆、罗汉豆，是一种比较好的饲料资源。

1. 营养特性

粗蛋白质平均含量27.6%，有的高达42%。氨基酸中赖氨酸和精氨酸较多，赖氨酸（1.60%~1.95%）比谷实类高6~7倍；色氨酸、胱氨酸和蛋氨酸比较短缺。蛋白质和氨基酸的消化率低于大豆。粗纤维含量8%~9%，比大豆高 1 倍；淀粉含量 39.3%～45.5%，其中直链淀粉为 8.8%～12.4%；粗脂肪 1.2%～1.8%，其中油酸 45.8%、亚油酸 30.0%、亚麻酸 12.8%；能值虽比不上大豆，但也与大麦和稻谷相似。各种矿物质微量元素含量都偏低。维生素含量高于大米和小麦。

2. 饲用价值

蚕豆中也含有胰蛋白酶抑制因子、肌醇六磷酸等抗营养因子，不宜生喂。许多国家以蚕豆籽粒作为优质饲料。但是目前我国蚕豆的价格都较贵，很少作为饲料。一般精料可用 15% 以下。

3. 质量标准

我国农业行业标准《饲料用蚕豆》中规定，以粗蛋白质、粗纤维、粗灰分为质量控制指标，按含量可分为 3 级。注意不可用生豆类喂牛，生豆类及其副产品均会使饲料利用效率下降，例如，1985 年山西省唐城县肉牛场用生豆饼代替熟豆饼，使日增重从 700 g/d 下降到 600 g/d。

二、饼粕类

饼粕类饲料的营养价值很高，可消化蛋白质含量 31.0%～40.8%，氨基酸组成较完全，禾谷类籽实中所缺乏的赖氨酸、色氨酸、蛋氨酸，在饼粕类饲料中含量都很丰富。苯丙氨酸、苏氨酸、组氨酸等含量也不少。因此，饼粕类饲料中粗蛋白质的消化率、利用率均较高。粗脂肪含量随加工方法不同而异，一般经压榨法生产的饼粕类脂肪含量为 5%。无氮浸出物约占干物质的 1/3（22.9%～34.2%）。粗纤维含量，加工时去壳者含 6%～7%，消化率高。饼粕类饲料含磷量比钙多。B 族维生素含量高，胡萝卜素含量很少。

（一）大豆饼粕

大豆饼粕是以大豆为原料取油后的副产物，有黄豆饼粕、黑豆饼粕两种，是目前使用最广泛、用量最多的植物性蛋白质原料。大豆饼粕的加工方法有液压压榨、旋压压榨、溶剂浸出法和预压后浸出法。浸出法比压榨法可多取油 4%～5%，且残脂少易保存，目前大豆饼粕产品主要为大豆粕。

1. 营养特性

大豆饼粕粗蛋白质含量高，因制油工艺不同其含量有一定差异，一般在 40%～50%，其中必需氨基酸的含量比其他植物性的饲料都高，如赖氨酸含量达 2.4%～2.8%，是玉米的 10 倍，赖氨酸和精氨酸的比例也较恰当，约为 100∶130，异亮氨酸含量高达 2.39%，是饼粕类饲料中最高者，也是异亮氨酸与缬氨酸比例最好的一种。大豆饼粕色氨酸、苏氨酸含量也很高，与谷实类饲料配合可起到互补作用。蛋氨酸含量不足，以玉米-大豆饼粕为主的日粮要额外添加蛋氨酸才能满足营养需求。粗纤维含量较低（4.7%），主要来自大豆皮。无氮浸出物含量为30%~32%，主要是蔗糖、棉籽糖、水苏糖和多糖类，淀粉含量低。故可利用能量低，干物质中综合净能为8.17 MJ/kg。胡萝卜素、核黄素和硫胺素含量少，烟酸和泛酸含量较多，胆碱含量丰富（2 200~2 800 mg/kg），维生素E在脂肪残量高和储存不久的饼粕中含量较高。矿物质中钙少磷多，磷多为植酸磷（约61%），硒含量低。大豆饼粕色泽佳、风味好，加工适当的大豆饼粕仅含微量抗营养因子，不易变质。大豆粕和大豆饼相比，具有较低的脂肪含量，蛋白质含量较高，质量稳定。在加工过程中先经去皮而加工获得的粕称去皮大豆粕，与大豆粕相比，粗纤维含量低，一般在3.3%以下，蛋白质含量为48%~50%，营养价值较高。

2. 饲用价值

大豆饼粕是肉牛的优质蛋白质原料，各阶段牛饲料中均可使用，适口性好，长期饲喂也不会厌食。采食过多会有软便现象，但不会下痢。由于有抗营养因子及蛋氨酸不足等，在人工代乳料和开食料中应加以限制。目前我国大豆饼粕用于反刍动物的量逐渐下降，代之以NPN和其他粗纤维含量高而价格低的饼粕类。

3. 质量标准

我国饲料用大豆饼粕标准规定的感官性状为：呈黄褐色饼状或小片状（大豆饼），呈浅黄褐色或淡黄色不规则的碎片状（大豆粕）；色泽一致，无发酵、霉变、结块、虫蛀及异味、异嗅；水分含量不得超过13.0%；大豆皮不得超过7%；不得掺入饲料用大豆饼粕以外的东西。标准中除粗蛋白质、粗纤维、粗灰分为质量控制指标（大豆饼增加粗脂肪一项）外，规定脲酶活性不得超过0.4。

（二）菜籽饼粕

油菜是我国主要油料作物之一，主产区在四川、湖北、湖南、江苏、浙江、安徽等省，四川省菜籽产量最高。菜籽饼和菜籽粕是油菜籽榨油后的副产品，是良好的蛋白质饲料，但因含有毒物质，使其应用受到限制。菜籽粕的合理利用是解决我国蛋白质饲料资源不足的重要途径之一。油菜品种分为甘蓝型、白菜型、芥菜型和其他型油菜，不同品种含油量和有毒物质含量不同。油菜籽的榨油工艺主要为动力螺旋压榨法和预压浸提法。

1. 营养特性

菜籽饼粕营养价值不如大豆饼粕，均含有较高的粗蛋白质，为 34%~38%，可消化蛋白质为 27.8%，蛋白质中非降解蛋白比例较高；氨基酸组成平衡，含硫氨酸较多，精氨酸含量低，精氨酸与赖氨酸的比例适宜，是一种良好的氨基酸平衡饲料。粗纤维含量较高，为 12%~13%。有效能值较低，干物质中综合净能为 7.35 MJ/kg。碳水化合物为不易消化的淀粉，且含有 8% 的戊聚糖。矿物质中钙、磷含量均高，但大部分为植酸磷，富含铁、锰、锌、硒，尤其是硒含量远高于豆饼。维生素中胆碱、叶酸、烟酸、核黄素、硫胺素均比豆饼高，但胆碱与芥子碱呈结合状态，不易被肠道吸收。菜籽饼粕含有硫代葡萄糖苷、芥子碱、植酸、单宁等抗营养因子，影响其适口性。"双低"菜籽饼粕与普通菜籽饼粕相比，粗蛋白质、粗纤维、粗灰分、钙、磷等常规成分含量差异不大，"双低"菜籽饼粕有效能略高。赖氨酸含量和消化率显著高于普通菜籽饼粕，蛋氨酸、精氨酸略高。

2. 饲用价值

菜籽饼粕因含有多种抗营养因子，饲喂价值明显低于大豆粕。近年来，国内外培育的"双低"（低芥酸和低硫葡萄糖苷）品种已在我国部分地区推广，并获得较好效果。菜籽饼粕对牛适口性差，长期大量使用可引起甲状腺肿大，但影响程度小于单胃动物。肉牛精料中使用 5%~10% 对胴体品质无不良影响，奶牛精料中使用 10% 以下，产奶量及乳脂率正常。低毒品种菜籽饼粕饲养效果明显优于普通品种，可提高使用量至 25%。因为菜籽饼粕含有配糖体——芥籽素等（硫代葡萄糖苷、芥子碱、植酸），如用温水浸泡，由于酶的作用生成芥籽油等毒素，味苦而辣，不仅口味不良，对牛的消化器官有刺激作用，能使肠道和肾脏发生炎症。所以初喂时可与适口性好的饲料混合饲喂，而且喂量宜少不宜多，每头牛每日可喂 1 kg 左右。喂用前，可采用坑理法脱去菜籽饼粕中的毒素。

3. 质量标准

我国饲料用菜籽饼粕标准规定感官性状菜籽饼为褐色、小瓦片状、片状或饼状，菜籽粕为黄色或浅褐色、碎片或粗粉状；具有菜籽油的香味；无发酵、霉变、结块及异嗅；水分含量不得超过 12.0%。

（三）棉籽饼粕

棉籽饼粕是棉籽经脱壳取油后的副产品，因脱壳程度不同，通常又将去壳的称作棉仁饼粕。年产 300 多万 t，主要是在新疆、河南、山东等省（区）。

棉籽经螺旋压榨法和预压浸提法，得到棉籽饼和棉籽粕。

1. 营养特性

粗纤维含量主要取决于制油过程中棉籽脱壳程度。棉籽饼粕粗纤维含量较高，达13%以上，有效能值低于大豆饼粕。脱壳较完全的棉仁饼粕粗纤维含量约12%，代谢能水平较高。棉籽饼粕粗蛋白质含量较高，达34%以上，棉仁饼粕粗蛋白质可达41%~44%。氨基酸中赖氨酸缺乏，仅相当于大豆饼粕的50%~60%，精氨酸含量较高，赖氨酸与精氨酸之比在100：270以上，蛋氨酸、色氨酸都高于大豆饼粕。矿物质中钙少磷多，其中71%左右为植酸磷，含硒少。B族维生素含量较多，维生素A、维生素D少。棉籽饼干物质中综合净能为7.39 MJ/kg。棉籽粕干物质中综合净能为7.16 MJ/kg。棉籽饼粕中的抗营养因子主要为棉酚、环丙烯脂肪酸、单宁和植酸。

2. 饲用价值

棉籽饼粕是反刍家畜良好的蛋白质来源。棉籽饼粕中含有棉酚，这是一种危害血管细胞和神经的毒素。由于瘤胃微生物的发酵作用，对游离棉酚有一定的解毒作用。对瘤胃功能健全的成年牛影响小，只要维生素A不缺乏，不会产生中毒。但瘤胃尚未发育完善的犊牛，则极易引起中毒，因此，用它喂犊牛时要去毒，并且要饲喂得法和控制喂量。棉籽饼粕去毒的方法很多，例如用清水泡、碱水泡（1%~2%）或煮沸等，其中以煮沸去毒的效果最好。

肉牛可以棉籽饼粕为主要蛋白质饲料，但应供应优质粗饲料，再补充胡萝卜素和钙，方能获得良好的增重效果，一般在精料中可占30%~40%。由于游离棉酚可使种用动物尤其是雄性动物生殖细胞发生障碍，因此种用雄性动物应禁止用棉粕，雌性种畜也应尽量少用。切忌饲喂受潮发霉的棉籽饼粕，在饲喂棉籽饼粕时，同时加喂青干草、补充足量的维生素A和矿物质饲料效果更好。

3. 质量标准

我国饲料用棉籽饼标准规定：棉籽饼的感官性状为小片状或饼状，色泽呈新鲜一致的黄褐色；无发酵、霉变、虫蛀及异味、异嗅；水分含量不得超过12.0%；不得掺入饲料用棉籽饼以外的物质。

（四）花生（仁）饼粕

花生（仁）饼粕是花生脱壳后，经机械压榨或溶剂浸提油后的副产品。花生脱壳取油的工艺可分为浸提法、机械压榨法、预压浸提法和土法夯榨法。

1. 营养特性

有带壳的和脱壳的两种。脱壳花生饼粕粗蛋白质含量高，但降解蛋白比例较大。营养价值与大豆饼粕相似，但含有抑制胰蛋白酶因子，加温后易被破坏。花生（仁）饼蛋白质含量约 44%，花生（仁）粕蛋白含量约 47%，蛋白质含量高，但 63% 为不溶于水的球蛋白，可溶于水的白蛋白仅占 7%。氨基酸组成不平衡，赖氨酸、蛋氨酸含量偏低，精氨酸含量在所有植物性饲料中最高，赖氨酸与精氨酸之比在 100∶380 以上，饲喂时适于和精氨酸含量低的菜籽饼粕等配合使用。花生（仁）饼粕的有效能值在饼粕类饲料中最高，花生（仁）饼干物质中综合净能为 8.24 MJ/kg。花生（仁）粕干物质中综合净能为 7.39 MJ/kg。无氮浸出物中大多为淀粉、糖分和戊聚糖。粗纤维在 5% 左右。残余脂肪熔点低，脂肪酸以油酸为主，不饱和脂肪酸占 53%~78%。钙磷含量低，磷多为植酸磷，铁含量略高，其他矿物元素较少。胡萝卜素、维生素 D、维生素 C 含量低，B 族维生素较丰富，尤其烟酸含量高，约 174 mg/kg。核黄素含量低，胆碱 1 500~2 000 mg/kg。花生（仁）饼粕中含有少量胰蛋白酶抑制因子。花生（仁）饼粕极易感染黄曲霉，产生黄曲霉毒素，引起动物黄曲霉毒素中毒。我国饲料卫生标准中规定，其黄曲霉素 B_1 含量不得大于 0.05 mg/kg。

2. 饲用价值

花生饼粕略有甜味，适口性好，在饼粕类饲料中质量较好。为避免黄曲霉毒素中毒，幼牛应避免使用。花生饼粕对肉牛的饲用价值与大豆饼粕相当。花生（仁）饼粕有通便作用，采食过多易导致软便。经高温处理的花生仁饼粕，蛋白质溶解度下降，可提高过瘤胃蛋白量，提高氮沉积量。

3. 质量标准

我国饲料用花生（仁）饼粕标准规定，感官要求花生饼为小瓦块状或圆扁块状，花生粕为黄褐色或浅褐色不规则碎屑状，色泽新鲜一致；无发霉、变质、结块及异味、异嗅；水分含量不得超过 12.0%。

（五）向日葵仁饼粕

向日葵仁饼粕是向日葵籽生产食用油后的副产品，可制成脱壳或不脱壳两种，是一种较好的蛋白质饲料。向日葵仁饼粕榨油工艺有压榨法、预压浸提法和浸提法。

1. 营养特性

向日葵仁饼粕的营养价值取决于脱壳程度，完全脱壳的饼粕营养价值很高。脱壳程度差的产品营养价值较低。向日葵饼粕粗蛋白质含量较低。一般为 28%~32%，赖氨酸含量不足，为 1.1%~1.2%，蛋氨酸含量较高，为 0.6%~

0.7%。我国目前生产的向日葵饼粕，由于脱壳不净，其粗纤维的含量有的高达20%左右。向日葵粕的粗脂肪含量随榨油方式的不同变化较大，压榨饼的残留脂肪可达6%~7%，其中脂肪酸有50%~75%属于亚油酸。向日葵仁饼干物质中综合净能为5.32 MJ/kg。矿物质中钙、磷含量较一般饼粕类饲料高，但磷以植酸磷为主，微量元素中锌、铁、铜含量丰富。向日葵饼粕中胡萝卜素含量低，但B族维生素含量丰富，高于大豆饼粕。其中烟酸含量尤为突出，是饼粕类饲料中最高者，达200 mg/kg以上，是大豆饼粕的5倍多。硫胺素的含量也很高，达10 mg/kg以上，也位于饼粕类之首。胆碱含量也较高，约2 800 mg/kg。

向日葵仁饼粕含有少量的酚类化合物，主要是绿原酸，含量为0.7%~0.8%，氧化后变黑，这是饼粕色泽变暗的原因之一。绿原酸对胰蛋白酶、淀粉酶和脂肪酶有抑制作用，不过添加蛋氨酸和氯化胆碱可抵消这种影响。此外影响利用的另一因素是难以消化物质，例如外壳中的木质素和高温加工条件下形成的难消化糖类。

2. 饲用价值

向日葵饼粕适口性好，是良好的蛋白质原料。牛采食向日葵饼后，瘤胃内容物pH值下降，可提高瘤胃内容物溶解度。若适当添加甲醛，还可抑制瘤胃内脱氨反应，提高氮的存留量。向日葵饼粕能量低，若作为配合饲料的主要蛋白质饲料来源，必须调配能量值或增大日喂量，否则效果不佳。特别是油料向日葵饼粕含壳量很多。向日葵壳含粗蛋白质4%、粗脂肪2%、粗纤维50%、粗灰分2.5%，作为粗饲料喂牛，可与苜蓿干草有大致相同的饲用价值。

3. 质量标准

我国饲料用向日葵仁饼粕标准规定感官要求：向日葵仁饼为小片状或块状，向日葵仁粕为浅灰色或黄褐色不规则碎块状、碎片状或粗粉状，色泽新鲜一致；无发霉、变质、结块及异味，水分含量不得超过12.0%，不得掺入其他物质。

（六）亚麻仁饼粕

亚麻仁饼粕是亚麻籽经脱油后的副产品。我国年产亚麻仁饼粕30多万t，以甘肃省最多。部分地区又将亚麻称为胡麻。

1. 营养特性

亚麻籽饼粕粗蛋白质含量与棉仁籽饼、菜籽饼相似，一般为32%~36%。其氨基酸组成不佳，赖氨酸和蛋氨酸含量均较低，赖氨酸为1.12%，蛋氨酸为 0.45%，但精氨酸含量高，可高达 3.0% 左右。富含色氨酸，赖氨酸与精氨酸之比为 100∶250，饲料中使用亚麻籽饼粕时，要添加赖氨酸或搭配赖氨酸含量较高的饲料。粗纤维含量也较高，为 8%~10%，因此热能值较低。亚麻仁饼干物质中综合净能为 7.62 MJ/kg；亚麻仁粕干物质中综合净能为 7.18 MJ/kg。亚麻酸含量可达 30%~58%。亚麻籽饼粕中的胡萝卜素、维生素 D 和维生素 E 含量少，但 B 族维生素含量丰富，核黄素为 4.1 mg/kg，烟酸为 39.4 mg/kg，泛酸为 16.5 mg/kg，胆碱为 1 672 mg/kg。矿物质中钙、磷含量均较高，微量元素中硒的含量高，是优良的天然硒源之一。根据美国南达科他大学的测定，138 个来自美国中西部的样品含硒量为 0.13~3.06 mg/kg，我国的测定值为 0.18 mg/kg 左右。

亚麻仁饼粕中的抗营养因子包括生氰糖苷、亚麻籽胶。生氰糖苷在自身所含亚麻酶作用下，生成氢氰酸而有毒。亚麻籽胶含量为 3%~10%，是一种可溶性糖，主要成分为乙醛糖酸。

2. 饲用价值

亚麻仁饼粕是牛良好的蛋白质来源，适口性好，可提高肉牛育肥效果，饲喂亚麻籽饼粕可改善反刍动物被毛光泽，犊牛、成年牛及种用牛均可使用。亚麻籽饼粕由于含有黏性胶质（乙醛糖酸），除保护肠胃黏膜外，还具有润肠通便的效果，可当作抗便秘剂，在多汁性原料或粗饲料供应不足时，使用可不必担心胃肠功能失调问题。

3. 质量标准

我国饲料用亚麻仁饼粕标准规定亚麻仁饼为褐色大圆饼，厚片或粗粉状，亚麻仁粕为浅褐色或深黄色不规则碎块状或粗粉状，具有香味，无发霉、变质、结块及异味，水分含量不得超过 12.0%，不得掺入其他物质。

（七）芝麻饼粕

芝麻饼粕是芝麻取油后的副产品。芝麻饼和芝麻粕是一种很有价值的蛋白质来源。

1. 营养特性

芝麻饼粕的粗蛋白质含量较高，可达 40% 以上。氨基酸组成中蛋氨酸、色氨酸含量丰富，尤其蛋氨酸含量高，位于饼粕类饲料之首，高达 0.8% 以上，但缺乏赖氨酸，含量仅为 0.93%，而精氨酸含量很高，可达 3.97%，赖氨酸与精氨酸之比为 100∶（300~400），比例严重失衡。在生产中应与豆饼、菜籽饼搭配使用。粗纤维含量低，在 7% 以下。芝麻饼干物质中综合净能为

6.58 MJ/kg。矿物质中钙、磷含量均较高，但多为植酸盐形式存在，故钙、磷、锌的吸收均受到抑制。胡萝卜素、维生素 D 及维生素 E 含量低。核黄素含量高，达 6.9 mg/kg，烟酸为 32.3 mg/kg，泛酸为 6.9 mg/kg，胆碱为 1 648 mg/kg，但易因加热过度而失活。芝麻饼粕中的抗营养因子主要为植酸和草酸，会影响蛋白质和矿物质的消化和吸收。

2. 饲用价值

可作为牛的良好蛋白质来源使用，使被毛光泽良好，但采食太多则体脂变软，因此最好与其他蛋白质饲料配合使用。

（八）其他植物饼粕

1. 棕榈仁饼

棕榈仁饼为棕榈果实提油后的副产品。压榨法所得产品适口性优于浸提法。粗蛋白质含量低，仅 14%～19%，且赖氨酸、蛋氨酸和色氨酸等缺乏。脂肪酸以饱和脂肪酸为主。矿物质中锰含量高，但利用率差。笔者试验结果表明，其对牛适口性差。严格地讲，它不属于蛋白质饲料。

2. 椰子粕

椰子粕又称椰子干粕，是将椰子胚乳部分干燥为椰子干，再提油后所得的副产品。椰子粕应有椰子的烤香味。颜色为淡褐色或褐色，如呈黑色表示品质已经变劣。易滋生霉菌产生毒素。纤维含量高而有效能值低。粗蛋白质含量为 20%～23%，氨基酸组成欠佳，缺乏赖氨酸、蛋氨酸及组氨酸，但精氨酸含量高，造成赖氨酸与精氨酸比例失调。脂肪中饱和脂肪酸占 90% 以上，必需脂肪酸含量低。B 族维生素含量丰富。磷含量高。对牛适口性好，是牛良好的蛋白质来源，喂牛可降低瘤胃内氨浓度，并抑制瘤胃微生物的脱氨作用。采食过多易便秘，为防止便秘，精料中使用 20% 以下为宜。

3. 蓖麻籽饼粕

蓖麻别名大麻子，是大戟科的一年生灌木状草本，原产于非洲，现已分布于世界各地，以印度、巴西最多，我国大面积栽培的省（区）有吉林、内蒙古、山西、辽宁、陕西等。随着我国畜牧业和饲料工业的发展，蛋白质饲料缺口越来越大。作为一种新型的蛋白质饲料资源，蓖麻蛋白粉资源的开发是解决蛋白质饲料短缺的有效途径之一。蓖麻籽饼粕含粗蛋白质因去壳程度不同有所差异，一般为 25%～45%，其中 60% 为球蛋白，16% 为白蛋白，20% 为谷蛋白。氨基酸较为平衡，其中赖氨酸 0.87%～1.42%，蛋氨酸 0.57%～0.87%，亮氨酸、精氨酸等含量均较高。粗脂肪 1.4%～2.6%，粗纤维 14%～43%。蓖麻饼营养价值较高，但由于其含有蓖麻毒蛋白、蓖麻碱、CB-1A 变应原和血球凝集素 4 种有毒物质，必须经过脱毒，才能饲喂。蓖麻饼的脱毒方法主要有化学法、物理法、微生物发酵法和联合法。笔者试验，脱毒蓖麻蛋白粉（山西新创生物工程研究中心提供的 3 种蓖麻蛋白产品）干物质、有机物和粗蛋白质瘤胃降解率、瘤胃快速降解部分均显著低于豆饼，结果证明脱毒蓖麻蛋白粉在瘤胃内降解速度慢，初步说明其过瘤胃性能较豆饼好。经过饲养试验结果表明，在精料中添加 10%~15% 的脱毒蓖麻饼粕未出现任何中毒症状。

三、其他植物性蛋白质饲料

（一）玉米蛋白粉

玉米蛋白粉是玉米淀粉厂的主要副产物之一，为玉米除去淀粉、胚芽、外皮后剩下的产品。粗蛋白质含量为 35%~60%，其氨基酸组成不佳，亮氨酸含量高达 7.0%~11.5%，蛋氨酸含量 1.0%~1.4%，精氨酸含量较高，为 1.3%~1.9%；赖氨酸和色氨酸严重不足，赖氨酸含量 0.7%~0.9%，色氨酸含量较低，约 0.3%，赖氨酸：精氨酸比达 100：（200~250），与理想比值相差甚远。粗纤维含量（1.0%~1.6%）低，易消化。粗脂肪高，为 5.0%~6.0%；矿物质含量少，钙少（0.07%）、磷多（0.44%），钙磷比例不平衡；铁 230~400 mg/kg，铜 1.9~28.0 mg/kg，锌 19~25 mg/kg，锰 5.5~7.0 mg/kg，硒 0.02~1.00 mg/kg。维生素中胡萝卜素含量较高，B 族维生素少；富含色素，主要是叶黄素和玉米黄质，前者是玉米含量的 15~20 倍。有效能含量高，干物质中综合净能为 8.11~8.53 MJ/kg。玉米蛋白粉可用作肉牛的部分蛋白质饲料原料，因其比重大，可配合比重小的原料使用，精料添加量以 30% 为宜，过高影响生产性能。在使用玉米蛋白粉的过程中，应注意霉菌含量，尤其黄曲霉毒素含量。

（二）玉米酒精糟

玉米酒精糟是以玉米为主要原料，用发酵法生产酒精时的蒸馏液经干燥处理后的副产品。根据干燥浓缩蒸馏液的不同成分而得到不同的产品可分为干酒精糟（DDC）、可溶干酒精糟（DDS）和干酒精糟液（DDGS）。DDG 是用蒸馏废液的固体物质进行干燥得到的产品，色调鲜明，也称透光酒糟。DDS 是用蒸馏废液去掉固体物质后剩余的残液进行浓缩干燥得到的产品。DDGS 是 DDG 和 DDS 的混合物，也称黑色酒糟。

玉米酒精糟因加工工艺与原料品质差别，其应有成分差异较大。一般粗蛋白质含量在 26%～32%，氨基酸含量和利用率均不理想，蛋氨酸（0.5%～0.8%）和赖氨酸加工技术（0.5%～0.9%）含量稍高，色氨酸（0.2%～0.3%）明显不足。粗脂肪含量为 9.0%～14.6%，粗纤维为 4.0%～11.5%，无氮浸出物较低，为 33.7%～43.5%。矿物质中钙少磷多，钙为 0.2%～0.4%，磷为 0.7%～1.3%，铁为 300～560 mg/kg，铜为 25～83 mg/kg，锌为 55～85 mg/kg，锰为 22～74 mg/kg，硒为 0.3～0.5 mg/kg。玉米酒精糟的能值较高，DDG 干物质中综合净能为 8.67 MJ/kg；DDGS 干物质中综合净能为 9.19 MJ/kg。玉米酒精糟中含有未知生长因子。

酒精糟气味芳香，是牛良好的饲料。在牛精料中添加可以调节饲料的适口性，既可作能量饲料，也可作蛋白质饲料，可以替代牛日粮中部分玉米和豆饼。饲喂 DDGS 可以提高增重速度，一般在牛精料中用量应在 50%以下。

（三）玉米胚芽饼粕

玉米胚芽饼粕是玉米胚芽经提油后的副产物。色泽微淡黄色至褐色。玉米胚芽含淀粉 8.2%、粗蛋白质 18.8%、粗脂肪 34.5%、糖 10.8%、灰分 10.1%。玉米胚芽饼粕风干物中含粗蛋白质 18%～21%，其氨基酸组成较差，赖氨酸含量 0.75%，蛋氨酸和色氨酸含量较低，分别为 0.21%和 0.18%，亮氨酸、精氨酸和缬氨酸含量较高，分别为 1.54%、1.51%和 1.66%；粗脂肪低，约 2.0%；粗纤维比玉米高，约 6.5%；粗灰分约 5.9%，钙少（0.06%）、磷多（1.23%），钙磷比例不平衡；铁为 214 mg/kg，铜为 7.7 mg/kg，锌为 126 mg/kg，锰为 23 mg/kg，硒为 0.33 mg/kg；维生素 E 含量非常丰富，高达 87 mg/kg。能值较低，干物质中综合净能为 7.54 MJ/kg。玉米胚芽饼粕适口性好，是牛的良好饲料来源，但品质不稳定，易变质，使用时要小心。一般在牛精料中玉米胚芽饼粕可用到 15%～20%。

第二节　单细胞蛋白质饲料

单细胞蛋白质是指由单细胞生物产生的细胞蛋白质（SCP），而单细胞蛋白质饲料是指由单细胞生物个体组成的蛋白质含量较高的饲料。用来生产单细胞蛋白质的微生物种类非常多，主要有酵母类（如酿酒酵母、产朊假丝酵母、热带假丝酵母等）、细菌类（如芽孢杆菌、假单胞菌等）、霉菌类（如根霉、曲霉等）和微型藻类（如小球藻、螺旋蓝藻等）。

用来生产单细胞蛋白质的原料主要有工业废液类（如造纸废液、酒精废液、味精废液、淀粉废液、柠檬酸废液、糖蜜废液、木材水解废液等）、工农业糟渣类（如酒糟、醋糟、酱油渣、豆渣、粉渣、玉米淀粉渣、甜菜渣、果渣等）和化工产品类（如石油、石蜡、柴油、天然气、烷烃、醇类等）。

单细胞蛋白质饲料的生产原料来源广泛、可以工业化生产、生产周期快、效率高。单细胞蛋白质饲料营养丰富，含有 40%～80% 的粗蛋白质，氨基酸种类齐全，含有较多的矿物质、维生素和其他具有生物活性的物质，营养价值高，是高质量的蛋白质饲料。下面介绍几种常见的单细胞蛋白质饲料。

一、饲料酵母

饲料酵母专指以淀粉、糖蜜以及味精、酒精等高浓度有机废液等碳水化合物为主要原料，经液态通风培养酵母菌，并从其发酵料中分离酵母菌体（不添加其他物质）经干燥后制得的产品。应用的主要酵母菌有产朊假丝酵母菌、热带假丝酵母菌、圆拟酵母菌、球拟酵母菌、酿酒酵母菌。在单细胞蛋白饲料中饲料酵母利用得最多。根据原料及生产干燥的方法不同，饲料酵母有基本干酵母（粗蛋白质不低于 40%）、活性干酵母（1 500 万个活酵母/g）、照射酵母（经紫外线干燥）、蒸馏干酵母（酿酒液在蒸馏前后得到的植物性非发酵酵母干燥而成）、纸浆废液酵母（纸浆废液为培养基、接种假丝酵母培养的产品）和啤酒酵母。

（一）营养特性

饲料酵母因原料及工艺不同，其营养组成有相当大的变化。液态发酵粉粒干燥的纯酵母粉约含粗蛋白质 45%～60%，如酒精液酵母 45%，味精菌体酵母 62%，纸浆废液酵母 46%，啤酒酵母 52%。固态发酵制得的酵母混合物在 30%～45%。氨基酸组成中赖氨酸（5.5%～7.9%）、缬氨酸（5.0%～6.9%）、苏氨酸（4.3%～5.1%）、亮氨酸（5.2%～8.3%）等几种重要的必需氨基酸含量较高，精氨酸（3.6%～5.6%）和色氨酸（1.1%～1.6%）含量较低，而含硫氨基酸（蛋氨酸+胱氨酸 2.0%～3.0%）很低。粗纤维低，为 2.0%～4.8%。粗脂肪含量低，为 0.6%～2.3%。粗灰分为 5.7%～8.4%。矿物质中，钙少，磷、钾含量高，富含锌和硒，尤其含铁量很高。维生素中 B 族维生素丰富，烟酸、胆碱、核黄素、泛酸和叶酸含量很高，但胡萝卜素和维生素 B_2 含量较低。饲料酵母中还含有未知生长因子。

（二）饲用价值

饲料酵母的适口性不是很好，但在牛日粮中添加，可以提高增重。一般在精料中可用至 25%~35%。近年来在酵母的综合利用中，也有先提取酵母中的核酸再制成"脱核酵母粉"的。同时酵母产品不断开发，如含硒酵母、含铬酵母、含锌酵母已有商品化产品，均有其特殊营养功能。

二、石油酵母

石油酵母是以石油为碳原，用酵母菌发酵所生产的微生物蛋白质经干燥而制成的菌体蛋白产品。生产石油酵母的原料一般以重质油和石油蜡烃为原料。用重质油为原料生产石油酵母时，因重油中含蜡高，低温下易结冻，生产时需要脱蜡。用石油蜡烃为原料生产时，可直接在发酵槽加入酵母，进行发酵生产。生产石油酵母要求加入一定量氨调整发酵过程 pH 值，还需加入一定量的磷、钾、铁盐，并提供充足的空气和水进行冷却。当石油蜡烃等和酵母菌种一并注入发酵槽后，在弱酸性和 30~36℃温度条件下，经数小时滞留发酵，发酵后取出，进行离心、温水洗涤、浓缩、干燥等步骤即得石油酵母。

（一）营养特性

石油酵母粗蛋白质含量高，为 60%~63%。氨基酸组成中赖氨酸（4.3%）、苏氨酸（2.9%）、亮氨酸（4.4%）等几种重要的必需氨基酸含量较高，色氨酸（0.7%）含量较低，而含硫氨基酸（蛋氨酸+胱氨酸 1.21%）很低。粗脂肪 8%~10%，多以结合型存在细胞质中，稳定、不易氧化，利用率较高。粗灰分 6%~18%。矿物质钙（0.13%）少、磷（2.5%）多，微量元素中铁（1 800 mg/kg）高、碘低。维生素中 B 族维生素丰富，胆碱、核黄素、泛酸含量很高，但胡萝卜素和维生素 B 含量不足。石油酵母中含有重金属及致癌物质 3,4-苯并芘，世界卫生组织规定石油酵母中 3,4-苯并芘的含量不超过 5 μg/kg。

（二）饲用价值

石油酵母可以作为牛的蛋白质来源，对于犊牛其价值与大豆饼粕相近，但应注意补充蛋氨酸、胡萝卜素和维生素 B_{12}。由于石油酵母有苦味，适口性差，在生长快的牛饲料中最好不添加。以石油蜡烃为原料生产的石油酵母因其原料中不含有高分子致癌性多环芳香物，所以安全性高，一般在牛精料中用量以

5%～15%为宜。而以轻油或重质油直接作发酵原料生产的石油酵母含有致癌物质3,4-苯并芘，据研究报道连续饲喂，在后代发病率（致癌）较高，应慎用。

（三）质量标准

我国目前尚未有石油酵母国家标准。德国将石油酵母分为G和P两种。G是来自培养热带假丝酵母和解脂假丝酵母培养基干燥而得到的产品，要求无异物和汽油，3,4-苯并芘含量不超过5 μg/kg，水分低于10%，粗蛋白质含量约大于65%，粗脂肪低于2%。P是将含有正-石蜡的解脂假丝酵母培养液干燥除去异物得到的产品，要求正-石蜡低于0.5%，3,4-苯并芘不超过5 μg/kg，水分低于10%，粗蛋白质含量约大于60%，粗脂肪大于10%。

三、单细胞藻类

单细胞藻类是指以阳光为能源，以天然有机物和无机物为培养基，生活于水中的小型单细胞浮游生物体。目前主要饲用的藻类有绿藻和蓝藻2种。绿藻呈单细胞微球状，直径5～10 μm，池塘水变绿就是由其所致。蓝藻因呈相连螺旋状又名螺旋藻，长300～500 μm，易培养，色素和蛋白质的利用率高。

（一）绿藻

绿藻为小球藻属，呈深绿色，可以生长在咸水中或以脏水、动物的粪便或其他废弃物为肥料的池塘内。略带苦味；粗蛋白质含量高达55%～65%，氨基酸中赖氨酸和精氨酸含量高，而蛋氨酸含量低；粗脂肪12%～18%；粗纤维3%～7%；无氮浸出物4%～12%；含有动物未知生长因子和类胡萝卜素含量丰富。由于绿藻细胞壁较厚阻碍消化酶的作用，叶绿粒不易消化，所以消化率低。如果能采用破壁工艺效果较好。一般牛精料中用量以15%以下为宜。

（二）蓝藻

蓝藻为螺旋藻属，可生长在因碱性强而不能用于灌溉的淡水和湖泊中。高pH值的水可为蓝藻的光合作用提供丰富的CO_2，有利于提高产量。蓝藻的粗蛋白质含量65%～70%，赖氨酸、蛋氨酸含量低，精氨酸、色氨酸含量高，氨基酸组成略欠平衡；粗脂肪、粗纤维含量比绿藻低，分别为2%～4%和1%～3%。脂肪以软脂酸、亚油酸、亚麻油酸居多；无氮浸出物含量比绿藻高，为16%～22%。矿物质中以钾含量高。维生素C含量丰富。由于蓝藻适口性好，可大量用于牛饲料。

第三节　非蛋白氮饲料

对于凡是含氮的非蛋白态的可饲物质均可称为非蛋白氮饲料（NPN）。NPN 是一类简单的纯化合物，不能为牛提供能量，只是供给瘤胃微生物合成蛋白质所需的氮源，瘤胃微生物可以将饲料中非蛋白氮转化为氨，进一步利用氨合成氨基酸，氨基酸被降解后产生的氨又可以相同的方式被反刍动物所利用。NPN 可替代日粮中部分天然蛋白质饲料，以节省蛋白质饲料。许多国家和地区使用 NPN 作为反刍动物蛋白质营养的补充来源后效果显著。我国蛋白质资源匮乏，科学合理开发应用 NPN 饲料对缓解常规蛋白质饲料资源不足的问题具有重要意义。

一、非蛋白氮饲料种类

NPN 大致分为尿素及其衍生物类、氨态氮类、铵盐类、肽类及其衍生物和动物粪便及其他废弃物类。

（一）尿素及其衍生物类

主要包括尿素、缩二脲、羟甲基尿素、磷酸尿素、尿酸、二脲基异丁烷、异丁基二脲、脂肪酸脲、尿素甲醛和尿乙醛等。考虑价格、来源和饲喂效果等因素，实际应用得较少，推广得更少。

1. 尿素

尿素 $[CO(NH_2)_2]$ 为白色，无臭，结晶状。味微咸苦，易溶于水，吸湿性强。纯尿素含氮量为 46%，而饲用尿素为防止结块加入其他成分，使氮的含量变低，一般含氮量为 40%~45%。每千克尿素相当于 2.8 kg 粗蛋白质，或相当于 7 kg 豆饼的粗蛋白质含量。颗粒状尿素不黏结，一般可保存 8~10 个月。试验证明，用适量的尿素取代牛日粮中的蛋白质饲料，不仅可降低生产成本，而且还能提高生产力。

尿素是最普通的非蛋白氮源。它是动物体代谢的产物，是由动物体内氨基酸代谢产生的氨在肝脏中合成的，然后由肝脏分泌出进入血液循环，经过肾的过滤作用，最终从尿中排出。

尿素在瘤胃中可被瘤胃微生物产生的脲酶转化为氨，进而被微生物体所利用。尿素在瘤胃中可以迅速地转化为氨，所以反刍动物进食含有尿素的饲料后，瘤胃中氨水平将迅速升高。在 3 次上槽的饲喂方式下，日粮蛋白质低于12%以下使用尿素才有效，可用尿素替代日粮粗蛋白质的 1/3。在自由采食的情况下，可用尿素把日粮蛋白质从 12%提高到 16%，效果仍很好。超过上述用量即出现负效果，严重时出现中毒症状。为了准确起见，在日粮粗蛋白质为9%时，每 100 kg 体重日喂量小于 30 g 效果较好，30~45 g 时出现负效果，高于 45 g 出现中毒。为了避免牛氨中毒，通常采用一些方法减缓尿素在瘤胃内释放成氨的速度。

2. 缩二脲

缩二脲 [NH（CONH$_2$)$_2$] 又称双缩尿，是由尿素被加热到很高的温度时由 2 分子尿素缩合而成。含氮量在 35%以上，粗蛋白质含量为 219%。缩二脲是重要的非蛋白氮饲料来源，因无味其适口性优于尿素，而且缩二脲在瘤胃中水解成氨的速度要比尿素慢，氨随时释放随时被微生物利用，所以提高了氮的利用率。缩二脲在水中的溶解度（37℃，2.2 g/100 mL 水）比尿素小得多（37℃，>200 g/100 mL 水），约为 1/100，安全性较高，因此在瘤胃中释氨缓慢，与碳水化合物代谢的速度比较匹配，更适合瘤胃中微生物群落的生长繁殖。缩二脲在瘤胃中被微生物产生的缩脲酶作用水解成氨，只有当瘤胃中含有一定量的缩二脲和保持一段时间后，瘤胃微生物才能产生这种缩脲酶，因此若有效地利用缩二脲需要约 6 周的适应期，如果连续几天不在日粮中添加缩二脲，就需要一个新的适应期。在瘤胃中不能被代谢的缩二脲以尿的形式排出体外。研究表明，缩二脲具有提高纤维素消化率的作用，但对育成牛的生长和提高饲料利用率的效果不如尿素，对幼牛氮沉积和成母牛的产奶量效果也不及尿素，一般与尿素配合使用效果较佳。缩二脲可代替总蛋白质含量的 30%。

3. 脂肪酸脲

脂肪酸脲又称脂肪酸尿素，是脂肪酸与尿素经化学反应制成的非蛋白氮产品。含氮量在 30%以上，浅黄色颗粒，颗粒直径不大于 3 mm。可被瘤胃微生物充分利用，营养价值高，安全性好。当牛日粮中粗蛋白质含量在 9%以下时，每 100 kg 体重添加 35~40 g，用量占日粮可消化粗蛋白质的 30%，效果较好。使用后可提高能量、改善适口性和降低尿素分解速率。

4. 羧甲基尿素

羧甲基尿素是按 1:9 的比例用羧甲基纤维素钠盐包被尿素，以 20%水拌成糊状后制粒（直径 12.5 mm），再经 24℃温度干燥 2 h 后的产品。用量可占牛日粮的 2%~5%。另外也可将尿素添加到苜蓿粉中制粒。

5. 磷酸脲

磷酸脲［$CO(NH_2)_2 \cdot HPO_4$］也称磷酸尿素或尿素磷酸盐，含氮 10%～30%，含磷 8%～19%。白色晶体粉末，易溶于水和乙酸，不溶于乙醚和甲苯，在潮湿的空气中存放易吸水，水溶液呈酸性，受热易分解。毒性低于尿素，饲喂磷酸尿素，能增加瘤胃内乙酸、丙酸的含量，增强脱氧酶的活性，促进生理代谢和对氮、磷、钙的吸收和利用，是非蛋白氮和磷元素的重要来源。使用磷酸脲可提高产奶量 10%左右，提高增重 8%～10%，降低饲料消耗 5%～7%。对牛增重和产奶效果明显。一般在牛精料中添加 1.0%～2.0%。磷酸脲又可对青贮饲料起到保存作用，是青贮饲料的氮磷添加剂。

6. 异丁基二脲

异丁基二脲也是一种安全性较高的非蛋白氮饲料，是由尿素与异丁醛在特定条件下化学合成的产品，纯度为 93%，含氮量大于 32%，尿素含量低于 3%。白色针状结晶，在水中的溶解度很小，在瘤胃中酶解释放速度较慢，使用比较安全。它还可转化成异丁酸，而异丁酸又是瘤胃微生物必需的营养因子。异丁基二脲的饲用效果优于尿素，仅次于植物性蛋白质，特别在产奶牛上表现尤为突出。一般用于 6 月龄以上的奶牛，配合饲料中添加量不超过 1.5%。

（二）氨态氮类

1. 液氨

液氨又称无水氨，一般由气态氨液化而成，含氮 82%。无色气体，有刺激性恶臭味。分子式 NH_3，分子量 17.03。相对密度 0.771 4 g/L，熔点 -77.7℃，沸点 - 33.35℃，自燃点 651.11℃。蒸汽密度 0.6，蒸汽压 1 013.08 kPa（25.7℃）。氨在 20℃ 水中溶解度 34%。水溶液呈碱性，0.1 N 水溶液 pH 值为 11.1。一般将其用高压容器盛装，以便于运输，通常用来作氨化处理劣质粗饲料的非蛋白氮的来源。液态氨和空气混合物达到一定浓度范围遇明火会燃烧和爆炸，如有油类或其他可燃性物质存在则危险性更高。对黏膜和皮肤有碱性刺激及腐蚀作用，可造成组织溶解性坏死，高浓度时可引起反射性呼吸停止和心脏停搏。所以使用时应注意安全。

2. 氨水

氨水是氨溶于水形成的水溶液（NH_4OH），含氮 15%～17%，具刺鼻气味，氨与水结合生成氢氧化铵，同时一部分氢氧化铵又分解出游离的氨，温度越高，游离出得越多。商品罐装氨水浓度一般为 25%。重量为液氨（无水氨）的 4 倍，使用与运输不方便。一般也只是用于氨化秸秆的非蛋白氮的来源，但由于含水多，在秸秆含水量高的情况下易使秸秆发霉变质，故一般只用于含水量低的秸秆氨化处理。

（三）铵盐类

铵盐类包括无机铵盐（如碳酸氢铵、碳酸铵、硫酸铵、亚硫酸铵、多磷酸铵、氯化铵）和有机铵盐（如甲酸铵、乙酸铵、丙酸铵、丁酸铵、乳酸铵、氨基甲酸铵、磺酸木质铵）等。

1. 碳酸氢铵

碳酸氢铵（NH_4HCO_3）又称碳铵，白色结晶，易溶于水，不稳定。当温度升高或温度变化时易分解成氨、二氧化碳和水。味极咸，有气味，含氨20%~21%，含氮17%，蛋白质当量106%。在青贮玉米中添加碳酸氢铵，pH值由3.5提高到4.0，可显著提高青贮饲料的品质。

2. 硫酸铵

硫酸铵（$(NH_4)_2SO_4$），又称硫铵，呈无色结晶，易溶于水。工业级一般呈白色或微黄色结晶，少数呈微青或暗褐色。含氮20%~21%，蛋白当量为125%。含硫25%~26%。硫酸铵既可作氮源，也可作硫源。生产中多将其与尿素以（2~3）∶1混后饲用。在混合青贮中添加1%硫酸铵，可预防青贮饲料中蛋白质分解，并形成有机氮化合物。

3. 多磷酸铵

多磷酸铵是一种高浓度氮磷复合肥料，由氨和磷酸制得。一般含氮27%、含磷34.4%，易溶于水。蛋白质当量为169%，可用作反刍动物的氮、磷源。

4. 氯化铵

氯化铵为无色晶体，易溶于水，加热极易分解为氨和氯化氢，含氮量一般为25%，其蛋白质当量为156%。

（四）肽类及其衍生物

主要包括酰胺、胺等，如谷胱胺等。此类非蛋白氮很少用。

（五）动物粪便及其他废弃物

粪便中可排出一种浓缩的氮源——尿酸，这种尿酸可以作为瘤胃微生物氮源利用，但作为蛋白质补充物适口性差。另外粪中是否有药物残留或是否含有沙门氏菌属类的致病性微生物，将废弃物堆成一大堆使其内部温度达到60℃或者青贮，都是消灭各种致病源的有效方法。

笔者曾试验鲜鸡粪用厌氧发酵脱臭干制后可得鱼粉状再生饲料，含粗蛋白质 24%~27%，可在配合饲料中加入 10%~12% 代替部分饼粕，效果尚佳，增加比例后牛开始有稀便现象，效果下降。经试验测定，未见影响瘤胃微生物发酵，证明鸡粪中残留的各种抑菌物质在发酵过程中已失效。由于能值太低，干物质中产奶净能为 5.44 MJ/kg，增重净能 2.43 MJ/kg。宜用于肉牛，不能用于 3 月龄以下犊牛，不宜用于提供鲜奶的奶牛。

二、牛利用尿素等非蛋白氮的机理

瘤胃细菌能产生脲酶，饲草料本身也含有脲酶（含水量高于 15% 时脲酶致活），当尿素进入瘤胃后很快溶解，并被脲酶水解产生氨和二氧化碳。瘤胃微生物能将水解产生的氨与碳水化合物分解产生的酮酸（碳链）合成微生物生长所需的氨基酸，最后形成菌体蛋白质，菌体蛋白质再被反刍动物利用。

三、影响尿素等非蛋白氮利用的因素

尿素等非蛋白氮在瘤胃中合成菌体蛋白质不是孤立的，而是与微生物分解纤维素和其他碳水化合物形成的有机酸及日粮中一些矿物质的量相匹配的，也就是脲酶分解尿素为氨气的释放速度和有机酸形成的速度、数量的匹配，是一个有序的合成过程。

（一）日粮中蛋白质水平及蛋白质的化学特性

通常定时上槽、日喂 2~3 次时，当日粮中蛋白质水平较低，含粗蛋白质 9%~12% 时，尿素可较好地转化为菌体蛋白；当日粮中蛋白质水平超过 12% 时，添加尿素，瘤胃微生物来不及将氨转化为菌体蛋白就被瘤胃上皮吸收而进入血液，再到肝脏合成尿素，随尿排出，造成浪费。当血液中氨的浓度超过肝脏合成尿素的极限时，就会造成氨中毒，严重时还会造成牛死亡。

饲料中蛋白质的可溶性也影响尿素的利用，可溶性蛋白质分解为肽、氨基酸等被微生物优先利用，降低了微生物对氨的利用。可溶性差的蛋白质，则无此作用。因此喂牛的蛋白质以可溶性差而消化性强的蛋白质为宜。

日喂次数增加和采取自由采食则日粮粗蛋白质在 16% 以下添加非蛋白含氮物均有效，但只能添加到使日粮蛋白质达到 16% 为止。

（二）碳水化合物的种类

碳水化合物是瘤胃微生物利用氨合成菌体蛋白的能源。碳水化合物在瘤胃中被分解为单糖后，再与氨有机地合成菌体蛋白。碳水化合物的种类可影响其分解为单糖的速度，其中纤维素分解为单糖的速度过慢，单糖分解得过快，淀粉（尤其是熟淀粉）的效果最好。所以在生产中以低质粗饲料为主的条件下，补充适量的高淀粉精料可提高对尿素的利用效果，即日粮在添加非蛋白含氮物后能使氮平衡达到零。准确使用时则按日粮能量正平衡，即：

尿素用量 ［g/（头·d）］ = ［饲料奶牛能量单位×40−饲料降解蛋白质（g)×0.9］÷2.24。

（三）矿物质硫的含量

硫是合成含硫氨基酸（蛋氨酸、胱氨酸）的重要原料。日粮中缺硫，微生物就不能合成含硫氨基酸，使微生物的生长和繁殖受到影响，间接影响尿素的利用效果。一般饲料中均含有足量的硫，如干草和氮硫比为 5∶1 的玉米青贮，当玉米青贮中氮硫比为 15∶1 或更高时，补充硫使氮硫比达到 5∶1 会提高饲料的利用效率。

（四）牛利用尿素等的能力

牛利用尿素等的能力与瘤胃微生物群落的建立有直接关系。能使瘤胃微生物最大程度地发挥其利用效率的氨的最适宜量为 20 mg/100 mL（100 mL 瘤胃液中含有 20 mg 氨）。瘤胃中大量的微生物会迅速利用氨产生大量有机酸，除了能够缓慢释放氨外，还能为氨基酸的合成提供支链脂肪酸。它只能用于瘤胃发育成熟的牛，即 4 月龄以上的牛。用量不能超过日粮总氮量的 1/3，或占日粮总量的 1%。

四、尿素等非蛋白含氮物的使用方法

将尿素与精饲料均匀混合后饲喂，用量不能超过日粮干物质的 1%，即每百千克体重按 20~30 g 饲喂。在开始饲喂尿素时，应逐渐增加尿素的喂量，最少应经过 10 d 适应期，才能加至所设计的喂量。

尿素在饲喂前可粉碎成粉末状，均匀混合到精料中，也可用少量水把尿素溶解，拌入精料中成团块状，一定要混合均匀，以免引起中毒，并且要现拌现喂，否则会由于氨气的挥发影响饲料的适口性和尿素的利用效果。尿素不能集中一次大量饲喂，应分数次均匀投喂。喂完尿素后不能立即让牛饮水，至少间隔 1 h 后再饮。禁止将尿素加入饮水中喂饮，禁止用尿素饲喂任何非反刍动物。

除拌入精料中饲喂尿素外，还可制作尿素青贮、尿素舔砖、尿素颗粒饲料和糊化淀粉尿素，提高使用效果。如目前商品"微多蛋白"就是双缩脲与微量元素、维生素 A 的混合物，"牛羊蛋白精"是加有微量元素的糊化淀粉尿素。

五、应用非蛋白含氮物的注意事项

应用非蛋白含氮物有可能引起氨中毒。不同种类的非蛋白含氮物，在不同的饲喂条件下，引起的中毒剂量很不一致。因此，在饲喂这类化合物时，必须注意，喂量不能过大；不能集中一次投喂；在干拌料时，搅拌必须均匀（包括拌料和制尿素青贮）；不能溶于水中喂饮；不能没有适应期而突然加喂。使用尿素舔砖时不能被雨淋或受潮，不能单独投喂等。

尿素本身并不具有毒性，但用量过多可引起氨中毒。当饲料中尿素水平过高时，反刍动物吸收的氨的量就会超过肝脏降解氨的量，氨就会参与动物体的循环，大脑组织对氨很敏感，当血氨水平高于正常量时，会导致神经症状的发生。氨中毒主要表现为瘤胃弛缓，反刍减少或停止，流涎，采食量减少或拒食，外表兴奋不安，肌肉颤抖，抽搐，最后死亡。中毒最易发生在采食尿素后15~40 min，出现类似上述症状时，应马上停喂非蛋白含氮物，并立即灌服食醋 2~3 kg，必要时请兽医处理。除氨基酸和肽外，所有非蛋白氮不能用于 3 月龄以下犊牛。

第四节　蛋白质饲料资源现状及高效利用技术

近几十年以来，我国畜禽饲料配方参照西方国家，以"玉米-豆粕"型日粮为主，包括饲料行业在内，2017 年我国大豆总需求量达到 11 079 万 t，但是国内大豆产量每年不超过 1 500 万 t（尹杰等，2019）。由于国内蛋白源饲料严重缺乏，导致我国饲料行业过度依赖于大豆进口，这严重影响了饲料的安全供给，增加了饲料业和畜禽养殖业发展的不确定性。因此，研究蛋白质饲料高效利用技术对缓解我国蛋白饲料资源缺乏具有重要意义。

一、开发非常规饲料资源

（一）利用现状

我国非常规蛋白资源非常丰富，其中包括农产品加工副产物（如菜籽粕、棉籽粕和花生粕等杂粕，玉米、小麦、大米等谷物加工副产物）、植物及其副产物（如牧草、野草、桑叶、构树叶以及人用蔬菜茎、叶与藤等）、糟粕类（如酒糟、醋糟、酱渣和果渣等）、餐饮残渣剩余物、动物源加工副产物等。初步统计，我国农产品加工副产物每年超过 5 亿 t，但是综合利用率极低，因此我国目前资源浪费现状亟待改善（阮征等，2015）。目前，我国非常规蛋白资源开发利用受到多种因素影响和阻碍。①多种蛋白资源受到季节和地理文化因素影响，限制了广泛运用。②国内缺乏不同蛋白资源收割和加工规范标准，影响到其饲料配制。例如，蛋白桑具有较高蛋白含量，是一种理想的饲料蛋白资源，但是不同采摘时间点对其蛋白含量影响较大，同时也缺乏较为统一的加工利用标准，这极大地限制了蛋白桑在饲料中的运用。③多种蛋白资源含有毒素或抗营养因子，降低了饲料营养价值，影响动物的生长和健康。例如，杂粕普遍含有硫代葡萄糖苷、游离棉酚、植酸、单宁、芥子碱、皂素等抗营养因子。然而，目前我国饲料中有毒有害物质和抗营养因子等的去除方法有限，因此需要大力研究非粮蛋白资源中有害物质和抗营养因子含量快速检测以及有效去除方法，为替代豆粕饲料提供保障。④当前饲料营养价值评定标准的缺乏，以及蛋白效价与氨基酸平衡不能很好满足动物生长需要，也造成了大量蛋白质资源的浪费。

（二）微生物发酵植物蛋白饲料

微生物发酵蛋白饲料的方法包括固态发酵、液态发酵、吸附在固体表面的膜状培养以及其他形式的固定化细胞培养等，目前多以固态发酵为主。固态发酵是指微生物在没有或几乎没有自由水的固体营养基质上生长的过程，且有厌氧和好氧之分。固态发酵历史悠久，并具有培养基简单且来源广泛、投资少、能耗低、技术较简单、产物的产率较高、环境污染较少、后处理加工方便等优点，所以应用较多。

1. 发酵棉粕

油脂饼粕中的部分内源毒素及抗营养因子在不同制油工艺中，尤其在传统高温、高压压榨浸提工艺中难以去除，通过微生物发酵是有效解决这一难题的主要措施。人们在 20 世纪 50 年代时发现，成年反刍动物具有避免游离棉酚中毒的生理现象，1960 年 Roberts 等根据这一生理现象利用牛、羊的瘤胃微生物对棉籽饼粕进行发酵脱毒，取得成功并申请了美国专利。Baugher 等（1969）利用 1 株 Diplodia 真菌对游离棉酚成功进行"生料"发酵脱毒，脱毒率大于 90%，残留游离棉酚比未脱毒棉粕中游离棉酚对动物的毒性小，此方法在仔猪、鸡日粮中取得成功应用。而微生物固态发酵法在我国是 20 世纪 80 年代后期逐渐发展起来的一种新的棉籽饼粕脱毒方法。钟英长等（1989）采用添加棉酚的培养基进行脱毒微生物的自然筛选和诱变育种，获得 5 株对棉酚有高脱毒率而不产黄曲霉毒素的霉菌，对未经榨油的棉籽仁粉的脱毒率可达 60%~74%。张庆华等（2007）采用热带假丝酵母、拟内胞霉和植物乳杆菌协同固态发酵，对棉粕脱毒率达 85.3%。传统发酵法一般采用高温、高压灭菌，这一做法对降低游离棉酚非常有利，脱毒率可以达到 95% 以上（贾晓锋等，2009），但也影响到氨基酸的消化利用；另外，不同微生物对游离棉酚脱除影响很大，部分菌种还使游离棉酚显著增高。我国学者在利用微生物固态发酵生产脱毒棉籽饼粕的研究方面做了大量的工作，主要表现在 3 个方面：①脱毒菌种的筛选；②发酵底物组成及发酵参数优化；③发酵前后棉籽饼粕营养成分及养分利用率比较研究。

2. 发酵菜粕

国内外关于菜籽粕发酵的研究已有诸多报道。Rozan 等（1996）使用少孢根霉发酵菜籽粕 40 h 后，总硫苷降解率为 47%。蒋玉琴等（1999）利用乳酸菌、酵母菌、少孢根霉菌复合菌系发酵菜籽粕 32 h，硫苷降解率达 71.6%。Chiou 等（2000）研究表明，米曲霉菌能大幅度地改善菜籽粕中纤维素的消化率。陆豫等（2007）使用白地霉和米曲霉脱毒菜籽粕，硫苷去除率达到 97%，取得了较好的效果。但是，国内外的大部分菜籽粕微生物发酵菌种并不是我国农业部（2006）允许在饲料中使用的菌种，而且近年来对菜籽粕发酵多数以硫苷脱毒和提高蛋白含量等方面为主要研究目标，发酵工艺主要采用 100℃ 以上高温灭菌，虽能去除抗营养因子，但能源消耗大，蛋白质品质也难以保证。另外，对微生物法降解菜籽粕中的植酸、单宁等抗营养因子的研究报道也较少。

二、品种改良

目前，我国猪种主要依赖进口国外优质猪种，其不仅成本高，同时对"杜×长×大"为主的商品猪对营养消化吸收率的研究已经达到瓶颈。此外，地方猪种长期受到忽视，缺乏对优良地方品种的保护和开发利用。我国现有 118 个地方猪种，被收录于联合国粮食及农业组织家养动物多样性信息系统，占全球猪种资源的 1/3（丁玫，2018）。这些猪种普遍具有繁殖力高、耐粗饲、抗逆性强、肉质好、对周围环境高度适应等优良的种质特性（丁玫，2018）。因此，利用国内优质的地方种猪资源，结合国外优质猪种，开发新品种种猪，以求对营养消化吸收能力进行突破，是我国养猪业乃至整个养殖业可持续发展的基础。我国饲料蛋白资源的严重匮乏和生猪养殖过程中氮排放对环境的危害，已经成为制约我国饲料和养殖业的两大瓶颈问题。目前，我国进入农业供给侧结构性改革攻坚时期，根据国情优化饲料配方，合理设计低蛋白日粮，并大力发展非常规蛋白饲料替代饲料中豆粕用量，才能确保我国饲料和养殖业可持续发展。

三、低蛋白质日粮

低蛋白质日粮是指将日粮蛋白质水平降低 1~3 个百分点，然后通过适当添加合成氨基酸，降低蛋白原料用量来满足动物对氨基酸需求（即保持氨基酸的平衡）的日粮。在饲料行业，有必要鼓励和推广相关科研机构和企业进行低蛋白日粮研发。同时，积极引导畜牧企业对饲料蛋白含量的认知。许多中小养殖场过度看重饲料蛋白含量，认为蛋白含量低即为劣质饲料，因此对中小型养殖场主有必要进行培训和引导。除了节约蛋白资源外，低蛋白日粮还能够保护环境并降低生产成本。在猪生产过程中，排泄物（粪和尿）中含有大量的氮，对猪舍环境卫生具有严重的负面影响。同时，氮的排放也会对土壤、大气以及水源等人类生存环境造成严重危害。《全国第一次污染源普查公报》显示，我国畜禽养殖业排放的化学需氧量达到 1 268 万 t，占农业源排放总量的 96%；总氮排放量占农业源氮排放总量的 38%。这些氮污染物主要来自饲料中未被利用的蛋白质，我国养猪生产中饲料蛋白利用率远远低于其他国家。而采用低蛋白日粮能够显著提高猪对饲料蛋白的利用效率，从而降低氮排放，缓解养殖过程对环境的危害。研究发现，与用普通饲料喂养猪相比，采用低蛋白日粮喂养，饲料利用效率提高 7.51%，猪粪便中氮含量减少 27.9%，同时还能减少温室气体排放（李凤娜等，2018）。绿水青山就是金山银山，环境安全成为全民共识。因此，发展低蛋白饲料是实现"环境友好"型饲料工业的有效途径。

第七章　肉牛的营养需要及日粮配合

第一节　肉牛的采食习性和消化生理特点

肉牛是反刍家畜，其消化系统的生理作用与其他单胃家畜不同，属于复胃哺乳动物。复胃由 4 个胃组成：瘤胃、网胃（又称蜂巢胃）、瓣胃（又称重瓣胃或百叶胃）和皱胃（又称真胃）。4 个胃总计可容纳 150~230 L 饲草料，胃内装满草料后可占据腹部大部分容积。通过了解和掌握牛独有的消化系统结构和特性，才能结合其特点进行饲养与管理，尽可能降低饲养成本，提高产肉率和经济效益。

一、牛的消化特点

（一）牛的消化器官

1. 口腔

牛没有上切齿，只有臼齿（板牙）和下切齿。牛是通过左右侧臼齿轮换与切齿切断饲草，在唾液润滑下吞咽入瘤胃，反刍时再经上下齿仔细磨碎食物。

2. 4 个胃区

牛有 4 个胃，即瘤胃、网胃（蜂巢胃）、瓣胃（腺胃）、皱胃（真胃）。由于牛本身营养的需要，必须采食大量饲草饲料，因此，消化道相应地有较大的容量来完成加工和吸收营养物质的功能。其消化道中以瘤胃的容量最大。

3. 小肠与大肠

食入的草料在瘤胃发酵形成食糜，通过其余 3 个胃进入小肠，经过盲肠、结肠然后到大肠，排出体外。整个消化过程大约需 72 h。

（二）牛的消化生理

1. 食管沟反射

食管沟反射是反刍动物所特有的生理现象，但这种生理现象仅在幼年哺乳期间才具有。食管沟起始于食管和瘤胃接合部——贲门，经瘤胃、网胃直接进入瓣胃。当犊牛吸吮乳汁时，会导致食管沟发生闭合，这种闭合就称为食管沟反射。食管沟闭合后乳汁经由食管沟直接进入瓣胃和皱胃，防止因乳汁流经瘤胃和网胃发生发酵反应，而造成消化道疾病。在一般情况下，随着牛采食植物性饲料的增加，食管沟反射也逐渐消失，最后导致食管沟退化。

2. 瘤胃微生物

瘤胃里生长着大量微生物，每毫升胃液中含细菌 250 亿~500 亿个，原虫20 万~300 万个。瘤胃微生物的数量依日粮性质、饲养方式、喂后采样时间和个体的差异及季节等而变动，并在以下两方面发挥重要作用，第一，能分解粗饲料中的粗纤维，产生大量的有机酸，即挥发性脂肪酸（VFA），占牛的能量营养来源的 60%~80%，这就是牛能主要靠粗饲料维持生命的原因；第二，瘤胃微生物可以利用日粮中的非蛋白氮（如尿素）合成菌体蛋白质，进而被牛体吸收利用。所以，只要为瘤胃微生物提供充足的氮源，就可以适当解决牛对蛋白质的需要。

3. 瘤胃发酵及其产物

瘤胃黏膜上有大量乳头突，网胃内部由许多蜂巢状结构组成。食物进入这两部分，通过各种微生物（细菌、原虫和真菌）的作用进行充分的消化。事实上瘤胃就是一个大的生物"发酵罐"。

4. 反刍

当牛吃完草料后或卧地休息时，人们会看到牛嘴不停地咀嚼成食团，重新吞咽下去，每次需 1~2 min。牛每天需要 6~8 h 进行反刍。反刍能使大量饲草变细、变软，较快地通过瘤胃到后面的消化道中，这样使牛能采食更多的草料。

5. 嗳气

由于食物在消化道内发酵、分解，产生大量的二氧化碳、甲烷等气体。这些气体会随时排出体外，这就是嗳气。嗳气也是牛的正常消化生理活动，一旦失常，就会导致一系列消化功能障碍。

二、牛的采食特性

(一) 采食

牛的唇不灵活，不利于采食饲料，但牛的舌长、坚强、灵活，舌面粗糙，适于卷食草料，并被下腭门齿和上腭齿垫切断而进入口腔。同时，牛进食草料的速度快而且咀嚼不细，进入口腔的草料混合了口腔中大量的唾液后形成食团进入瘤胃，之后经过反刍又回到口腔，经过二次咀嚼后再咽下，才可以彻底消化。牛采食的特殊性决定了牛采食后有卧槽反刍的习惯。奶牛的采食量按干物质计算，一般为自身体重的 2%~3%，个别高产牛可高达 4%。牛每天放牧 8 h，用 8 h 反刍，这意味着牛每天的采食时间超过 16 h。在适宜温度下自由采食时间一般为每昼夜 6~8 h，气温高于 30℃，白天的采食时间就会减少，因此炎夏季节要注意早晨和晚上饲喂。

(二) 饮水

水分是构成牛身体和牛乳的主要成分。据测定，成年母牛身体的含水量达 57%，牛乳的含水量达 87.5%。牛的新陈代谢、生长发育、繁衍后代、生产牛乳等都离不开水，特别是处于泌乳盛期的奶牛，代谢强度增加，更需要大量饮水。研究证明，产奶量与耗水量呈正相关（相关系数 0.815）。在饲养管理中，保证奶牛充足的饮水是获得高产的关键。奶牛一天的饮水量大约是它采食饲料干物质量的 4~5 倍，产奶量的 3~4 倍。一头体重 600 kg、日产奶 20 kg 的奶牛，饲料干物质摄入量约为 16 kg，饮水量应在 60 kg 以上，夏季更多。因此，应保证给奶牛供应充足的、清洁卫生的饮水，冬季要饮温水。

(三) 反刍

反刍是牛、羊等反刍动物共有的特征，反刍有利于牛把饲料嚼碎，增加唾液的分泌量，以维持瘤胃的正常功能，还可提高瘤胃氮循环的效率。牛采食时将饲料初步咀嚼，并混入唾液吞进瘤胃，经浸泡、软化，待卧息时再进行反刍。反刍包括逆呕、再咀嚼、再混入唾液、再吞咽 4 个步骤，一般在采食后 30~60 min 开始反刍，每次持续 40~50 min，每个食团约需 1 min，一昼夜反刍十多次，累计 7~8 h。因此，牛采食后应有充分的时间休息进行反刍，并保持环境安静，牛反刍时不能受到惊扰，否则会立刻停止反刍。

（四）排泄

牛随意排泄，通常站着排粪或边走边排，因此牛粪常呈散布状；排尿也常取站立的姿势。成母牛一昼夜排粪约 30 kg，排尿约 22 kg；年排粪量约 11 t，年排尿量 8 t 左右。据研究，产奶量与日排粪次数、日排尿时间呈不同程度的正相关，但与日排粪时间呈负相关，泌乳盛期奶牛的排泄次数显著多于泌乳后期和干奶期。奶牛倾向于在洁净的地方排泄。经过训练的奶牛甚至可以在一定时间内集体排泄。

第二节　肉牛的营养需要

肉牛为了维持生命活动、生长发育、生产和繁衍后代，需要大量的营养物质，主要包括水分、能量、蛋白质、矿物质和维生素等。

一、肉牛对干物质的需要

肉牛干物质进食量（DMI）受体重、增重速度、饲料能量浓度、日粮类型、饲料加工、饲养方式和气候因素的影响。

根据国内的各方面试验和测定资料总汇得出，日粮代谢能浓度在 8.4 ~ 10.5 MJ/kg 干物质时，生长育肥牛的干物质需要量计算公式如下。

$$DMI（kg） = 0.062W^{0.75} + （1.529\ 6 + 0.003\ 71 \times W）\times G$$

式中：$W^{0.75}$ 为代谢体重（kg），即体重的 0.75 次方；W 为体重（kg）；G 为日增重（kg）。

妊娠后半期母牛供参考的干物质进食量计算公式如下。

$$DMI（kg） = 0.062W^{0.75} + （0.790 + 0.005\ 587 \times t）$$

式中：$W^{0.75}$ 为代谢体重（kg），即体重的 0.75 次方；W 为体重（kg）；t 为妊娠天数（d）。

哺乳母牛供参考的干物质进食量计算公式如下。

$$DMI（kg） = 0.062W^{0.75} + 0.45FCM$$

式中：$W^{0.75}$ 为代谢体重（kg），即体重的 0.75 次方；W 为体重（kg）；FCM 为 4% 乳脂标准乳预计量（kg）。

二、肉牛对粗纤维的需要

为了保证肉牛的日增重和瘤胃正常发酵功能，日粮中粗饲料应占 40% ~

60%，含有 15%~17% 的粗纤维（CF），19%~21% 的酸性洗涤纤维（ADF），25%~28% 的中性洗涤纤维。并且日粮中中性洗涤纤维（NDF）总量的 75% 必须由粗饲料来提供。

三、肉牛对能量的需要

我国将肉牛的维持和增重所需要的能量统一起来采用综合净能表示，并以肉牛能量单位（RND）表示能量价值。

$$饲料的综合净能（NEmf，MJ/kg）= DE×$$
$$[（Km×Kf×1.5）/（Kf+Km×0.5）]$$
$$Km = 0.187\ 5×（DE/GE）+0.457\ 9（n=15，r=0.955\ 2）Kf = 0.523\ 0×$$
$$（DE/GE）+0.005\ 89（n=15，r=0.999\ 9）$$

式中：DE 为消化能（MJ）；GE 为总能（MJ）；Km 为消化能转化为维持净能的效率；Kf 为消化能转化为增重净能的效率；1.5 为生产水平（APL）。

$$APL =（NEm+NEg）/NEm$$

肉牛能量单位（RND）是以 1 kg 中等玉米所含的综合净能值 8.08 MJ 为一个肉牛能量单位，即 RND = NEmf（MJ）/8.08（MJ）。

（一）生长育肥牛的能量需要

1. 维持需要

全舍饲、中立温度、有轻微活动和无应激的环境条件下，维持净能（NEm）需要计算公式如下。

$$NEm [MJ/（头·d）] = 0.322 体重（kg）^{0.75}$$

当气温低于 12℃ 时，每降低 1℃，维持能量需要增加 1%。

2. 增重的净能需要

$$NEg [MJ/（头·d）] = [2.092+0.0251×体重（kg）]×$$
$$日增重（kg）÷[1-0.3×日增重（kg）]$$

3. 生长育肥肉牛的综合净能（NEmf）需要

$$NEmf [MJ/（头·d）] = \{0.322 体重（kg）^{0.75}+[2.092+0.0251×$$
$$体重（kg）]×日增重（kg）÷[1-0.3×日增重（kg）]\}×F$$

F 为不同体重和日增重的肉牛综合净能需要的校正系数。

（二）母牛的能量需要

1. 肉用生长母牛的能量需要

肉用生长母牛的维持净能需要为：$0.322 \times$ 体重$^{0.75}$ ［MJ／（头·d）］，增重净能需要按照生长育肥牛的 110% 计算。

2. 怀孕后期母牛的能量需要

维持净能计算公式如下。

NEm ［MJ／（头·d）］ $= 0.322$ 体重（kg）$^{0.75}$ 胎儿增重所需净能

不同妊娠天数（t）、每千克胎增重需要的维持净能计算公式如下。

NEm ［MJ／（头·d）］ $= 0.197\,69 \times t - 11.761\,22$

不同妊娠天数（t）、不同体重（W）母牛的胎日增重：Gw（kg）$=$ $(0.008\,79t - 0.854\,54) \times (0.143\,9 + 0.000\,355\,8W)$ 怀孕后期母牛的综合净能需要计算公式如下。

NEmf ［MJ／（头·d）］ $= [0.322W + (0.008\,79t - 0.854\,54) \times (0.143\,9 +$
$0.000\,355\,8W) \times (0.197\,69 \times t - 11.761\,22)] \times F$

3. 哺乳母牛的能量需要

泌乳期每增加 1 kg 体重需要产奶净能 25.1 MJ（6 Mcal）。减重用于产奶的利用率为 82%，故每减重 1 kg 能产生 20.59 MJ（4.92 Mcal）产奶净能，即产 6.56 kg 标准乳。干奶期母牛增重（不含胎儿）每千克则需 33.5 MJ（8 Mcal）产奶净能。

四、肉牛对蛋白质的需要

（一）生长育肥牛的粗蛋白质需要

1. 维持需要

$$粗蛋白质 ［g／（头·d）］ = 5.5 \times W^{0.75}$$

2. 增重需要

$$粗蛋白质 ［g／（头·d）］ = G \times (168.07 - 0.168\,69W +$$
$$0.000\,163\,3W^2) \times (1.12 - 0.123\,3G) \div 0.34$$

式中：G 为日增重（kg）；W 为体重（kg）。

3. 生长育肥牛的粗蛋白质需要

生长育肥牛的粗蛋白质需要＝维持需要＋增重需要。

$$5.5 \times W^{0.75} + G \times (168.07 - 0.168\,69W + 0.000\,163\,3W^2) \times$$

$$(1.12-0.123\ 3G)\div0.34$$

(二) 繁殖母牛的粗蛋白质需要

1. 维持需要

$$粗蛋白质\ [g/\ (头\cdot d)\ ] =4.6\times W^{0.75}$$

2. 怀孕后期母牛的粗蛋白质需要

在维持需要的基础上, 怀孕第 6~9 个月, 每日每头分别增加粗蛋白质 77 g、145 g、255 g 和 403 g。

3. 哺乳母牛的粗蛋白质需要

在维持需要的基础上, 按每千克标准乳 (FCM 乳脂率 4%) 需要粗蛋白质 85 g 来提供粗蛋白质。

$$标准乳\ (FCM) = (0.4+15\times乳脂率\%)\times鲜奶产量\ (kg)$$
$$粗蛋白质需要=4.6\times W^{0.75}+85\times FCM$$

五、肉牛对矿物质的需要

(一) 常量矿物质

肉牛对常量元素需要量较大, 体组织内含量高。包括钙、磷、钠、氯、钾、镁和硫。在计量时多用克 (g) 来表示, 计算日粮结构时用百分比。

1. 钙

肉牛在十二指肠吸收饲料钙, 主要用于合成骨骼、牙齿和牛奶, 参与神经传导, 维持肌肉正常兴奋性。犊牛缺乏钙易形成佝偻病, 成年牛缺乏易形成骨软症, 并出现明显的啃石头、舔土等异食现象。但钙过量会影响日增重和对镁与锌的吸收。肉牛对钙的需要量计算公式如下。

$$钙\ [g/\ (头\cdot d)\ ] = [0.015\times体重\ (kg)\ +0.071\times日增重蛋白质\ (g)\ +$$
$$1.23\times日产奶量\ (kg)\ +0.137\times日胎儿生长\ (g)\ ]\ \div0.5$$
$$日增重蛋白质\ (g) = [268-29.4\ 增重净能\ (Mcal)\ /kg\ 增重]\times日增重\ (g)$$

粗饲料的含钙量高于精饲料, 以粗饲料为主的肉牛一般不易缺钙, 但喂秸秆时易缺乏, 因秸秆中的钙不易被吸收, 对以精料为主的育肥肉牛, 应注意补充钙, 可用碳酸钙、石粉、磷酸氢钙等补充。

2. 磷

肉牛体内的磷主要存在于骨骼、大脑、肌肉、肝脏和肾脏中, 是磷脂、核酸和酶的组成成分, 参与体内能量代谢。肉牛缺乏磷生长缓慢, 食欲不振, 饲料利用效率下降，异食癖，繁殖率下降，甚至死亡。磷过量易造成尿结石。肉牛对磷的需要量计算公式如下。

磷 [g/（头·d）] = [0.028×体重（kg）+0.039×日增重蛋白质（g）+ 0.95×日产奶量（kg）+0.007 6×日胎儿生长（g）] ÷0.85

日增重蛋白质（g）= [268−29.4 增重净能（Mcal）/kg 增重] ×日增重（g）

磷的主要来源为磷酸氢钙、脱氟磷酸盐、磷酸钠等。注意钙磷比例，一般为（1.5~2）∶1。

3. 钠和氯

肉牛体内的钠主要用于维持渗透压、酸碱平衡和体液平衡，参与氨基酸转运、神经传导和葡萄糖的吸收。氯是激活淀粉酶的因子，胃酸的组成成分，参与调节血液酸碱性。钠和氯一般用食盐来补充，缺乏时肌肉萎缩，食欲不振，牛互相舔舐，出现异食癖（吃土、塑料、石块、喝尿等）。

根据牛对钠的需要量占日粮干物质进食量的 0.06%~0.10%计算，日粮含食盐 0.15%~0.25%即可满足钠和氯的需要。植物性饲料含钠低，含钾量高，青粗饲料更为明显，钾能促进钠的排出，放牧牛的食盐需要量高于饲喂干饲料的牛，饲喂高粗料日粮的耗盐量高于高精料日粮。

夏天食盐量可略高，冬天食盐量不宜增加，因为吃盐多，饮水量会增加，冬天水温低，多饮冷水会降低瘤胃功能，而且把冷水升温到体温会大量增加能量消耗，例如，1 kg水从10℃升高到体温（38.5℃）消耗能量 0.119 MJ。在饮水充足时，饮水食盐超过 2.5%，日粮含盐量超过 9%，牛会出现中毒。

高水平的食盐可使乳房肿胀加剧，使乳汁含盐量增加变咸，增加肾脏负担，牛体水肿，水代谢失调促发水毒症，以致危及牛的生命。

4. 钾

钾能维持机体正常渗透压，调节酸碱平衡，控制水的代谢，为酶提供有利于发挥作用的环境。缺乏时食欲下降，饲料利用率降低，生长缓慢。钾过量会影响镁的吸收。一般肉牛对钾的需要量为日粮干物质的 0.65%。在热应激时，钾的需要量增加，约为日粮干物质的 1.2%。最高耐受量为日粮干物质的 3%。粗饲料含钾丰富，只有饲喂高精料日粮的肉牛才需要补充钾，一般采用氯化钾补充。

5. 镁

镁在神经肌肉传导中起重要作用，是许多酶的激活剂。缺镁会使牛发生抽搐症，食欲不振，饲料养分消化率下降，镁与磷缺乏，还会使乳汁呈酒精阳性，乳汁变稀。肉牛镁的适宜需要量为日粮干物质的 0.1%。犊牛每千克体重需镁量为 12~16 mg，按日粮干物质计算，为 0.07%~0.1%。日粮干物质含镁量超过 0.4%，就会出现镁中毒，表现为腹泻，增重下降，呼吸困难。早春和晚冬季节的青草与枯草中含镁量低，若此时放牧易缺镁，发生抽搐症。镁的来源有碳酸镁、氧化镁和硫酸镁等。

6. 硫

硫是某些蛋白质、维生素和激素的组成成分，参与蛋白质、脂肪和碳水化合物的代谢。瘤胃微生物合成菌体蛋白和 B 族维生素都需要硫。瘤胃菌体可利用无机硫（硫酸钠）合成含硫氨基酸（蛋氨酸、胱氨酸），进而合成菌体蛋白质。肉牛缺乏硫时食欲下降，唾液分泌增加，瘤胃微生物对乳酸的利用率降低，眼神发呆，消化率下降，增重缓慢，产奶量下降。肉牛硫的需要量约为日粮干物质的 0.1%。硫水平过高也会降低饲料进食量，并给泌尿系统造成过重负担，且干扰硒和铜的代谢。肉牛日粮中添加硫酸钠、硫酸钙、硫酸钾和硫酸镁时能够维持其最适的硫平衡。保持肉牛最大饲料进食量的适当氮硫比为 (10~12)∶1。

（二）微量矿物质

肉牛对微量元素的需要量小，但为机体生理功能所必需。微量元素通常以毫克/千克（mg/kg）来表示，在牛体内的含量也可以这样表示。微量元素包括：铁、铜、钴、锰、锌、碘、硒、钼、铬和硅 10 种元素。

1. 铁

铁是血红蛋白、肌红蛋白、细胞色素和其他酶系统的必需成分，在将氧运输到细胞的过程中起重要作用。缺铁会使犊牛生长强度下降，出现营养性贫血、异食、皮肤和黏膜苍白，舌乳头萎缩，日增重下降。一般每千克日粮干物质中含铁量为 50~100 mg 就能满足肉牛的需要（犊牛和生长牛为 100 mg，成年牛为 50 mg）。

犊牛出生后仅喂初乳和全乳，不补饲粗料或犊牛料，几周后就会发生缺铁性贫血，使生长速度和饲料转化率下降，加喂含铁量 40 mg/kg 的犊牛料可预防贫血，但日增重 1 kg 以上则要含铁 80~100 mg/kg。可用硫酸亚铁、氯化亚铁、硫酸铁等补充。在应激条件下铁的需要量可提高到 90~160 mg/kg。成年牛采食大量优质粗精料，一般很少缺铁。肉牛对铁的最大耐受量为 1 000 mg/kg。过量的铁会引起中毒，表现为腹泻、体温过高、代谢性酸中毒、饲料进食量和增重下降。

2. 铜

铜参与血红蛋白的合成、铁的吸收，是许多酶的组成成分，如制造血细胞的辅酶。肉牛缺铜会发生缺铜性营养性贫血，表现为被毛粗糙、褪色，全身被毛变成灰色。严重缺乏会引起脱毛、下痢，体重下降，生长停滞，四肢骨端肿大，骨骼脆弱，经常导致肋骨、股骨、肱骨复合性骨折；关节僵硬，可导致老牛的"对侧步"步态；发情率低或延迟，繁殖性能下降，难产和产后恢复困难；犊牛缺铜，出生时便为先天性佝偻病，心脏衰弱而造成疾病或突然死亡等。

肉牛对铜的需要量为 4~10 mg/kg，但铜与钼互相拮抗，高铜可使牛对钼的需要量增加，最佳铜钼比为（4~5）：1，若小于 3：1 时，铜的含量又为 6 mg/kg，牛将表现出铜缺乏症。在应激条件下铜的需要量为 40~90 mg/kg。饲料中常用的铜添加剂主要是硫酸铜、碳酸铜和氧化铜。近年来生产的氨基酸铜（赖氨酸铜和蛋氨酸铜），比无机铜稳定，不潮解，适口性好，利于吸收，生物利用效率比氧化铜高 4 倍。国内多数地区的肉牛日粮都缺铜，尤其土壤中铜缺乏的地区。

3. 锌

锌广泛分布于牛体各种组织中，肌肉、皮毛、肝脏、成牛公牛的前列腺及精液中均含有锌。锌与被毛生长、组织修复、繁殖机能密切相关，是有关核酸代谢、蛋白质合成、碳水化合物代谢的 30 多种酶系统的激活剂和构成成分。肉牛缺锌后生长发育停滞，饲料进食量和利用率下降，精神萎靡不振，蹄肿胀并有开放性、鳞片状损害，脱毛，大面积皮炎，后肢、颈部、头与鼻孔周围尤其严重，并有角化不全和伤口难以愈合等症状。另外，缺乏锌还会影响到牛肉的风味。1988 年，美国的全国研究理事会饲养标准规定肉牛对锌的需要量为 20~40 mg/kg，但缺锌的牛日粮中添加 100~160 mg/kg 的锌，可迅速改善牛的缺锌症状，在 3~4 周内校正皮肤的损害与其他症状。饲料中常用的含锌添加剂为硫酸锌、氧化锌、氯化锌和碳酸锌。目前，最好的补锌产品是氨基酸螯合锌。

4. 锰

牛体内锰主要存在于骨骼、肝、肾等器官和组织中。锰的功能是维持大量酶的活性，如水解酶、激素酶和转移酶的活性。肉牛的繁殖、生长和代谢都需要锰元素。锰还对中枢神经系统发生作用。一般饲料中含锰量低，锰的吸收利用率低，故在肉牛日粮中添加锰是必需的。缺锰使牛的生长速度下降，骨骼变形，关节变大，僵硬，腿弯曲，繁殖机能紊乱或下降，新生犊牛畸形，怀孕母牛流产。肉牛对锰的需要量为 20~50 mg/kg，在应激条件下可达 90~140 mg/kg，在生产条件下为 40~60 mg/kg；0~6 月龄犊牛为 30~40 mg/kg。当日粮中钙和磷的比例上升时，对锰的需要量增加。日粮中若缺锰可用硫酸锰、碳酸锰、氯化锰补充，近年已有氨基酸螯合锰，利用效率更高，可用于肉牛的日粮中。

5. 钴

肉牛的瘤胃微生物需要利用钴合成维生素 B_{12}，肉牛对钴的需要实际上是微生物对钴的需要。进食的钴约有3%被转化成维生素 B_{12}，而合成的维生素 B_{12} 仅有1%~3%被牛吸收利用。日粮中钴的吸收率在20%~95%。

肉牛日粮中的钴用于合成维生素 B_{12} 后主要参与体内甲基和酶的代谢。体内贮存的钴不能参与微生物合成维生素 B_{12}，只有日粮中提供钴才能保证微生物合成维生素 B_{12} 的需要。牛对钴的需要量为 $0.07 \sim 0.11$ mg/kg；在生产条件下为 $0.5 \sim 1$ mg/kg；在应激情况下为 $2 \sim 4$ mg/kg。缺乏时会妨碍丙酸的代谢，使丙酸不能转化为葡萄糖。肉牛出现食欲降低，精神萎靡，生长发育受阻，体重下降，消瘦，被毛粗糙，贫血，皮肤和黏膜苍白，甚至死亡。硫酸钴、磷酸钴和氯化钴均可用作牛的有效添加剂，也可使用钴化食盐。

6. 碘

碘的主要功能是合成甲状腺激素，甲状腺激素能够调节机体的能量代谢。饲喂含碘化合物还可预防牛的腐蹄病。一般碘需要量为日粮干物质的 0.5 mg/kg，范围为 $0.2 \sim 2.0$ mg/kg，在应激条件下则为 $1.5 \sim 3$ mg/kg。肉牛缺碘时甲状腺肿大。长期缺碘能导致增重降低，生长发育受阻，消瘦和繁殖机能障碍。饲喂羽衣甘蓝、油菜、芜菁、生大豆粕、菜籽饼、棉籽粕等饲料，会使肉牛出现缺碘症，引起甲状腺肿大。此时，应增加饲料中碘的用量。碘化钾、碘酸钙和含碘食盐是肉牛的适宜添加剂。若长期饲喂含碘量高达 $50 \sim 100$ mg/kg 的日粮，牛会发生碘中毒。其症状是：流泪，唾液分泌量多，流水样鼻涕，气管充血并引起咳嗽。同时血液中碘浓度上升，大量碘由粪尿中排出，故生产中要防止碘中毒。

7. 硒

硒是谷胱甘肽过氧化物酶的成分，能预防犊牛的白肌病和繁殖母牛的胎衣不下。我国土壤、水中缺硒的地区较多。缺硒地区的肉牛日粮中必须补充硒，否则会出现硒缺乏症，主要是发生白肌病，也称肌肉营养不良，一般多发生于犊牛。患有白肌病的小牛在心肌和骨骼肌上具有白色条纹、变性和坏死。在缺硒（小于 0.05 mg/kg）的日粮中补充维生素 E 和硒，可防止胎衣不下，减少子宫炎的发病率。

1988年美国国家研究委员会确定牛对硒的需要量为饲料干物质的 0.1 mg/kg，范围为 $0.05 \sim 0.3$ mg/kg，最大耐受水平为 2 mg/kg。生长于高硒地区的作物，如黄芪（属于十字花科植物），能在体内积累硒，含硒量可高达 1 000~3 000 mg/kg，毒性很大，肉牛采食后即引起中毒。急性中毒的症状为迟钝，运动失调，低头和耳下垂，脉速而无力，呼吸困难，腹泻，昏睡，最后由于呼吸衰竭而死亡。慢性中毒症状为跛行，食欲下降，消瘦，蹄溃疡，蹄畸形，裂蹄，尾部脱毛，肝硬化和肾炎。亚硒酸钠、硒酸钠都可作为肉牛的补硒添加剂，但为剧毒品，要注意保存与安全使用。

8. 钼

钼是动物组织中黄嘌呤氧化酶必不可少的成分，是维持牛健康的一种不可少的元素，但实际生产中还没有观察到钼的缺乏症。钼的最大耐受量为 3 mg/kg，肉牛钼中毒的主要症状与缺铜症状相同。严重时会引起腹泻。腐殖土草地或泥炭土草地含钼量可高达 20~100 mg/kg。长期饲喂高钼日粮，可能引起肉牛磷代谢紊乱，导致跛行、关节畸形和骨质疏松。

六、肉牛对维生素的需要

维生素分脂溶性和水溶性两大类。脂溶性维生素包括维生素 A、维生素 D、维生素 E 和维生素 K。水溶性维生素包括 B 族维生素和维生素 C。生产中维生素严重缺乏会造成肉牛死亡，中等程度的缺乏，表现症状不明显，但影响生长和育肥速度，造成巨大的经济损失。瘤胃微生物能合成 B 族维生素和维生素 K，体组织可合成维生素 C。在一般情况下，成年肉牛仅需补维生素 A、维生素 D 和维生素 E。而犊牛需要补充各种维生素。青绿饲料、酵母、胡萝卜可提供各类维生素。

（一）脂溶性维生素

1. 维生素 A

维生素 A 能保持肉牛各种器官系统黏膜上皮组织的健康及正常生理机能，保持牛的正常视力和繁殖机能。在维生素 A 缺乏时，上皮组织角质化，早期为呼吸道、口腔、唾液腺、眼、泪腺、肠道、尿道、肾脏和阴道黏膜变性，引起牛对感染的高度敏感，常发生感冒、肺炎、下痢、食欲减退、消化不良，消瘦，随后表现为多泪、角膜炎、角膜软化、干眼病，甚至永久性失明。缺乏维生素 A 母牛会受胎困难，妊娠母牛会发生流产、早产、胎衣不下、产出死胎、畸形胎儿或瞎眼犊牛。饲喂高精料日粮的生长肉牛，维生素 A 缺乏主要表现为瞎眼和夜盲症。生长牛缺乏维生素 A 会生长缓慢，多病，永久性失明，小公牛睾丸变性而终生不育。

维生素 A 的需要量一般用胡萝卜素来表示。胡萝卜素是维生素 A 的前体物，为其普遍来源。肉牛将 β-胡萝卜素转化为维生素 A 的效率低，国际上公认 1 mg β-胡萝卜素相当于 400 IU（国际单位）的维生素 A。据此可计算饲料中维生素 A 的需要量及含量。生长育肥牛的维生素 A 需要量一般为每千克日粮干物质 2 200 IU（5.5 mg β-胡萝卜素）；妊娠母牛为 2 800 IU（7.0 mg β-胡萝卜素）；泌乳母牛和繁殖公牛为 3 900 IU（9.75 mg β-胡萝卜素）。

在下述特殊条件下，需要补充维生素 A：饲喂作物秸秆等副产品或胡萝卜素含量低的饲草；初乳或全乳喂量不足的犊牛；15~30 日龄断奶的犊牛日粮；以玉米青贮，或秸秆，或酒糟为基础饲料而精料含胡萝卜素低的日粮。在低温、高温或运输、驱赶等应激条件下，要增加维生素 A 的供给量。一般可按需要量增加 0.5~1 倍，就可以保证牛在应激条件下的体质健康和发挥牛的生产潜力。

2. 维生素 D

维生素 D 主要是调整钙磷的吸收、代谢和骨骼、牙齿的生长发育和健康。以秸秆为基础饲料时，或用高青贮日粮，或高精料日粮均会发生维生素 D 缺乏，影响骨骼生长，导致牛骨骼钙化不全，引起犊牛佝偻病和成年母牛的软骨病。患佝偻病的牛，肋骨端呈念珠状肿胀、骨中灰分含量下降；成年牛易骨折。长期缺乏会使肉牛钙、磷和氮沉积量降低，代谢率增加。

通常，肉牛采食晒制的优质干草和受到阳光照射时，可不补充维生素 D。青绿饲料、舍内晾干的干草、人工干草和青贮饲料也含有维生素 D。但近年来试验表明，日粮中补充维生素 D，可使牛体内的钙为正平衡，提高了牛的健康水平、日增重和繁殖性能。维生素 D 的需要量为每千克日粮干物质 275 IU。犊牛、生长牛和成年母牛每 100 kg 体重需要 660 IU 维生素 D。

3. 维生素 E

维生素 E 也称为生育酚，是一种抗氧化剂，主要作用在于防止细胞膜的损坏，可提高肉牛细胞和体液的免疫反应，促进维生素 A 的利用。通常成年肉牛从天然饲料中可获得足够的维生素 E。但长期饲喂劣质干草、稻草、块根类、豆壳类以及长期贮存的干草和陈旧的青贮等饲草料时，就会引起维生素 E 缺乏症，发生肌肉营养不良、白肌病等一系列疾病。引起犊牛后肢步态不稳，系部松弛和趾部外向，舌肌组织营养不良，损害犊牛的吮乳能力。缺乏症如进一步发展，牛的头下垂，不久就不能站立。1 mg DL-α-生育酚醋酸盐相当于 1 个 IU 维生素 E。犊牛的维生素 E 需要量为每千克日粮干物质 25 IU；生长育肥阉牛每千克日粮干物质 50~100 IU；成年牛为 15~16 IU，正常日粮中含有足够的维生素 E。

4. 维生素 K

维生素 K 主要参与体蛋白质的合成，参与血液凝固的血浆蛋白和其他组织和器官内未知功能的蛋白质的供应。各种新鲜的或干燥的绿色多叶植物中含有丰富的维生素 K。在正常情况下，瘤胃内能合成大量的维生素 K。故在一般饲养标准中，未规定在日粮中补充维生素 K。但母牛采食发霉的双香豆素含量高的草木樨干草时，会出现维生素 K 不足的症状，凝血时间延长，发生皮下、肌肉和胃肠出血，可用维生素 K 添加剂进行治疗。

（二）水溶性维生素

肉牛瘤胃微生物可合成大量 B 族维生素，饲料中 B 族维生素含量也相当丰富，一般不需要另外添加。但对于瘤胃发育未完善的犊牛需要补充硫氨素、生物素、烟酸、吡哆醇、泛酸、核黄素和维生素 B_{12} 等。若犊牛料中含有非蛋白氮，则更要重视补充各种维生素。

七、肉牛对水的需要

肉牛失掉体重 1%～2%的水，即出现干渴感，食欲减退、采食量下降，随着缺水时间的延长，干渴感觉日渐严重，可导致食欲废绝，消化机能迟缓直至完全丧失，机体免疫力和抗病力下降。失水达 8%～10%，则引起机体代谢紊乱，达 20%时致死。缺乏有机养分可维持生命 100 d，同时缺水，仅维持 5～10 d。缺水严重影响生产性能，增重降低，恢复供水后，经 25～30 d 才能恢复正常。

需水量与干物质采食量呈一定比例，一般每千克干物质需要水 2～5 kg，动物干物质采食量越高，需水量也越多。日粮成分，尤其是矿物质、蛋白和纤维含量均影响需水量。矿物盐类的溶解、吸收和多余部分的排泄，蛋白质代谢终产物的排出，纤维的发酵和未消化残渣的排泄等均需一定量的水参加，当日粮中蛋白质、矿物质、纤维物质浓度加大时，需水量增加。初生犊牛单位体重需水量比成年牛高，活动会增加需要量，紧张时比安静需要量大，高产动物需要量大。环境温度与饮水量呈明显正相关，在气温升高时，蒸发散热增加，对水的需要量就多，当气温低于 10℃时，需水量明显减少，气温高于 30℃，需水量明显增加。

第三节　肉牛日粮配方设计

饲料配方是根据动物的营养需要、饲料的营养价值、原料的供应情况和成本等条件科学地确定各种原料的配合比例。

一、配方设计原则

饲料配方的设计涉及许多制约因素，为了对各种资源进行最佳分配，配方设计应基本遵循以下原则。

1. 科学性原则

第一，根据饲养标准所规定的营养物质需要量的指标进行设计，但应根据牛的生长或生产性能、膘情或季节等条件的变化等情况作适当的调整。

第二，应熟悉所在地区的饲料资源现状，根据当地饲料资源的品种、数量以及各种饲料的理化特性和饲用价值，尽量做到全年比较均衡地使用各种饲料原料。

第三，饲料应选用新鲜无毒、无霉变、质地良好的饲料。

第四，应注意饲料的体积，尽量与牛的消化生理特点相适应。

第五，应选择适口性好、无异味的饲料。若采用营养价值虽高，但适口性差的饲料，须限制其用量。特别是犊牛和妊娠牛饲料配方时更应注意。

2. 经济性原则

饲料原料成本在饲料企业及畜牧业生产中均占很大比重，在追求高质量的同时，往往会付出成本上的代价。因此应注意以下几点。

第一，要结合实际确定营养参数。

第二，应因地制宜和因时制宜选用饲料原料。

第三，合理安排饲料工艺流程和节省劳动力消耗。

第四，不断提高产品设计质量、降低成本。

第五，设计配方时必须明确产品的定位。

第六，应特别注意同类竞争产品的特点。

3. 可行性原则

第一，在原材料选用的种类、质量稳定程度、价格及数量上都应与市场情况及企业条件相配套。

第二，产品的种类与阶段划分应符合养殖业的生产要求，还应考虑加工工艺的可行性。

4. 安全性原则

设计的产品应严格符合国家法律法规及条例。违禁药物以及对牛和人体有害物质的使用或含量应强制性地遵照国家规定。配方设计要综合考虑产品对生态环境和其他生物的影响，尽量提高营养物质的利用效率，减少动物废弃物中氮、磷、药物及其他物质对人类、生态系统的不利影响。

5. 逐级预混原则

凡是在成品中用量少于1%的原料，首先进行预混合处理。混合不均匀可能会造成动物生产性能不良，整齐度差，饲料转化率低，甚至造成动物死亡。

二、配方设计依据

1. 饲养标准

饲养标准既具有权威性，又具有局限性。无论哪一种饲养标准，都是以当地区（国家）的典型日粮为基础，经试验而制定。只能反映牛对各种营养物质需要的近似值，并通过后继测定及生产实践，每隔数年修订1次，例如美国NRC饲养标准、日本的饲养标准。设计配方时应以本国或本地区的饲养标准为基础，同时参考国内外有关的饲养标准，并根据品种、年龄、生产阶段、生产目的、膘情、当地气候、季节变化、饲养方式等具体情况，作灵活变动。

2. 掌握饲料的种类、价格、营养成分及营养价值

要掌握能够拥有的饲料原料种类、质量规格、饲料的价格及所用饲料的营养物质含量（查饲料营养价值表，但最好经分析化验）。

三、配方设计方法

日粮配合主要是规划计算各种饲料原料的用量比例。设计配方时采用的计算方法分手工计算和计算机规划两大类。手工计算法有交叉法、方程组法、试差法，可以借助计算器计算；计算机规划法，主要是根据有关数学模型编制专门的程序软件，进行饲料配方的优化设计，涉及的数学模型主要包括线性规划、多目标规划、模糊规划、概率模型、灵敏度分析、多配方技术等。

第四节　全混合日粮（TMR）的应用

一、全混合日粮的概念

全混合日粮是根据牛在不同生长发育和生产阶段的营养需要，按营养专家设计的日粮配方，用特制的搅拌机对日粮各组成成分进行搅拌、切割、混合和饲喂的一种先进的饲养工艺。全混合日粮保证了牛所采食每一口饲料都具有均衡的营养。

二、全混合日粮的特点

(一) 优点

第一，精粗饲料均匀混合，避免挑食，维持瘤胃 pH 值稳定，防止瘤胃酸中毒。牛单独采食精料后，瘤胃内产生大量的酸；而采食有效纤维能刺激唾液的分泌，降低瘤胃酸度。TMR 使牛均匀地采食精粗饲料，维持相对稳定的瘤胃 pH 值，有利于瘤胃健康。

第二，TMR 日粮为瘤胃微生物同时提供蛋白、能量、纤维等均衡的营养物质，加速瘤胃微生物的繁殖，提高菌体蛋白的合成效率。

第三，增加牛的干物质采食量，提高饲料转化效率。

第四，充分利用农副产品和一些适口性差的饲料原料，减少饲料浪费，降低饲料成本。

第五，根据饲料品质、价格，灵活调整日粮，有效利用非粗饲料的 NDF。

第六，简化饲喂程序，减少饲养的随意性，使管理的精准程度大大提高。

第七，实行分群管理，便于机械饲喂，提高生产率，降低劳动力成本。

第八，实现一定区域内小规模牛场的日粮集中统一配送，从而提高肉牛生产的专业化程度。

(二) 不足

第一，TMR 饲养工艺的特点讲求的是群体饲养效果，同一组群内个体的差异被忽略。不能对牛进行单独饲喂。产量及体况在一定程度上取决于个体采食量差异。

第二，从理论上讲，主产牛往往需要更多的精料；而少数食欲不良的牛往往应给予少量的精料和大量的粗料，因此对一些特殊牛的照顾是 TMR 饲喂无法做到的。

三、全混合日粮的应用

(一) TMR 日粮调配

第一，根据不同群别的营养需要，考虑 TMR 日粮制作的方便可行，一般要求调制不同营养水平的 TMR 日粮，如奶牛分别为高产牛 TMR 日粮、中产牛TMR 日粮、低产牛 TMR 日粮、后备牛 TMR 日粮和干奶牛 TMR 日粮。在实际饲喂过程中，对围产期牛群、头胎牛群等往往根据其营养需要进行不同种类TMR日粮的搭配组合。

第二，对于一些健康方面存在问题的特殊牛群，可根据牛群的健康状况和进食情况饲喂相应合理的TMR日粮或粗饲料。

第三，说明：①考虑成母牛规模和日粮制作的可行性，中低产牛也可以合并为一群；②头胎牛TMR推荐投放量按成母牛采食量的85%～95%投放。具体情况根据各场头胎牛群的实际进食情况作出适当调整；③哺乳期犊牛开食料所指为精料，应该要求营养丰富全面，适口性好，给予少量TMR日粮，让其自由采食，引导采食粗饲料。断奶后到6月龄以前主要供给高产牛TMR日粮。

（二）TMR日粮的制作

1. 添加顺序
（1）基本原则。遵循先干后湿、先精后粗、先轻后重的原则。
（2）添加顺序。精料、干草、副饲料、全棉籽、青贮、湿糟类等。
（3）如果是立式饲料搅拌车，应将精料和干草添加顺序颠倒。

2. 搅拌时间
掌握适宜的搅拌时间，确保搅拌后TMR日粮中至少有20%的粗饲料长度大于3.5 cm。在一般情况下，最后一种饲料加入后搅拌5～8 min即可。

3. 效果评价
从感官上，搅拌效果好的TMR日粮表现在：精粗饲料混合均匀，松散不分离，色泽均匀，新鲜不发热、无异味，不结块。

4. 水分控制
水分控制在45%～55%。

5. 注意事项
根据搅拌车的说明，掌握适宜的搅拌量，避免过多装载，影响搅拌效果。通常装载量占总容积的60%～75%为宜。

严格按日粮配方，保证各组分精确给量，定期校正计量控制器。

根据青贮及副饲料等的含水量，掌握控制TMR日粮的水分。

在添加过程中，防止铁器、石块、包装绳等杂质混入搅拌车，造成车辆损伤。

（三）TMR日粮饲喂管理

第一，牛要严格分群，并且有充足的采食位，牛只要去角，避免相互争斗。

第二，食槽宽度、高度、颈枷尺寸适宜；槽底光滑，浅颜色。

第三，每天2~3次饲喂，固定饲喂顺序、投料均匀。

第四，班前班后查槽，观察日粮一致性，搅拌均匀度；观察牛只采食、反刍及剩槽情况。

第五，每天清槽，剩槽 3%~5% 为合适，合理利用回头草。夏季定期刷槽。

第六，不空槽、勤匀槽，如果投放量不足，增加 TMR 给量时，切忌增加单一饲料品种。

第七，保持饲料新鲜度，认真分析采食量下降原因，不要马上降低投放量。

第八，观察牛反刍，牛在休息时至少应有 40%的牛只在反刍。

第九，传统拴系饲养方式，除舍内饲喂外，应增加补饲，延长采食时间，提高干物质采食量。

第十，采食槽位要有遮阳棚，暑期通过吹风、喷淋，减少热应激。

第十一，夏季成母牛回头草直接投放给后备牛或干奶牛，避免放置时间过长造成发热变质。同时避免与新鲜饲料二次搅拌引起日粮品质下降。

第八章　肉牛的饲养管理

第一节　饲养管理的现状及存在的问题

一、我国肉牛饲养管理的现状

我国肉牛养殖多年以来以农户分散饲养和育肥为主，随着养殖的发展，5头及以上养殖的比重逐年提高，其中肉牛标准化养殖场的出栏量已占全国牛总出栏量的5%左右。但现有的肉牛标准化养殖场饲养管理水平差异很大，先进的肉牛标准化养殖场已经开始应用最新的饲养管理技术，如全混合日粮、自动饲喂、自动清粪等，但多数养殖场还处于不使用专用肉牛饲料和添加剂预混料，不能保证按时饲喂和供给充足清洁饮水，饲养管理精细化程度还不如普通养牛户的初级阶段。养牛场饲料种类混乱，肉牛品种混杂，大牛小牛和老牛混群饲养，母牛和公牛不分。其结果是育肥所需时间长，育肥效率低，牛肉质量不高，产品缺乏竞争力，养殖效益低下。

只有极少数大型肉牛标准化养殖场聘有饲养管理经验丰富的专业技术人员指导饲养管理，部分肉牛标准化养殖场聘请当地畜牧或农业等相关部门的退休人员担任技术主管，更多的标准化养牛场都是所有者自行管理。这些从业人员普遍缺乏肉牛科学养殖的经验和技术，要么依靠传统的养牛经验，要么盲目听信一些非专业人员的指导，结果导致饲养不合理，管理不到位。

很多标准化肉牛养殖场在发展肉牛产业的认识上存在误区。有的过度强调节粮，大量使用粗饲料，精料补充料比例过低；有的则盲目大量饲喂精料补充料，造成过高的饲养成本和肉牛亚健康；有的盲目追求高档肉牛育肥，忽视了普通优质牛肉才是市场需求的主体。

二、存在的主要问题

（一）不分群或分群不合理

不同的肉牛品种和其杂交后代牛具有各自的生理特点，如夏洛来牛个体大，生长速度快；利木赞牛体型大，早期生长速度快；而安格斯牛和日本和牛等具有易于沉积脂肪的特点。有的品种耐粗饲，有的品种则需要较高营养。年龄和体重大的牛日增重高，但维持需要和采食量也高。母牛和公牛对饲料的消耗、利用效率和维持需要也不相同。犊牛粗饲料消化能力差，而育成牛和成年牛粗饲料消化利用能力强。在生产中需要根据牛的特点进行有针对性的饲养，才能做到投入少、效益高。但目前多数的肉牛标准化养殖场都没有对牛进行分群，或者仅是简单的分群，不少甚至将育肥牛和母牛用相同的方案饲养，造成饲喂相同日粮的同一群牛中有些营养不足，有些却营养过剩，最终生产性能表现出很大的差异。

（二）饲料变更频繁

最近几年随着我国秸秆直接还田比例的提高和运输、人工等成本的大幅增加，作物秸秆类粗饲料的收购日趋困难，价格大幅上涨，目前已普遍达到每吨500元左右，优质牧草干草的价格更高。在这种情况下没有青贮饲料储备的肉牛标准化养殖场很难储备足够的粗饲料，导致普遍存在有什么喂什么的问题。不同批次的饲料原料营养价值差别大。很多肉牛标准化养殖场为了方便，经常随意更改精饲料原料和配方，更改后也不设过渡期就直接换为新的日粮。殊不知，肉牛瘤胃内的微生物菌群在饲喂某一固定日粮时是保持相对稳定的，日粮改变后微生物菌群也要发生变化，但这个变化不是立刻就能完成的。饲料的频变容易使瘤胃微生物菌群发生紊乱，导致瘤胃发酵和肠道消化异常，进而引起肉牛生病或饲料利用效率下降。在饲草紧张的情况下，有的养牛场甚至用酒糟或果蔬加工的下脚料完全替代粗饲料，这样很容易造成肉牛干物质和粗纤维采食不足，影响正常的瘤胃功能，生长或育肥效果差。

（三）饲养方法不恰当

许多肉牛标准化养殖场不知道如何根据饲养周期的长短和不同生产目的调整确定合理的饲养方法，纠结于到底是采用拴系饲养还是散养好，整个养殖过程中全场机械饲喂采用一种固定的模式。有些肉牛标准化养殖场采用自由采食工艺以为就是要24 h饲喂，清槽不及时，甚至不清槽。殊不知，在饲料含水量较高的夏季，喂量控制不当很容易造成饲槽底部的饲料发霉。一些肉牛标准化养殖场采用不清粪的饲养工艺，但不知道采用这种工艺需要定期加入干草等垫料以保持肉牛活动区域的干燥，导致肉牛的肢蹄长期处于阴暗潮湿的环境中。

（四）饲喂方式不合理

一是机械地照搬青精粗饲料饲喂次序，不知道根据不同生产目的和饲养阶段适当调整饲喂次序。二是不知道根据粗饲料的变化调整精料补充料配方和喂量，在粗饲料养分差别很大的情况下仍一成不变地使用同一精料补充料。三是在饲喂过程中使用发霉变质的玉米或青贮饲料喂牛的现象比较普遍，表面上好像节约了饲料，但实际上却降低了饲料利用效率，造成浪费，严重的还会引起肉牛中毒。四是饲喂时间不固定，导致肉牛始终不能形成稳定的消化规律，不仅饲料利用效率低下，牛还容易生病。五是没有采取分阶段饲养的饲喂程序，一个配方打天下，造成饲料浪费或增重不理想，养殖效益低下。

（五）饮水管理不到位

很多肉牛标准化养殖场肉牛饮水采用地下水，但却不对地下水水质是否符合要求进行定期化验分析，不知道水质是否符合卫生标准；绝大多数肉牛标准化养殖场没有对牛的饮水水温进行合理控制，牛冬季饮冰水、夏季饮高温水的现象十分普遍；饮水时间不固定，高档肉牛育肥无法保障牛全天自由饮水。没有采取有效的夏季降温防暑和冬季防风保暖措施，导致夏季高温季节肉牛采食量大幅下降，饲料消化率降低及生产性能下降，而在冬季维持需要量大幅增加，造成肉牛冬季生长缓慢或饲料成本明显提高。不注意牛体卫生，虽然要求经常刷拭牛体，但很少有养牛场能够坚持对牛体进行刷拭，牛体上长期黏附污物和粪便，寄生虫滋生严重。管理制度缺乏或有制度却缺乏监督执行。防疫措施装样子、消毒程序不合理等现象也普遍存在。

第二节　肉牛标准化养殖的措施和方法

一、对肉牛进行合理分群

（一）分群的必要性

我国的肉牛标准化养殖场普遍存栏规模较小，多数在千头以下，而且以从外面购入架子牛进行中短期育肥的养殖模式为主体。在当前全国肉牛存栏大幅下降，架子牛供应减少，收购日趋困难的情况下，标准化养殖场购入的肉牛品种、年龄和体重千差万别，有的养牛场就像肉牛品种的展览馆。由于养殖周期长，投资大，见效慢，采取自繁自养的肉牛标准化养殖场一般养殖规模更小，很少能够做到整群牛的品种、年龄、性别和体重等都相近。

由于不同的品种及其杂交后代在耐粗性、适应性、耐热性、耐寒性及早熟性等方面均有所差异，采用同样的饲养方案无法适合所有肉牛，因此在肉牛饲养过程中日增重和饲料报酬等就会表现出较大的差异。不同年龄和不同体重的牛所处的生长阶段不一样，其生理特点也不相同，在维持需要和对饲料特别是粗饲料的消化能力上存在着差异，用同样的日粮配方可能会导致部分牛营养过剩，而部分牛营养不足。在这种现实情况下要想取得较好的经济效益，在生产中就必须根据具体的牛群采取相应的饲养管理措施，而要想实现针对性的饲养管理，对所饲养的肉牛进行合理分群就显得至关重要。

（二）分群的方法

对肉牛进行分群饲养不仅便于统一饲养管理，还可以有效提高饲料的利用率，发挥肉牛增重和产肉的潜力。分群的具体方法主要是根据年龄、品种、体重、性别和增重速度等进行。对于架子牛，育肥体重和膘情是最重要的指标，其次是增重速度、性别、品种和年龄。而对于犊牛和育成牛，性别和年龄则是最重要的指标，其次是体重、膘情、增重速度和品种。肉牛标准化养殖场初次分群的原则要求如下。

1. 体重

每个牛群中牛只的体重差异控制在 50 kg 以内，具备条件的应控制在 25 kg 以内。

2. 年龄

36 月龄以前的肉牛年龄差异应控制 3 个月以内，具备条件的养牛场可控制在 1~2 月以内；36 月龄以上的肉牛可都分为一组。

3. 其他

分群时公牛和母牛必须分开；强壮的牛和弱小的牛要分开；膘情好的牛和膘情差的牛要分开；妊娠后期的牛要和妊娠早期、中期的牛分开；哺乳的牛要和其他牛分开。在具备条件的情况下群分得越细越好，但要注意，分群越细所需要的饲料种类越多，对饲养管理的精度要求越高，饲养管理的难度越大。

初次分完群后要注意观察，刚入群的散养牛可能会出现打斗，一般不需要理会，最多1周左右的时间牛群就会适应。1~2个月后根据增重速度进一步分群，将增重快的牛和增重慢的牛分开。此后就要尽量保持每个群的稳定，过于频繁地调群会给肉牛造成很大的应激，不仅影响增重，还容易导致肉牛患病。只有通过合理分群，才能实现配料、投料和管理的便利。

二、保持合理的日粮组成

肉牛日粮的组成种类越多，越能发挥不同饲料原料间的互补作用，也有助于提高日粮的适口性，同时还可避免在某一种饲料原料乏时引起日粮配方的大幅变动。因此，在选择肉牛日粮时，除要充分考虑营养成分齐全和数量充足外，还要尽量保持日粮原料组成的多样化。在满足肉牛营养需要的基础上保持尽可能高的粗饲料水平，有利于提高肉牛的健康水平。在同等条件下尽量选择价格低廉、供应充足的饲料原料。同时，一定要牢记在肉牛养殖的整个过程中国家法规明确禁止使用动物性饲料原料（除奶和奶制品以外）。所有饲料原料在使用前都应测定实际养分含量，以此作为配制饲料的依据。

（一）原料多样化日粮组成的多样化

主要是对粗饲料而言的，因为在实际生产中肉牛标准化养殖场通常使用配制好的精料补充料，而且精料补充料的配制原料可选范围较窄。粗饲料由于需要量大，受来源的限制很容易出现组成单调、有什么喂什么的现象。日粮组成的多样化可以发挥不同类型饲料在营养特性上的互补作用，农谚"牛吃百样草，样样都上膘"就是对此的生动总结。同时，多样化的日粮组成也有利于提高日粮的适口性。通过多样化还可以将每种饲料的日采食量控制在合理范围内，从而避免某种单一饲料采食过多造成的消化代谢疾病。在实际生产中，要注意根据牛的体型大小、体重、生产阶段等予以调节。具备条件的肉牛标准化养殖场一般最好有2种以上粗饲料，2~3种青绿多汁饲料及辅料。由于不同批次的饲料原料特别是粗饲料营养成分变化很大，因此所有饲料原料都应定期进行质量检测，以避免由于原料营养成分变化大导致肉牛出现营养不足或过剩。

（二）日粮粗纤维水平合理化

肉牛可以大量消化利用各种青粗饲料，而青粗饲料所含的粗纤维同样是维持瘤胃正常消化代谢所必需的。如果日粮粗纤维水平过低，就会导致肉牛反刍时间减少，唾液分泌量下降，从而使瘤胃 pH 值下降，造成瘤胃酸中毒和其他消化代谢病。农谚"草是牛的命，无草命不长"就是对此的生动描述。每牛如果粗纤维采食不足，还会因日粮营养浓度过高使所采食的营养物质超出其正常需要量，导致母牛过肥、繁殖力下降甚至受胎率下降。当然，日粮粗纤维含量也不是越高越好，粗纤维水平过高会导致日粮营养浓度低，所采食的营养物质不能满足肉牛快速生长的需要；另外还会影响精料补充料的消化和吸收，使饲料利用效率下降。

（三）原料价格低廉化、供应便利化

肉牛采食量大，1 头体重 500 kg 的肉牛 1 d 的采食量以干物质计可达 12~15 kg，其中粗饲料需 6~8 kg，折合成新鲜的青贮饲料需 24~32 kg。如此大的采食量，使饲料成本占到肉牛养殖成本的 70%以上。因此，饲料成本的轻微变化就能显著影响养殖的经济效益。在选购精料补充料和青粗饲料原料时，要在质量相差不多时尽量选购低价的饲料原料；在同等价格的基础上尽量选购性价比最高的饲料原料。同时，由于需求量大，所选用的饲料原料要确保供应充足，对于很多便宜但不能稳定供应的饲料原料要尽量避免选择，频繁更换饲料原料对肉牛的健康和饲料利用都有不利影响。同时，运输半径要尽量短，以避免长途运输造成饲料原料成本大幅上涨。

三、采用合理的饲喂技术

（一）选择合理饲喂方式

在过去，由于肉牛的精料补充料喂量很小，主要以青粗饲料和糟渣等副产品为主，因此农谚总结出"有料无料，四角拌到""先草后料""先干后湿"的饲喂方式。但在肉牛标准化养殖过程中，由于精料补充料的喂量普遍较大，要根据不同的情况采用相应的饲喂方式。研究表明，在采食量接近的情况下，采用全混合日粮的饲喂方式肉牛的采食时间最短，平均可缩短半小时以上，其次为先粗后精，先精后粗的采食时间最长。

对于绝大多数肉牛标准化养殖场建议采用将精料补充料与青粗饲料等各种饲料原料搅拌均匀配制成全混合日粮进行饲喂，即使没有专业设备，采用人工混匀也要尽量采用这种方式。在当前招工困难、饲养员文化水平普遍较低的情况，采用全混合日粮饲喂不仅可以节约人工，还可以显著提高饲料利用效率，减少饲料浪费，特别适合大规模肉牛标准化养殖场采用机械化饲喂，其优点已经得到了普遍认可。

对于确实不具备条件进行普通育肥的肉牛标准化养殖场，建议沿用传统的

饲喂方法，即先喂粗饲料、后喂精料，先喂干料、后喂湿料，也可将精料撒在槽内吃剩的粗饲料上拌匀，使肉牛将草料一同吃完，这种方式在肉牛吊架子阶段和母牛饲养过程中最常用，也是我国农户几千年的经验总结。但对于进行高档肉牛育肥的标准化养殖场，因育肥后期精料补充料的喂量特别大，最好采用先精后粗的饲喂方式。这是为了保证肉牛能够获得足够多的精料补充料采食量，而采食完精料补充料后能够采食的粗饲料量已经很小，只有保证粗饲料的自由采食，才能保障肉牛的健康，所以要后喂粗饲料。

（二）更换日粮要有过渡期

肉牛的消化特点主要是依赖瘤胃内数量众多、种类繁多的各种微生物。这些微生物对营养物质的利用有一定的专性范围，一旦日粮类型发生改变，相应的微生物区系也会改变。但这种改变不能一蹴而就，一般需要 7 d 左右的时间才能调整到位。如果日粮变化太快，微生物区系的变化就会跟不上日粮的变化，导致饲料利用效率下降，瘤胃功能紊乱。因此，肉牛标准化养殖要尽量保持日粮类型的相对稳定，包括日粮配方、原料组成、日粮形状、饲喂方式和日粮水分含量等。

（三）确保草料新鲜，采食最大化

农谚说"养牛没有巧，只要遵照循序渐进的原则"进行。一般采用三三替代法即每次替换 1/3，3 天替换 1 次。如果在精料补充料中添加尿素则需要更长的时间（14~21 d）才可达到最大饲喂量，以免引起肉牛急性氨中毒"水足草料饱"，指出了要想养好牛必须使牛吃饱喝足。我国传统的役用牛饲养由于每户养殖头数很少，且饲料主要以干草和低质的作物秸秆为主，精料补充料一般仅在役用期间和分娩时补饲，而且量较少。为了让牛吃饱，避免挑食，饲喂时采取少喂勤添的方式使牛采食时没有选择性，可将所有适口性好和差的饲料全部采食净，从而确保吃饱。

在肉牛标准化养殖场中则基本不存在饲料供应不足的问题，而且由于规模大，很难采取少喂勤添的饲喂方式，一般每次投料都很多，在这种情况下肉牛就有了选择性，只采食那些适口性好的饲料，适口性差的特别是作物秸秆类饲料就会剩余，而剩余的饲料肉牛很少会再吃，这就有可能造成肉牛的采食量不足，摄入的营养难以满足最大生长的需要，从而影响增重效果，造成饲料浪费。因此，肉牛标准化养殖场要根据肉牛的体重和平时的采食情况确定每次的适宜饲喂量，确保每次都没有剩料，以保持草料的新鲜和肉牛的最大采食量。

（四）选择适宜的饲喂次数

"每天没有三个饱，很难使牛上油膘"是指传统方法饲养牛每天至少要饲喂 3 次。"菜不移栽不发，牛无夜草不肥"则是指晚上还需要给牛补饲饲草。但这种饲养方式主要根据传统的以干草和作物秸秆为主的饲养模式总结的。在肉牛标准化养殖场普遍采用高精日粮饲喂条件下，虽然研究也证明饲喂次数越多越好，如根据测试，精饲料分 4 次饲喂比分 2 次饲喂牛瘤胃内 pH 值波动小，更有利于瘤胃消化和增重。但实际生产中大规模饲养的情况下，饲喂次数的增加会大大提高人工成本、劳动强度和设备运行成本，因此目前多数肉牛标准化养殖场都采取早、晚 2 次饲喂的方式。具备条件的肉牛标准化养殖场可以采用全混合日粮日喂 2 次，自由采食，这样既能解决饲喂次数减少导致的瘤胃发酵不均，也能提高饲料利用效率，饲喂时要确保每次饲喂的日粮全部吃完。不具备条件的养殖场可适当延长每次饲喂的时间。

（五）保持饲槽干净

传统养牛十分注重饲槽干净，"圈干槽净，牛儿没病"和"六净"中都强调了饲槽干净的重要性。这种干净包括两层意思：一是指要保证饲槽的卫生干净，在非全天自由采食的情况下，每次饲喂结束都应将饲槽中的剩料清除干净，防止剩料发霉变质，同时要定期对饲槽消毒。在全天自由采食的情况下也要定期清干饲槽，进行消毒处理，特别是在高温的夏季每天都要清干饲槽。二是要尽量保证每次饲喂后牛饲槽中的饲料都能采食干净，以节约饲料，保证饲料的新鲜干净。

（六）保持日粮适宜的水分含量

精料补充料的含水量都很低，一般都在 15%以下，因此保持日粮的适宜含水量主要是针对大量采食青绿多汁饲料、青贮饲料和全混合日粮的肉牛。青绿饲料和青贮饲料的含水量较高，一般都在 70%左右，如果肉牛标准化养殖场主要以这些原料为主，则要注意避免表面上肉牛的采食量很高，但由于过高的水分含量使总干物质的采食量不足，这会影响育肥效果或繁殖性能。正常情况下肉用繁殖母牛的干物质采食量为体重的 1.6%~2.2%，育肥牛的干物质采食量为体重的 2.3%~2.6%。而要达到这个目标，一般情况下应控制肉牛每天采食的精料补充料和青粗饲料的平均含水量在 50%以下。

四、合理加工调制饲料

(一) 提高谷物类饲料利用效率

在肉牛精料补充料中用量最大的就是能量饲料，通常占精料补充料的60%~70%。

1. 玉米

能量饲料中使用最普遍的谷物类原料是玉米，如何有效地提高玉米的利用效率始终是肉牛生产中需要关注的重点。国内外为此进行了大量的研究，饲养试验表明，玉米磨碎的粗细度不仅影响肉牛的采食量和产肉性能，还显著影响玉米的利用效率和肉牛养殖的成本。以此为基础确定了多种能够提高玉米利用效果的方法，并在生产中进行了大规模的推广应用。目前广泛使用的方法有玉米粒压碎、玉米粒压片、玉米粒湿磨、带轴玉米粉碎、带轴玉米切碎、全株玉米青贮等，将玉米粉碎成玉米面饲喂的方式在国外已经很少使用。

而我国到目前为止，几乎所有的肉牛标准化养殖场对玉米的利用还停留在以玉米面为主要利用形式的阶段。很多养牛场的技术人员都存在着误区，认为玉米籽粒粉碎得越细，饲喂肉牛的效果越好。其实事实正好相反，玉米用辊磨机粗粉碎时牛的采食量、增重和饲料转化率要比细粉碎时高10个百分点；用锤片机粗粉碎时牛的采食量、增重和饲料转化率比细粉碎时提高10~15个百分点。粉碎过细导致的饲料转化率低主要是因为玉米在瘤胃内被降解的比例提高，而玉米在瘤胃中降解的利用效率远低于在肠道内消化吸收的利用效率，因而玉米的经济性和肉牛的增重都受到不利影响。玉米收获前最好的利用方式是制成青贮饲料玉米饲喂，收获后最好的利用形式是蒸汽压片和湿磨，通过蒸汽压片玉米所含的淀粉受高温高压的作用而发生糊化作用，形成糊精和糖，产生了芳香的气味，适口性大为提高；玉米淀粉的糊化作用还使淀粉的颗粒结构发生变化，其主要消化部位从瘤胃后移到小肠，减少了瘤胃发酵的甲烷损失，淀粉转化率提高；淀粉的颗粒结构还使小肠消化过程中消化酶更易与淀粉颗粒发生反应。以上方式可以使玉米饲料转化率提高7%~10%，进而显著提高肉牛的增重效果。

2. 小麦

过去由于小麦等其他谷物的价格远高于玉米，因此，除大麦用于高档肉牛育肥外，其他谷物饲料原料很少被用于饲喂肉牛。但最近几年，随着燃料乙醇和玉米深加工业的飞速发展，大量的玉米被用于深加工业，带动玉米的价格持续走高，有些年份已经高于小麦价格。进口大麦的价格也一度低于玉米。在这种情况下开发新的谷物饲料原料就显得十分必要。在猪、禽上的使用经验表明，小麦经过合理加工并添加特定的酶制剂以后完全可以替代玉米。在肉牛进行的饲养试验表明，在价格适宜时使用小麦替代一半以上的玉米对肉牛育肥的效果没有任何负面影响，还可以显著降低饲料成本，并且不需要添加任何酶制剂，在高档肉牛育肥中还可以用于替代大麦。小麦在瘤胃内的降解比玉米快，因此作为肉牛的饲料原料使用时不要加工成小麦粉饲喂，应采用粗破碎的方式，每粒破碎成4~5块即可。

（二）提高青粗饲料利用效率

过去牛的饲料主要以粗饲料为主，精料补充料的喂量很少，农民在实践中发现，将粗饲料充分铡短后饲喂牛，即使不补精料补充料也能使牛上膘，农谚"寸草铡三刀，无料也上膘"就充分说明对粗饲料进行加工调制的重要性。但是不是粗饲料铡得越短越好？其实不然，牛必须保持瘤胃能获得一定长度的粗纤维，否则就会影响瘤胃发酵，导致发病。在过去，由于没有专门的机械，人工铡草特别费时费力，饲草也不可能铡得很短。现在采用机械粉碎的情况下粗饲料铡短的长度可以人为随意控制，要防止粉碎过度影响肉牛的正常反刍和饲料消化利用效率。在正常情况下，干玉米秸秆、小麦秸等的铡短长度以 0.8~1.0 cm 为宜，优质牧草以 2~3 cm 为宜。

牛采食青草的效果要远远优于采食稻草，农谚有"一千根稻草，比不上一根青草"的说法，充分说明了优质青粗饲料的重要性。在肉牛养殖生产中，如果能将尚处于青绿阶段的作物秸秆或青绿牧草加工制作成青贮，不仅保质时间长，还可大大提高其营养价值和利用效率。随着裹包青贮等技术的成熟，所有的肉牛标准化养殖均可采用青贮技术贮存全年所需要的青粗饲料。

五、保持适量运动

很多肉牛标准化养殖场不知道采用散放饲养还是采用拴系饲养好，其实任何一种饲养方式都有利有弊。从牛的生理特点来说，其天生适应放牧饲养，因此散养最符合其生理习惯。但经过几千年的人工驯化，肉牛又和野生牛有了很大的区别，在一定条件下能够很好地适应拴系饲养的环境。对于肉牛饲养采用拴系饲养和散放饲养，哪个效果更好一直存在争议，但多数研究表明，在饲养周期较长的情况下采用散放饲养的效果要好于拴系饲养；而对于短期架子牛强度育肥，限制运动的饲喂效果更好。特别是高档肉牛养殖时散放饲养效果明显优于拴系饲养，对于繁殖母牛而言散放饲养的效果要远远优于拴系饲养。

大量的生产实践证明，不运动或运动不足会降低肉牛对气温及其他因素急剧变化的适应力，容易患感冒、消化道和繁殖疾病。繁殖母牛即使采用拴系饲养时也必须保持必要的运动，这是维护牛群健康、提高繁殖性能的重要措施。运动时间和强度视牛群的健康状况和季节灵活掌握，在一般情况下以逍遥运动较为适宜，不宜做剧烈运动，在天气良好的情况下每天自由活动不应少于8 h。繁殖母牛标准化养殖场由于饲养的牛数量较多，如果采用拴系饲养，每天都要将牛进行拴系和解开的操作，工作量很大，所以最好采用散养。

对于育肥期较长的肉牛既要有一定的活动量，又要让它的活动受到一定限制。采用长绳拴系的方法，也可采用繁殖母牛的饲养方法，但运动时间每天控制在4 h以内。

六、定期刷拭牛体

农谚中有"刷拭牛体，等于补料"的说法，"六净"中对圈舍和牛体也都提出了明确要求，要求圈干、牛净。刷拭牛体不仅可清除牛体上黏结的粪土、尘土和体外寄生虫等，保持皮肤清洁卫生，做到牛净；还能促进血液循环，改善胃肠消化功能，增强牛的食欲和增重速度，也可增加牛和饲养员的亲和力。刷拭顺序为颈部、背腰部、尻部及尾根，刷拭应在饲喂结束后进行，每天应定时刷拭2~3次；并将污垢、脱毛等清除干净。肉牛标准化养殖场由于养殖规模大，逐一进行刷拭牛体工作量很大，特别是在招工日趋困难的情况下严格按照要求刷拭牛体不太现实，可以通过安装自动按摩器解决，但自动按摩器投资太大。通过在运动场建设简易的木桩投资小，简单方便，也可以起到一定的效果。

七、保证充足的清洁饮水

水占牛体重的65%左右，研究表明，牛饮水不足会直接影响其增重和健康，农谚就有"冬牛体质好，饮水不可少""冬牛不患病，饮水不能停"的说法。

肉牛采用自由饮水最为适宜，饮水设备的位置最好设在饲喂通道或排水通畅的地方，以保证溢出的水很快可以排走，不会弄湿牛栏地面。在北方安装自动饮水设备要注意解决冬季防冻问题，最好采用带辅助加热的自动饮水器。不具备自由饮水条件的，每天至少给牛饮水3~4次，夏季天热时每天至少饮水5次。采用水槽、饲槽一体的牛场，可以每次饲喂结束后在饲槽中保持足量的清洁饮水，直至下次饲喂时再把剩余的水放掉。冬季要注意水温不低于15℃，避免饮冰碴子水，否则容易造成能繁母牛繁殖障碍病，肉牛增重下降。

必须保持饮水的清洁，采用固定水槽的肉牛标准化养殖场应经常更换水槽内的水，并定期清洗消毒水槽。

八、做好防寒避暑

"牛房牛房，冬暖夏凉""春冷冻死牛""冬冷皮，春冷骨"，这些农谚表明做好气温交替季节肉牛防寒的重要性。

我国绝大部分肉牛品种相对耐寒不耐热，其生长的最适环境温度为16~23℃，如果低于这个温度，肉牛就需要消耗体内存的能量进行御寒，从而影响生长速度，增加饲料消耗和饲养成本。研究表明，当舍内温度低于0℃时，肉牛的能量消耗会成倍增加。冬季牛舍保温主要是防风，特别注意穿堂风或贼风的侵袭。冬天开放式和半开放式牛舍可搭塑料薄膜暖棚，起到保温作用，但要留好通风口，避免舍内湿度和氨气浓度过大对牛的健康造成影响。与不恰当的保温相比，氨气等对牛的健康影响更大。饲养规模较小时可将部分精料补充料用开水调成粥状喂牛，对牛保温抗寒、增加采食、提高增重均有明显效果。

牛舍温度过高时，肉牛采食量大幅下降，从而影响肉牛增重和降低饲料利用效率。采用架子牛育肥的肉牛标准化养殖场应尽量避开夏季最炎热的月份购牛。如果采用长期育肥，可在牛舍内安装风扇以加快舍内气流速度，同时尽量控制牛舍内空气相对湿度在80%以下。具备条件的标准化养殖场还可安装喷头，洒水洗浴，使牛体散热。夏季要合理搭配日粮，适当提高能量浓度，增加青饲料的饲喂量，饮足新鲜凉爽的水。

第三节 肉牛的饲养管理

一、肉牛的增重规律与补偿生长

(一) 体重的一般增长

牛的初生重大小与遗传基础有直接关系。在正常的饲养管理条件下，初生重大的犊牛生长速度快、断奶重也大。一般肉牛在8月龄内生长速度最快，以后逐渐减慢；到成年阶段（一般3~4岁）生长基本停止。据研究，牛的最大日增重是在250~400 kg活重期间达到的。但因日粮中的能量水平而异。

1. 饲养水平的影响

饲养水平下降，牛的日增重也随之下降，同时也降低了肌肉、骨骼和脂肪的生长。特别在育肥后期，随着饲养水平的降低，脂肪的沉积数量大为减少。

2. 性别的影响

当牛进入性成熟（8~10月龄）以后，阉割可以使生长速度下降。有资料介绍，在牛体重 90~550 kg，阉割以后减少了胴体中瘦肉和骨骼的生长速度，但却增加了脂肪在体内的沉积速度。尤其在较低的饲养水平下，脂肪组织的沉积程度阉牛远远高于公牛。

饲养水平和性别影响公阉牛增重的情况见表8-1。

表8-1　饲养水平和性别对公阉牛增重的影响

指标	公牛			阉牛		
饲养水平	100	85	70	100	85	70
日增重（g）	1 183	1 063	857	973	875	755
瘦肉增重（g/d）	433	408	349	317	303	268
脂肪增重（g/d）	154	101	61	163	125	93
骨骼增长（g/d）	102	96	82	81	79	68

注：饲养水平是指达到营养标准的百分数。

3. 品种和类型的影响

不同品种和类型的牛体重增长的规律也不一样。详细情况参见表8-2。

表8-2　不同品种肉牛体重增长情况比较

品种	头数	7月龄活重（kg）	13月龄活重（kg）	日增重（kg）	眼肌面积（cm²）
西门塔尔	33	353	655	1 659	82.8
安格斯	11	266	551	1 562	74.1
海福特	11	319	602	1 555	71.4
短角牛	1	255	511	1 407	67.7
夏洛来	31	334	626	1 605	85.1
利木赞	31	289	555	1 466	86.2

（二）体组织的生长规律

体重及肉的质量与体组织的生长关系极大。在牛幼龄阶段，四肢骨骼生长较快，以后则体轴骨的生长强度增大。随着年龄的增长，肌肉的生长速度由快到慢，脂肪则由慢到快，而骨骼的生长速度一直保持平稳。

幼牛肌肉组织的生长主要集中于 8 月龄以前。脂肪比例在 2 岁以后逐渐增加，而骨骼的比例则随年龄增长而逐渐减少。早熟品种牛的肌肉和脂肪的生长速度较晚熟品种快，肉质的大理石状纹出现早，可以早期育肥出栏；而晚熟品种的牛只有在骨骼和肌肉生长完成后，脂肪才开始沉积。

肌肉在胴体中的比例先是增加而后下降，脂肪的百分率则持续增加，年龄越大，脂肪的百分率越高。肉中的脂肪含量过多或不足，都会明显地影响到肉品的品质。最好胴体上覆盖较薄一层脂肪，同时肌肉和肌肉层之间均匀地分布着肌间脂肪。

肉用牛在育肥初期首先是增加网油和板油，其次是皮下脂肪，最后脂肪进入肌肉纤维间，使肌肉呈大理石状纹。一般皮下脂肪厚度表示肥度。不同性别的牛体组织生长强度不同。公牛的肌肉生长速度最快，而脂肪生长速度最慢；脂肪的沉积以阉牛最快，母牛次之。

近年来，国外肉牛生产中对双肌愈来愈注重。所谓双肌是对肉牛臀部肌肉十分发育的形象称呼。双肌牛由于后躯肌肉特别发达，因此能看出肌肉之间有明显的凹陷沟痕，行走时肌肉移动明显且后腿向前、向两外侧，尾根附着向前。

双肌牛沿脊柱两侧和背腰的肌肉很发达，形成"复腰"，腹部上收，体躯较长。双肌牛在短角牛、海福特、夏洛来、皮埃蒙特、比利时蓝牛等品种中均有出现，公牛较母牛明显。

双肌牛生长快，胴体脂肪少而肌肉较多。双肌牛胴体的脂肪比正常牛少3%~6%，肌肉多 8%~11.8%，骨少 2.3%~5%，个别双肌牛肉比正常牛多达20%。双肌牛的主要缺点是繁殖力较差、难产率较高、不易饲养管理，因此，只适于建立专门用的双肌牛繁殖群，选育出适于经济杂交用的双肌公牛。

（三）补偿生长

在育肥牛的生长发育过程中（怀孕期和出生后），常常由于饲料供应的数量或质量不足、饮水量不充分、疾病（体内外寄生虫、消化系统病等）、气候异常、生活环境的突然变化等因素而导致生长发育受阻，增重缓慢，甚至停止增重。一旦育肥牛生长发育受阻的因素被克服，则育肥牛会在短期内快速增重，增重量往往超过正常，把受阻期损失的体重弥补回来，有时还能超出正常的增重量，这种现象（或称特性）称为补偿生长。

对于 1 岁以后的生长牛来说，利用补偿生长可节省冬季昂贵的饲料，到第二年春、夏吃到丰富的青草，这种限量饲养的阶段称为吊架子阶段。牛在补偿生长期间增重快、饲料转化率也高，但由于饲养期延长，达到正常体重时总饲料转化率则低于正常生长的牛。青年架子牛快速育肥实质上就是利用牛的补偿生长这一特性来进行的。

二、哺乳期犊牛的饲养管理

（一）哺乳期犊牛的饲养

1. 犊牛的消化特点及营养需要

犊牛在哺乳期内其胃的生长发育经历了一个成熟过程，犊牛出生的最初 20 d，瘤胃、网胃和瓣胃的发育极不完全，没有任何消化功能；经过以上阶段，犊牛在 7 d 以后开始尝试咀嚼干草、谷物和青贮料，出现反刍行为，瘤胃内的微生物区系开始形成，瘤胃内壁的乳头状突起逐渐发育，瘤胃和网胃开始增大；到 3 个月龄时，小牛 4 个胃的比例已接近成年牛的规模，5 个月龄时，前胃发育基本成熟。人为的干预，可改变这个过程，使其缩短。

犊牛生长发育速度很快，增重部分主要是蛋白质，但其中水分含量较大，所以每单位增重所需营养物质较少，由于犊牛随母哺乳，6 月龄断奶，所以合理饲养母牛，保证犊牛达到 500~800 g/d 的日增重。

2. 饲喂初乳

初乳是指母牛在产犊后第一次挤出的牛奶，此后 7 d 所产的奶为过渡期牛奶，以后的则为常乳。初乳对犊牛的意义重大，初乳中含有丰富的营养物质，尤其是免疫球蛋白，可使犊牛获得被动免疫，增加抵抗力。初乳的饲喂量要根据犊牛的初生重来确定，要尽早地让初生犊牛吃上初乳，一般以犊牛在出生后 1 h 内饲喂 2.25~2.5 kg 的初乳，在出生后 6~8 h 再喂 2.25~2.5 kg 的初乳。饲喂方法是使用插有胃导管的奶瓶进行强制饲喂，这种饲喂方法可保证犊牛摄入充足的初乳，对健康有益。对于泌乳性能好的母牛，初乳吃不完时可将其挤出进行冷冻保存，在其他母牛无奶的情况下给其产下的犊牛食用。

3. 饲喂常乳

犊牛在刚出生后，肠胃结构和功能的发育还不完全，唯一具有消化功能的胃是皱胃，此时消化系统的功能与单胃动物相似，因此在出生后 4 周左右的时间以吃母乳为主。常乳的饲喂方法主要有随母哺乳、人工哺乳。随母哺乳是指犊牛在出生后与母牛在一起一直到断奶。目前规模化肉牛养殖场多使用人工哺乳的方法，这样可控制犊牛的采食量，便于管理。犊牛在饲喂完初乳后即可进行吃常乳的阶段，一般在 30～40 日龄都以吃常乳为主，饲喂量一般占体重的 8%～20%，每天的饲喂次数为 3 次，饲喂时要注意避免饲喂过量，否则会导致多余的牛奶返流到不具备消化功能的瘤胃而引起消化系统紊乱，引起腹泻或者其他方面的健康问题。饲喂常乳的方法可以使用带有奶嘴的奶瓶，或者直接使用奶桶。要注意喂奶时要严格消毒。饲喂时还要注意控制好牛奶的温度，犊牛在出生后的前几周对牛奶温度的要求较高，如果犊牛饮用冷牛奶易引发腹泻，所以在犊牛出生后的第一周，饲喂牛奶的温度最好与体温相近，对于日龄稍大的犊牛饲喂的温度则可以低于体温。

4. 及时补饲，开食料的饲喂

尽早让犊牛采食饲料，及时地初饲可以使犊牛的肠胃功能得到锻炼，促进肠胃结构和功能的发育，并且随着犊牛日龄的增加，母乳的营养已无法完全满足犊牛的营养需求，此时需要从饲料中获取营养。此外，及时地补饲还有利于早期断奶。因此可从犊牛 7～10 日龄即可开始训练其采食干草，将干草置于草架上，让犊牛自由采食。从犊牛 7 日龄时开始训练其采食精料，可在犊牛即将饮完的奶桶内加入开食料，或者在喂完奶后将精料涂抹在犊牛的口鼻处诱其舔食，待犊牛适应饲料后，可逐渐地增加喂料量。注意补饲饲料的质量，不可以饲喂犊牛过多的青贮料，也不宜饲喂粗纤维含量较高的秸秆类粗饲料，否则易导致犊牛消化不良。

在犊牛初饲的过程中，要提供充足的饮水，以确保犊牛正常的新陈代谢。最初，要给犊牛提供温水，一般 10 日龄内犊牛的饮水温度为 36～37℃，在 10 日龄以后则可以饮用常温水，但是水温不可低于 15℃。要注意饮用水的清洁卫生，不可让犊牛饮用冰水以及受到污染的水。

（二）哺乳期犊牛的管理

1. 去角

犊牛去角的好处，一是便于统一管理，二是防止成年后相互攻击造成损伤。去角的适宜时间是生后 7～10 d，此时，牛角生长不完善，容易去除。牛犊具有一定的抵抗能力，去角一般不会产生疾病。常用的去角方法有电烙法和苛性钠法 2 种。

（1）电烙法 需要使用 200～300 W 的电烙器。将电烙器的烙头砸扁，使其宽度刚好与牛角生长点相称，加热到一定温度，牢牢地压在牛角基部，直到其下部组织烧灼成白色为止。烧烙时间不宜太长，以防烧伤下层组织。烙完后，涂以青霉素软膏或硼酸粉。随母哺乳的犊牛，最好采用电烙法去角。

（2）苛性钠法　在牛角刚鼓出但未硬时进行操作，并且需要在晴天且哺乳后进行。具体方法是：先剪去牛角基部的被毛，再用凡士林涂一圈，防止苛性钠药液流出伤及头部和眼部，然后用棒状苛性钠沾水涂擦牛角基部，直到表皮有微量血渗出为止。

用苛性钠处理完后，要将犊牛单独拴系，以免其他犊牛舔舐伤处腐蚀口舌造成伤害；也能避免犊牛感觉不舒服摩擦伤处，那样会增加渗出液、延缓痊愈期。同时，还要防止犊牛淋雨，以免雨水将苛性钠冲入犊牛眼中。苛性钠去角后，伤口一般需要 1～3 d 才能变干，在伤口未变干前，不宜让犊牛吃奶，以免腐蚀母牛乳房皮肤。

夏季蚊蝇多，犊牛去角后，要经常进行检查，若发现去角处化脓，初期可用双氧水冲洗，再涂以碘酊；若已出现由耳根到面部肿胀的症状，须进一步采取消炎措施。

2. 编号

给肉牛编号便于管理。将编号记录于档案之中，以利于育种工作的进行。

养牛数量较少时，可以给每头牛命名，从牛毛色和外形的差异上，可以把牛清楚地区分开来。但养牛数量多时，想清楚地把牛区分开，可能就比较困难。所以，将编号可靠地显示在牛的身上（也称为打号），就是一个简便易行且十分有效的区分办法。给肉牛编号，最常用的方法，是按肉牛的出生年份、牛场代号和该牛出生的顺序号等进行编号。习惯上，将头两个号码确定为出生年，第3位号码代表分场号，以后为顺序号，例如981103，表示98年出生、1分场、第103号牛。有些编号方法，是在数码之前还列字母代号，表示性别、品种等。各养牛场可根据本场实际，确定适合本场的编号原则。

生产上常用的打号方法有剪耳法、金属耳标法、塑料耳标法、热烙打号法、冷冻打号法等多种。

（1）剪耳法　用剪号钳在牛的耳朵不同部位剪上豁口，以表示牛的编号。小型牛场可采用此法。剪耳法宜在犊牛断奶之前进行。剪口要避开大血管，以减少流血。剪后用5%碘酒处理伤口。剪耳编号的原则是：左大右小，下 1 上3，公单母双。剪耳编号标识比较容易，缺点是容纳数码位数少，远处难看清，外观上也不美观。

（2）金属耳标法　通常用合金铝冲压成阴阳两片耳标，用数字钢錾在阴阳两片外侧面分别打上牛的编号，然后把阴片中心管穿过牛耳朵下半部毛发较稀、无大血管之处，阳片在耳朵另一侧，把中心管插入对侧穿过来的阴片中心管中，再用专用耳号钳端凸起夹住两侧耳标中心孔用力挤压，使阴阳两片中心管口撑大变形加以固定。手术处需要用5%的碘酒消毒。此法美观、经济，但金属耳标面积小，如果不抓住牛仔细辨认，就很难看清编号。

（3）塑料耳标法　用耐老化、耐有机溶剂的塑料，制成软的耳标，用塑料染色笔把牛的编号写到耳标正面，然后，把耳标拴在牛耳下侧血管稀少处，穿透牛耳穿过耳标孔，把耳标卡住。此法由于塑料可制成不同色彩，使其标志更加鲜明，并可利用不同颜色代表一定内容。由于耳标面积较大，所以数码字也较大，标识比较清晰，即使距离2 m也能看清，故此法使用较广，但缺点是放牧时易丢失，所以要及时检查，一旦发现丢失应及时补挂。

（4）热烙打号法　在犊牛阶段（近6月龄时），将犊牛绑定牢靠，把烧热的号码铁按在犊牛尻部，烫焦皮肤，痊愈后，烫焦处会留下不长毛的号码。使用这种方法，热烙打号时肉牛很痛苦，会极力挣扎，从而影响操作，常会将皮肤烫成一片焦灼而不显字迹；同时，若烫后感染发炎，也会使字迹模糊不好辨认。但此法也有优点，那就是编号能终身存在于肉牛体表，字体随肉牛生长而变大，几米以外均可看清，并且成本低，所以，生产上使用较多。

（5）冷冻打号法　是以液态氮将铜制号码降温到－197℃，让犊牛侧卧，把计划打号处（通常在体侧或臀部平坦处）尽量用刷子清理干净，用酒精湿润后，把已降温的字码按压在该处。冷冻打号时，肉牛不感到痛苦，容易获得清晰的字迹。缺点是操作烦琐，成本较高。

3. 分栏分群

肉用犊牛大都随母哺乳，一般不需要分群管理。少数来源于乳牛场淘汰的公犊，在采用人工哺乳方法时，应按年龄分群分栏饲养，以便喂奶与补饲管理。

4. 防暑防寒

冬季天气严寒、风大，特别是在我国北方地区，恶劣的气候条件对肉牛影响很大，要注意人工饲喂犊牛舍的保暖，防止穿堂风。若是水泥或砖石地面，应多铺垫麦秸、锯末等较为松软的垫料，舍温不可低于0℃（没有穿堂风，可不低于－5℃），防止冻伤。夏季炎热季节，运动场内应有凉棚等防暑设施，让肉牛乘凉休息，防止发生中暑。

5. 刷拭

犊牛基本上在舍内饲养，其皮肤易被粪便及尘土所黏附，形成脏污不堪的皮垢，这样不仅降低皮毛的保温与散热能力，也会使皮肤血液循环受阻，容易患病。所以，刷拭牛体很有必要。每日应至少刷拭1次牛体，保持犊牛身体干净清洁。

6. 运动

运动对促进犊牛的采食量和健康发育都很重要。随母哺乳的犊牛，3周龄后，可安排跟随母牛放牧。人工哺乳的犊牛，应安排适当的运动场。犊牛从出生后8～10日龄起，即可开始在犊牛舍外的运动场做短时间的自由运动，以后逐渐延长运动时间。如果犊牛出生在温暖的季节，开始运动日龄还可早些。活动时间的长短，应根据气候及犊牛日龄来掌握，冬天气温低的地方及雨天，不要让1月龄以下的幼犊到室外活动，防止受寒后应激发生疾病。

7. 消毒防疫

要及时打扫牛舍，保持舍内清洁卫生。犊牛舍或犊牛栏要定期进行消毒，可用2%火碱溶液进行喷洒，同时用高锰酸钾液冲洗饲槽、水槽及饲喂工具。对于犊牛，还应根据当地疫病特点，及时进行防疫注射，防止发生传染性疾病。

8. 建立档案

后备母犊应建立档案，记录其系谱、生长发育情况（体尺、体重）、防疫及疫病治疗情况等。

三、育成牛的饲养管理

育成牛作为牛群后备牛，应给予合理的营养，使其充分发挥肉用生产性能，以利于从中挑选最优秀的后备母牛补充成年母牛群。但应避免过分肥胖，以免影响健康和繁殖。一般牛场不养种公牛。

（一）育成母牛的饲养与管理

育成母牛在不同年龄阶段其生理变化与营养需求不同。断奶至周岁的育成母牛，在此时期将逐渐达到生理上的最高生长速度，而且在断奶后幼牛的前胃相当发达，只要给予良好的饲养，即可获得最高的日增重。在组织日粮时，宜采用较好的粗料与精料搭配饲喂。粗料可占日粮总营养价值的50%～60%，混合精料占40%～50%，逐渐变化，到周岁时粗料逐渐加到70%～80%，精料降至20%～30%。用青草作粗料时，采食量折合成干物质增加20%，在放牧季节可少喂精料，多食青草，舍饲期间应多用干草、青贮和根茎类饲料，干草喂量（按干物质计算）为体重的1.2%～2.5%。青贮和根茎类可代替干草量的50%。不同的粗料要求搭配的精料质量也不同，用豆科干草作粗料时，精料需含8%～10%的粗蛋白质，若用禾本科干草作粗料，精料蛋白质含量应为10%～

12%，用青贮作粗料，则精料应含 12%~14%粗蛋白质，以秸秆为粗料，要求精料蛋白质水平更高，达 16%~20%。

周岁以上育成母牛消化器官的发育已接近成熟，其消化力与成年牛相似，饲养粗放些，能促进消化器官的机能，至初配前，粗料可占日粮总营养价值的85%~90%。如果吃到足够的优质粗料，就可满足营养需要；如果粗料品质差时，要补喂些精料。在此阶段由于运动量加大，所需营养也加大，配种后至预产前 3~4 个月，为满足胚胎发育、营养贮备，可增加精料，与此同时，日粮中还须注意矿物质和维生素 A 的补充，以免造成胎儿不健康和胎衣不下。

无论对任何品种的育成牛，放牧均是首选的饲养方式。放牧的好处是使牛获得充分运动，从而提高了体质。除冬季严寒，枯草期缺乏饲草的地区外，应全年放牧饲养。另外，放牧饲养还可节省青粗饲料的开支，使成本下降。6 月龄以后的育成牛必须按性别分群放牧。无放牧条件的城镇、工矿区、农业区的舍饲牛也应分出公牛单独饲养。按性别分群是为了避免野交杂配和小母牛过早配种。野交乱配会发生近亲交配和无种用价值的小牛交配，使后代退化；母牛过早交配使其本身的正常生长发育受到损害，成年时达不到应有的体重，其所生的犊牛也长不成大个，使生产蒙受不必要的损失。

牛数量少，没有条件公、母分群时可对育成公牛作部分附睾切割，保留睾丸并维持其正常功能（相当于输精管切割）。因为在合理的营养条件下，公牛增重速度和饲料转化效率均较阉牛高得多，胴体瘦肉量大，牛肉的滋味和香味也均较阉牛好。饲养公牛作为菜牛的成本低、收益多。附睾切割手术可请兽医完成。当地放牧青草能吃饱时，育成牛日增重大多能达到 400~500 g，通常不必回圈补饲。但乳用品种牛代谢较高，单靠牧食青草难以达到计划日增重；青草返青后开始放牧时，嫩草含水分过多，能量及镁缺乏，以及初冬以后在牧草枯萎营养缺乏等情况下，必须每天在圈内补饲干草或精料，补饲时机最好在牛回圈休息后，夜间进行。夜间补饲不会降低白天放牧采食量，也免除回圈立即补饲，使牛群养成回圈路上奔跑所带来的损失。冬天最好采取舍饲，以秸秆为主稍加精料，可维持牛群的健康和近于正常日增重。若放牧，则需多用精料。春天牧草返青时不可放牧，以免牛"跑青"而累垮。并且刚返青的草不耐践踏和啃咬，过早放牧会加快草的退化，不但当年产草量下降，而且影响将来的产草量，有百害而无一利。待草平均生长到超过 10 cm，即可开始放牧。最初放牧 15 d，通过逐渐增加放牧时间来达到可开牧让牛科学地"换肠胃"，避免其突然大量吃青草，发生臌胀、水泻等严重影响牛健康的疾病。

食盐及矿物元素准确配合在饲料中，每天每头牛能食入合理的数量则效果最好。放牧牛往往不需补料，或无补料条件，则食盐及矿物元素的投喂不好解决；各种矿物元素不能集中喂，尤其是铜、硒、碘、锌等微量元素所需甚少，稍多会使牛中毒，缺乏时明显阻碍生长发育，可以采购适于当地的"舔砖"来解决。最普通的食盐"舔砖"只含食盐，已估计牛最大舔入量不致中毒；功能较全的，则为除食盐外还含有各种矿物元素，但使用时应注意所含的微量元素是否适合当地。还有含尿素、双缩脲等增加粗蛋白的特种舔砖，一般把舔砖放在喝水和休息地点让牛自由舔食。舔砖有方的和圆的，每块重 5～10 kg。

　　放牧牛还要解决饮水的问题，每天应让牛饮水 2～3 次，水饮足，才能吃够草，因此饮水地点距放牧地点要近些，最好不要超过 5 km。水质要符合卫生标准。按成年牛计算（6 个月以下犊牛算 0.2 头成年牛，6 个月至 2 岁半平均算 0.5 头牛），每头每天需喝水 10～50 kg，吃青草饮水少，吃干草、枯草、秸秆饮水多，夏天饮水多，冬天饮水少。若牧地没有泉水、溪水等，也可利用径流砌坑塘积蓄雨水备用。

　　放牧临时牛圈要选在高旷，易排水，坡度小（2%～5%），夏天有阴凉，春秋则背风向阳暖和之地。不得选在悬崖边、悬崖下、雷击区、径流处、低洼处、坡度过大等处。

　　放牧牛群组成数量可因地制宜，水草丰盛的草原地区可 100～200 头一群，农区、山区可 50 头左右一群。群大可节省劳动力，提高生产效率，增加经济效益。群小则管理细，在产草量低的情况下，仍能维持适合于牛特点的牧食行走速度，牛生长发育较一致。周岁之前育成牛、带犊母牛，妊娠最后 2 个月母牛及瘦弱牛，可在草较丰盛、平坦和近处草场（山坡）放牧。为了减少牧草浪费和提高草地（山坡）载畜量可分区轮牧，每年均有一部分地段秋季休牧，让优良牧草有开花结籽、扩大繁殖的机会。每片牧地采取先牧马、接着牧牛，最后牧羊，可减少牧草的浪费。还要及时播种牧草，更新草场。

　　舍饲牛上下槽要准时，随意更动上下槽时间会使牛的采食量下降，饲料转化率降低。每日 3 次上槽效果较 2 次好。舍饲可分几种形式，小围栏每栏 10～20 头牛不等，平均每头牛占 7～10 m^2。栏杆处设饲槽和水槽，定时喂草料，自由饮水，利用牛的竞食性使采食量提高，可获得群体较好的平均日增重，但个体间不均匀，饲草浪费大。定时拴系饲喂是我国采用最广泛的方法。此法可针对个体情况来调节日粮，使生长发育均匀，节省饲草。但劳动力和厩舍设施投入较大。还有大群散放饲养，全天自由采食粗料，定时补精料，自由饮水。此法与小围栏相似，但由于全天自由采食粗料，使饲养效果更好，省人工，便于机械化，但饲草浪费更大。我国很少采用此法。

育成母牛的管理分为以下几个要点。

1. 分群

育成母牛最好在 6 月龄时分群饲养。公、母分群，即与育成公牛分开，同时应以育成母牛年龄进行分阶段饲养管理。

2. 定槽

圈养拴系式管理的牛群，采用定槽是必不可少的，使每头牛有自己的牛床和食槽。

3. 刷拭

圈养每天刷拭 1~2 次，每次 5 min。

4. 转群

育成母牛在不同生长发育阶段，生长强度不同，应根据年龄、发育情况分群，并按时转群，一般在 12 月龄、18 月龄、定胎后或至少分娩前 2 个月共 3 次转群。同时称重并结合体尺测量，对生长发育不良的进行淘汰，剩下的转群。最后一次转群是育成母牛走向成年母牛的标志。

5. 初配

在 18 月龄左右根据生长发育情况决定是否配种。配种前 1 个月应注意育成母牛的发情日期，以便在以后的 1~2 个情期内进行配种。放牧牛群发情有季节性，一般春夏发情（4—8 月），应注意观察，生长发育达到适配时（体重达到品种平均的 70%）予以配种。

6. 春秋驱虫，按期检疫和防疫注射

7. 做好防暑防寒工作

在气温达 30℃时，应考虑搭凉棚、种树等，更要从牛舍建筑上考虑防暑，在北方地区要考虑防寒，整体来看，防暑重于防寒。

8. 贮足冬春季节所需饲草、饲料

（二）育成公牛的饲养与管理

育成公牛的生长比育成母牛快，因而需要的营养物质较多。尤其需要以补饲精料的形式提供营养，以促进其生长发育和性欲的发展。对种用后备育成公牛的饲养，应在满足一定量精料供应的基础上，喂以优质青粗饲料，并控制喂给量以免草腹，非种用后备牛不必控制青粗料，以便在低精料下仍能获得较大日增重。

在育成种公牛的日粮中，精、粗料的比例依粗料的质量而异。以青草为主时，精、粗料的干物质比例约为 55∶45；以青干草为主时，其比例为 60∶40。

从断奶开始，育成公牛即与母牛分开。育成种公牛的粗料不宜用秸秆、多汁与渣糟类等体积大的粗料，最好用优质苜蓿干草，青贮可少喂些，6月龄后日喂量应以月龄乘以0.5 kg为准，周岁以上日喂量限量为8 kg，成年为10 kg，以避免出现草腹。另外，酒糟、粉渣、麦秸之类，以及菜籽饼、棉籽饼等不宜用来饲喂育成种公牛。维生素A对睾丸的发育，精子的密度和活力等有重要影响，应注意补充。冬春季没有青草时，每头育成种公牛可日喂胡萝卜0.5～1 kg，日粮中矿物质供给要充足。

育成种公牛的管理要点如下。

1. 分群

与母牛分群饲养管理。育成公牛与育成母牛发育不同，对管理条件要求不同，而且公、母混养，会干扰其成长。

2. 穿鼻

为便于管理进行穿鼻和戴上鼻环。穿鼻用的工具是穿鼻钳，穿鼻的部位在鼻中隔软骨最薄的地方，穿鼻时将牛保定好，用碘酒将工具和穿鼻部位消毒，然后从鼻中隔正直穿过，在穿过的伤口中塞进绳子或木棍，以免伤口长住。伤口愈合后先戴一小鼻环，以后随年龄增长，可更换较大的鼻环。不能用缰绳直接拉鼻环，应通过角绊或笼头牵拉以避免把鼻镜拉豁，失去控制。

3. 刷拭

育成公牛上槽后进行刷拭，每天至少1次，每次5 min，保持牛体清洁。

4. 试采精

从12～14月龄后即应试采精，开始从每月1～2次采精，逐渐增加到18月龄的每周1～2次，检查采精量、精子密度、活力及有无畸形，并试配一些母牛，看后代有无遗传缺陷并决定是否作种用。

5. 加强运动

育成公牛的运动关系到其体质，加强运动，可以提高体质，增进健康。

6. 防疫注射

定期对育成公牛进行防疫注射防止传染病。另外，应做好防寒防暑工作。

四、繁殖母牛的饲养管理

繁殖母牛一般指2.5周岁以上的母牛，根据其不同营养需要特点，可分为5周岁以上已体成熟的牛和5周岁以下还在生长发育的牛。

5周岁以上空怀不哺犊母牛所需营养量少，只需维持日粮，对于生长发育母牛，则应在维持营养基础上增加正常生长发育所需营养，妊娠母牛营养需要与胎犊生长有直接关系，胎儿增重主要在妊娠期最后3个月，此期增重占犊牛初生重的70%~80%，所以需要的营养也多。若胚胎期胎儿生长发育不良，出生后就难以补偿，并会使其增重速度减慢，应尽可能满足成年母牛此期营养需要，所以在妊娠期的后3个月应在原日粮基础上增加营养量。

理想营养量的含义是按此量调节母牛日粮，可得到正常发育的断奶犊牛，母牛产犊后2个月即可正常发情配种，在6个月哺乳期中体重不减轻。

最低营养给量是营养需要量的50%，这时犊牛日增重只能达到正常的60%~70%。母牛在哺乳期内体重逐渐下降，但仍能正常发情受配。若营养低于50%，则母牛不能正常发情受配。

（一）空怀母牛的饲养管理

繁殖母牛在配种前应具有中上等膘情，过瘦或过肥往往影响繁殖。在日常饲养实践中，倘若喂给过多精料而又运动不足，易使牛群过肥造成不发情，在肉用母牛饲养中最常见，必须加以注意。但在饲料缺乏、母牛瘦弱的情况下，也会造成母牛不发情而影响繁殖。实践证明，如果母牛前一个泌乳期内给予足够的平衡日粮，同时劳役较轻，管理周到，能提高母牛的受胎率。瘦弱的母牛配种前1~2个月加强饲养，适当补饲精料，也能提高受胎率。

母牛发情，应及时配种，防止漏配和失配。对初配母牛，应加强管理，防止野交早配。经产母牛产犊后3周要注意其发情情况，对发情不正常或不发情者，要及时采取措施。一般母牛产后1~3个情期，发情排卵比较正常，随着时间的推移，犊牛体重增大，消耗增多，如果不能及时补饲，往往母牛膘情下降，发情排卵受到影响，常造成暗发情（卵巢排卵，但发情征兆不明显），因此产后多次错过发情期，则发情期受胎率会越来越低。如果出现这些情况，要及时进行直肠检查，慎重处理。

母牛空怀的原因有先天和后天两个方面。先天不孕一般是由于母牛生殖器官发育异常，如子宫颈位置不正、阴道狭窄、幼稚病等，这类情况较少，在育种工作中淘汰那些隐性基因的携带者即可解决。后天性不孕主要是由于营养缺乏、饲养管理和使役不当及生殖器官疾病所致。具体应根据不同情况加以处理。

成年母牛因饲养管理不当而造成不孕，恢复正常营养水平后，大多能够自愈。犊牛期由于营养不良以致生长发育受阻，影响生殖器官正常发育造成的不孕，则很难用饲养方法来补救。若育成母牛长期营养不足，则往往导致初情期推迟，初产时出现难产或死胎，并影响以后的繁殖力。

晒太阳和加强运动可以增强牛群体质，提高牛的生殖机能，牛舍内通风不良、空气污浊、含氨量超过 0.02 mg/dm³、夏季闷热、冬季寒冷、过度潮湿等恶劣环境极易危害牛体健康，敏感的母牛很快停止发情。因此，改善饲养管理条件十分重要。

肉用繁殖母牛以放牧饲养成本最低，目前国内外多采用此方式，但这种方式也有一定的缺点。

应做好每年的检疫防疫、发情及配种记录。

（二）妊娠母牛的饲养管理

妊娠母牛不仅本身生长发育需要营养，而且要满足胎儿生长发育的营养需要并为产后泌乳进行营养贮积。应加强妊娠母牛的饲养管理，使其能正常产犊和哺乳。

母牛妊娠初期，由于胎儿生长发育较慢，其营养需求较少，一般按空怀母牛进行饲养。但这并不意味着妊娠前期可以忽视营养物质的供给，若胚胎期胎儿生长发育不良，出生后就难以补偿，增重速度减慢，饲养成本增加，对怀孕母牛保持中上等膘情即可。

母牛妊娠最后 3 个月是胎儿增重最多时，这时期的增重占犊牛初生重的70%~80%，需要从母体吸收大量营养，一般在母牛分娩前，至少要增重 45~70 kg，才能保证产犊后的正常泌乳与发情。在整个泌乳期，必须喂给母牛平衡的日粮，从妊娠第 5 个月起，应加强饲养，对中等体重的妊娠母牛，除供给平常日粮外，每日需补加 1.5 kg 精料，妊娠最后 2 个月，每天应补加 2 kg 精料，但不可将母牛喂得过肥，以免影响分娩。

在放牧情况下，母牛在妊娠初期，青草季节应尽量延长放牧时间，一般可不补饲，枯草季节应据牧草质量和牛的营养需要确定补饲草料的种类和数量。临近产期的母牛行动不便，放牧易发生意外，最好改为留圈饲养，并给予适当照顾，给予营养丰富、易消化的草料。牛如果长期吃不到青草，维生素 A 缺乏，可用胡萝卜或维生素 A 添加剂来补充，冬季每头每天喂 0.5~1 kg 胡萝卜，另外应补足蛋白质、能量饲料及矿物质。精料补加量 0.8~1.1 kg/（头·d）。精料配比率：玉米 50%、糠麸 10%、油饼粕 30%、高粱7%、石粉 2%、食盐 1%、另加维生素 A 10 000 IU/kg。

舍饲妊娠母牛应以青粗料为主，参照饲养标准合理搭配精饲料。以蛋白质量低的玉米秸、麦秸为主时，要搭配 1/3~1/2 优质豆科牧草，再补加饼粕类。在没有优质牧草时，每千克补充精料加 15 000~20 000 U 维生素 A。怀孕后期禁喂棉籽饼、菜籽饼、酒糟等饲料，变质、腐败、冰冻的饲料也不能饲喂，以防引起流产。

在怀孕前期和中期，饲喂次数不需增加，每昼夜 3 次，后期可增加到 4 次。每次喂量不可过多，以免压迫胸腔和腹腔。自由饮水，水温不低于 8 ~ 10℃，严禁饮过冷的水，精料少（占日粮干物质 10% 以下）时，先粗后精进行饲喂；若精料较多，按先精后粗的顺序饲喂。

圈养妊娠母牛的管理应注意以下几点。

（1）定槽　一般母牛配种受胎后即应专槽饲养，以免与其他牛抢槽、抵撞，造成流产。

（2）圈舍卫生　每日坚持打扫圈舍，保持妊娠母牛圈舍清洁卫生，应对圈舍及饲喂用具要定期消毒。

（3）刷拭　每天至少 1 次，每次 5 min，以保持牛体卫生。

（4）运动　妊娠母牛要适当运动，增强母牛体质，促进胎儿生长发育，并可防止难产。妊娠后期 2 个月牵牛走上、下坡，以保胎位正常。

（5）饲料饮水卫生　保证饲草料、饮水清洁卫生，不能喂冰冻、发霉饲料。不饮脏水、冰水。清晨不饮、空腹不饮、出汗后不急饮。

（6）注意观察　妊娠后期的母牛尤其应注意观察，发现临产征兆，估计分娩时间，准备接产工作。认真作好产犊记录。

在放牧饲养时，把预产期临近和已出现临产征兆的母牛留在牛圈待分娩。放牧人员应携带简单的接产用药和器械。

五、泌乳母牛的饲养管理

（一）分娩前后的护理

临近产期的母牛行动不便，应停止放牧和使役。这期间母牛消化器官受到日益庞大的胎胞挤压，有效容量减少，胃肠正常蠕动受到影响，消化力下降，应给予营养丰富、品质优良、易于消化的饲料。产前半个月，最好将母牛移入产房，由专人饲养和看护，并准备接产工作。母牛分娩前乳房发育迅速，体积增加，腺体充实，乳房膨胀；阴唇在分娩前 1 周开始逐渐松弛、肿大、充血，阴唇表面皱纹逐渐展开；在分娩前 1 ~ 2 d 阴门有透明黏液流出；分娩前 1 ~ 2 周骨盆韧带开始软化，产前 12 ~ 36 h 荐坐韧带后缘变得非常松软，尾根两侧凹陷；临产前母牛表现不安，常回顾腹部，后蹄抬起碰腹部，排粪尿次数增多，每次排出量少，食欲减少或停止。上述征兆是母牛分娩前的一般表现，由于饲养管理、品种、胎次和个体间的差异，往往表现不一致，必须全面观察、综合判断、正确估计。

正常分娩母牛可将胎儿顺利产出，不需人工辅助，对初产母牛、胎位异常及分娩过程较长的母牛要及时进行助产，以保母牛及胎儿安全。

母牛产犊后应喂给温水，水中加入一小撮盐（10~20 g）和一把麸皮，以提高水的滋味，诱牛多饮，防止母牛分娩时体内损失大量水分，腹内压突然下降和血液集中到内脏产生"临时性贫血"。

母牛产后易发生胎衣不下、食滞、乳房炎和产褥热等症，应经常观察，发现病牛，及时请兽医治疗。

（二）舍饲泌乳母牛的饲养管理

母牛分娩前1个月和产后70 d是非常关键的100 d，饲养得好坏，对母牛的分娩、泌乳、产后发情、配种受胎，犊牛的初生重和断奶重，犊牛的健康和正常发育都十分重要。在此阶段，热能需要量增加，蛋白质、矿物质、维生素需要量均增加，缺乏这些物质，会引起犊牛生长停滞、下痢、肺炎和佝偻病等。严重时会损害母牛健康。

母牛分娩后的最初几天，尚处于身体恢复阶段，应限制精料及块根、块茎类料的喂量，此期饲养如果过于丰富，特别是精饲料给量过多，母牛食欲不好，消化失调，易加重乳房水肿或发炎，有时钙磷代谢失调而发生乳热症等，这种情况在高产母牛尤其常见，对产犊后的母牛须进行适度饲养。体弱母牛产后3 d内只喂优质干草，4 d后可喂给适量的精饲料和多汁饲料，根据乳房及消化系统的恢复状况逐渐增加给料量，但每天增加料量不超过1 kg，乳房水肿完全消失后可增至正常。在正常情况下，产后6~7 d可增至正常量，并注意各种营养平衡。

泌乳母牛每日饲喂3次，日粮营养物质消化率比2次高3.4%，但2次饲喂可降低劳动消耗，也有人提议饲喂4次，生产中一般以日喂3次为宜。注意变换饲草料时不宜太突然，一般要有7~10 d的过渡期。不喂发霉、腐败、含有残余农药的饲草料，并注意清除混入草料中的铁钉、金属丝、铁片、玻璃、农膜、塑料袋等异物。每天刷拭牛体，清扫圈舍，保持圈舍、牛体卫生。夏防暑、冬防寒。拴系缰绳长短适中。

（三）放牧带犊母牛的饲养管理

有放牧条件的应以放牧为主饲养泌乳母牛。放牧期间的充足运动和阳光浴及牧草中所含的丰富营养，可促进牛体的新陈代谢，改善繁殖机能，提高泌乳量，增强母牛和犊牛的健康，青绿饲料中含有丰富的粗蛋白质，含有各种维生素、酶和微量元素。经过放牧，牛体内血液中血红素的含量增加，机体内胡萝卜素和维生素 D 贮备较多，可提高抗病力。

应该近牧，参考放牧远近及牧草情况，在夜间牛圈中适当补饲。

放牧饲养应注意放牧地最远不宜超过 3 km；建立临时牛圈应避开水道、悬崖边，低洼地和坡下等处；放牧地距水源要近，清除牧坡中有毒植物，放牧牛一定要补充食盐，但不能集中补，以 2~3 d 补 1 次为好，一般每头牛 20~40 g，放牧人员随身携带蛇药、少量的常用外科药品等。

六、育肥牛的饲养管理

（一）育肥方式

1. 育肥的概念

所谓育肥，就是使日粮中的营养成分高于肉牛本身维持和正常生长发育所需，让多余的营养以脂肪的形式沉积于肉牛体内，获得高于正常生长发育的日增重，缩短出栏年龄，达到育肥的目的。对于幼牛，其日粮营养应高于维持营养需要（体重不增不减、不妊娠、不产奶，维持牛体基本生命活动所必需的营养需要）和正常生长发育所需营养；对于成年牛，只要大于维持营养需要即可。

2. 育肥的核心

提高日增重是肉牛育肥的核心问题。日增重会受到不同生产类型、不同品种、不同年龄、不同营养水平、不同饲养管理方式的直接影响。同时，确定日增重的大小，也必须考虑经济效益、肉牛的健康状况等因素。过高的日增重，有时也不太经济。在我国现有生产条件下，最后 3 个月育肥的日增重，以 1~1.5 kg 最为经济划算。

3. 育肥的方式

肉牛育肥方式的划分方法很多。按肉牛的年龄，可分为犊牛育肥、幼牛育肥和成年牛育肥；按肉牛的性别，可分为公牛育肥、母牛育肥和阉牛育肥；按肉牛育肥所采用的饲料种类，可分为干草育肥、秸秆育肥和糟渣育肥等；按肉牛的饲养方式，可分为放牧育肥、半舍半牧育肥和舍饲育肥；按肉牛育肥的时间，可分为持续育肥和吊架子育肥（后期集中育肥）；按营养水平，可分为一般育肥和强度育肥。生产上常用的划分方法主要还是以持续育肥和后期集中育肥为主。

（1）持续育肥　持续育肥是指在犊牛断奶后，立即转入育肥阶段，给以高水平营养进行育肥，一直到出栏体重时出栏（12～18 月龄，体重 400～500 kg）。使用这种方法，日粮中的精料可占总营养物质的 50% 以上，既可采用放牧加补饲的育肥方式，也可采用舍饲拴系育肥方式。持续育肥较好地利用了牛生长发育快的幼牛阶段，日增重和饲料利用率高，生产的牛肉鲜嫩，品质仅次于小白牛肉，而成本较犊牛育肥低，是一种很有推广价值的育肥方法。

（2）后期集中育肥　后期集中育肥是在犊牛断奶后，按一般饲养条件进行饲养，达到一定年龄和体况后，充分利用肉牛的补偿生长能力，利用高能量日粮，在屠宰前集中 3～4 个月的时间进行强度育肥。这种方法适用于 2 岁左右未经育肥或不够屠宰体况的肉牛，对改良牛肉品质、提高育肥牛经济效益有较明显的作用。但若吊架子阶段较长，肌肉生长发育过度受阻，即使给予充分饲养，最后的体重也很难与合理饲养的肉牛相比，而且胴体中骨骼、内脏比例大，脂肪含量高，瘦肉比例较小，肉质欠佳，所以，这种方法有时也很不合算。

虽然肉牛的育肥方式较多，划分方法各异，但在实际生产中，往往是各种育肥类型相互交叠应用。这里按肉牛年龄阶段不同，讲述肉牛的具体育肥技术体系。

（二）犊牛育肥

将犊牛进行育肥，是指用较多数量的奶饲喂犊牛，并将哺乳期延长到 4～7 月龄，断奶后即可屠宰。育肥的犊牛肉，粗蛋白质比一般牛肉高 63%，脂肪低 95%，犊牛肉富含人体所必需的各种氨基酸和维生素。因犊牛年幼，其肉质细嫩，肉色全白或稍带浅粉色，味道鲜美，带有乳香气味，故有"小白牛肉"之称，其价格高出一般牛肉 8～10 倍。

小牛肉的生产，在荷兰较早，发展很快，其他如欧共体、美国、加拿大、澳大利亚、日本等国也都在生产，现已成为大宾馆、饭店、餐厅的抢手货，成为一些国家出口创汇和缓解牛奶生产过剩、有效利用小公牛的新途径。在我国，进行小白牛肉生产，可满足星级宾馆、高档饭店对高档牛肉的需要，是一项具有广阔发展前景的产业。

1. 犊牛在育肥期的营养需要

在犊牛育肥时，由于其前胃正在发育过程中，消化粗饲料的能力十分有限，因此，对营养物质的要求比较严格。初生时所需蛋白质全为真蛋白质，育肥后期真蛋白质仍应占粗蛋白质的90%以上，消化率应达87%以上。

2. 犊牛育肥方法

育肥犊牛品种，应选择夏洛来、西门塔尔、利木赞或荷斯坦等优良公牛与本地母牛杂交改良所生的杂种犊牛。优良肉用品种、肉乳兼用和乳肉兼用品种犊牛，均可采用这种育肥方法生产优质牛肉。但由于代谢类型和习性不同，乳用品种犊牛在育肥期较肉用品种犊牛的营养需要高约10%，才能取得相同的增重；而选作育肥用的乳牛公犊，要求初生重大于40 kg，还必须健康无病、头方嘴大、前管围粗壮、蹄大坚实。

（1）优等白肉生产 初生犊牛采用随母哺乳或人工哺乳方法饲养，保证及早和充分吃到初乳；3 d后，完全人工哺乳；4周前，每天按体重的10%~12%喂奶；5~10周龄时，喂奶量为体重的11%；10周龄后，喂奶量为体重的8%~9%。

优等白肉生产，单纯以奶作为日粮，适合犊牛的消化生理特点。在幼龄期，只要注意温度和消毒，特别是喂奶速度要合适，一般不会出现消化不良等问题。但在15周龄后，由于瘤胃发育、食管沟闭合不如幼龄牛，更须注意喂奶速度要慢一些。从开始人工喂奶到肉牛出栏，喂奶的容器外形与颜色必须一致，以强化食管沟的闭合反射。发现粪便异常时，可减少喂奶量，掌握好喂奶速度。恢复正常时，逐渐恢复喂奶量。5周龄以后采取拴系饲养。一般饲养120 d，体重达到150 kg即可出栏。育肥方案见表8-3。

表8-3 利用荷斯坦公犊全乳生产白肉方案

周龄	体重（kg）	日增重（kg/d）	日喂奶量（kg/d）	日喂次数
0~4	40~59	0.6~0.8	5~7	3~4
5~7	60~79	0.9~1.0	7~8	3
8~10	80~100	0.9~1.1	10	3
11~13	101~132	1.0~1.2	12	3
14~16	133~157	1.1~1.3	14	3

（2）一般白肉生产 单纯用牛奶生产"白肉"成本太高，为节省成本，可用代乳料饲喂2月龄以上的肥犊。但用代乳料会使肌肉颜色变深，所以，代乳料的组成，必须选用含铁低的原料，并注意粉碎的细度。犊牛消化道中缺乏蔗糖酶，淀粉酶量少且活性低，故应减少谷实用量，所用谷实最好经膨化处理，以提高消化率、减少拉稀等消化不良现象发生。选用经乳化的油脂，以乳

化肉牛脂肪（经135℃以上灭菌）效果最好。代乳料最好煮成粥状（含水80%~85%），待温度达到40℃时饲喂。若出现拉稀或消化不良，可加喂多酶、淀粉酶等进行治疗，同时适当减少喂料量。用代乳料增重效果不如全乳。饲养方案见表8-4，代乳料配方见表8-5。

表8-4　用全乳和代乳料生产白肉方案

周龄	体重（kg）	日增重（kg/d）	日喂奶量（kg/d）	日代乳料（kg/d）	日喂次数
0~4	40~59	0.6~0.8	5~7	—	3~4
5~7	60~77	0.8~0.9	6	0.4（配方1）	3
8~10	77~96	0.9~1.0	4	1.1（配方1）	3
11~13	97~120	1.0~1.1	0	2.0（配方2）	3
14~17	121~150	1.0~1.1	0	2.5（配方2）	3

表8-5　生产白肉的代乳料配方　（%）

配方号	熟豆粕	熟玉米	乳清粉	糖蜜	酵母蛋白粉	乳化脂肪	食盐	磷酸氢钙	赖氨酸	蛋氨酸	多维	微量元素	鲜奶香精或香兰素
1	35	12.2	10	10	10	20	0.5	2	0.2	0.1	适量	适量	0.01~0.02
2	37	17.5	15	8	10	10	0.5	2	0	0			

注：两配方的微量元素不含铁。

育肥期间，日喂3次，自由饮水，夏季饮凉水，冬春季饮温水（20℃左右），要严格控制喂奶速度、奶的卫生与温度，防止发生消化不良。若出现消化不良，可酌情减少喂料量，适当进行药物治疗。应让犊牛充分晒太阳和运动，若无条件进行日光浴和运动，则每天需补充维生素D 500~1 000 U。饲养至5周龄后，应拴系饲养，尽量减少犊牛运动。根据季节特点，做好防暑保温。经180~200 d的育肥，体重达到250 kg时，即可出栏。因出栏体重小，提供净肉少，所以，"白肉"投入成本高，市场价格昂贵。

处于强烈生长发育阶段的育成牛，育肥增重快、育肥周期短、饲料报酬高，经过直线强度育肥后，牛肉鲜嫩多汁、脂肪少、适口性好，同样也是高档产品。只要对育成牛进行合理的饲养管理，就可以生产大量仅次于"小白牛肉"、品质优良、成本较低的"小牛肉"。所以，生产上更多的是利用育成牛进行育肥。

（三）育成牛育肥

1. 育成牛育肥期营养需要

育成牛体内沉积蛋白质和脂肪能力很强，充分满足其营养需要，可以获得较大的日增重。肉牛育成牛的营养需要见表8-6。

表8-6 肉牛去势育成牛育肥期每日营养需要

体重 （kg）	日增重 （kg/d）	干物质 （kg）	粗蛋白质 （g）	钙 （g）	磷 （g）	综合净能 （MJ）	胡萝卜素 （mg）
150	0.9	4.5	540	29.5	13.0	21.1	25
	1.2	4.9	645	37.5	15.5	26.3	27
200	0.9	5.3	600	30.5	14.5	25.9	29.5
	1.2	6.0	700	38.5	17.0	32.3	33
250	0.9	6.1	650	31.5	16.0	31.4	33.5
	1.2	6.9	755	39.5	18.5	39.1	37.5
300	0.9	6.9	700	32.5	17.5	37.0	37.5
	1.2	7.8	805	40.0	20.0	46.0	43
350	0.9	7.6	750	33.5	19.0	42.1	41.5
	1.2	8.7	855	41.0	21.5	52.3	48.0
400	0.8	8.0	765	32.0	19.5	44.3	44.0
	1.0	8.6	830	37.0	21.0	58.7	47.0
450	0.7	8.3	775	31.0	20.5	45.9	45.5
	0.9	8.9	845	35.5	22.0	51.9	49.2

2. 育成牛育肥方法

（1）幼龄强度育肥周岁出栏模式　犊牛断奶后立即育肥，在育肥期给予高营养，使日增重保持在1.2 kg/d以上，周岁体重达400 kg以上，结束育肥。

育肥时，采用舍饲拴系饲养，不可放牧，原因是放牧行走消耗营养多，日增重难以超过1 kg。育肥牛定量喂给精料和主要辅助饲料，粗饲料不限量，自由饮水，尽量减少运动、保持环境安静。育肥期间，每月称重，根据体重变化，适当调整日粮。气温低于0℃和高于25℃时，气温每升高或降低5℃，应加喂10%的精料。公牛不必去势直接育肥，可利用公牛增重快、省饲料的特点，获得更好的经济效益，但应远离母牛，以免被异性干扰，降低育肥效果。

若用育成母牛育肥，日粮需要量较公牛多20%左右，可获得相同日增重。

对乳用品种育成公牛作强度育肥时，可以得到更大的日增重和出栏重。但乳用品种牛的代谢类型不同于肉用品种牛，每千克增重所需精料量较肉用品种牛高10%以上，并且必须在高日增重下，牛的膘情才能改善（即日增重应在1.2 kg以上）。

用强度育肥法生产的牛肉，肉质鲜嫩，投入成本较犊牛育肥法较低，每头牛提供的牛肉比育肥犊牛增加40%~60%，因此，强度育肥育成牛，是经济效益最大、采用最为广泛的育肥方法。但此法消耗精料较多，适宜在饲料资源丰富的地方应用。

（2）一岁半出栏或两岁半出栏模式　将犊牛自然哺乳至断奶，然后充分利用青草及农副产品，饲喂到14~20月龄，体重达到250 kg以上，进入育肥期。经4~6个月育肥，体重达500~600 kg时出栏。育肥前，利用廉价饲草，使牛的骨架和消化器官得到较充分发育；进入育肥期后，对饲料品质的要求较低，从而使育肥费用减少，而每头牛提供的肉量却较多。此法粮食用量少、经济效益好、适应范围广，是一种普遍采用的育肥方法。

我国大部分地区越冬饲草比较缺乏，而大部分牛都在春季产犊，一岁半出栏与两岁半出栏相比较，由于前者少养一个冬季，能减少越冬饲草的消耗量，并且生产的牛肉质量较好，效益也较好，所以前者更受欢迎。但在饲料质量不佳、数量不足的地区，犊牛的生长发育受饲料限制，所以，这些地区只能采用两岁半出栏的育肥方法。

在华北山区，一岁半出栏比两岁半出栏体重虽低60 kg，多消耗精料160 kg，但却少消耗880 kg干草和1 100 kg青草，且能节省一年的人工和各种设施消耗，在相同条件下，一岁半出栏的生产周转效率高于两岁半出栏60%以上，因此，一岁半出栏的总体效益会更好一些。

育成牛可采用舍饲与放牧两种育肥方法。在放牧时，利用小围栏全天放牧，就地饮水和补料，这样能避免放牧行走消耗营养而使日增重降低。放牧回圈后，不要立即补料，待数小时后再补，以免减少采食量。气温高于30℃时可早晚和夜间放牧。舍饲育肥以日喂3次效果较好。

第四节　肉牛的放牧育肥

放牧育肥是指从犊牛到出栏牛，完全采用草地放牧而不补充任何饲料的育肥方式，也称草地畜牧业。这种育肥方式适于人口较少、土地充足、草地广阔、降雨量充沛、牧草丰盛的牧区和部分半农半牧区。例如新西兰肉牛育肥以这种方式为主，一般自出生到饲养至 18 个月龄，体重达 400 kg 便可出栏。

一、品种和选择

地区不同，适合放牧的肉牛品种选择不同；品种选择不同，带来的效益不同。可以放牧的肉牛品种很多，主要根据地区来决定。

南方地区可以放牧的肉牛品种：西门塔尔牛杂交一代、西门塔尔牛杂交二代、利木赞牛、改良黄牛、杂交黄牛，以上品种都可以作为放牧饲养的肉牛品种。

北方地区可以放牧的肉牛品种主要有：利木赞牛、改良黄牛、西门塔尔牛杂交一代、西门塔尔牛杂交二代。北方地区放牧条件有限，天气冷，可利用食物少，杂交黄牛生长缓慢，体重较小的肉牛出售也比较困难，销售价格也上不去，所以不建议选择杂交黄牛。

二、放牧前的准备工作

1. 牛群准备

整群，按年龄、性别和生理状况的相近性进行组群，防止大欺小、强欺弱的现象发生。修蹄，去角，驱除体内、外寄生虫。对年龄超过 12 月龄的公牛去势，检查体膘和进行称重。

2. 放牧设施的准备

在放牧季节到来之前，要检修营房、棚圈及篱笆，确定和修整水源、饮水设施和临时休息点，修整放牧道路。

3. 从舍饲到放牧的过渡

牛从冬春舍饲到放牧管理要逐步进行，一般要有 7~8 d 的过渡期。即当牛被赶到草场放牧以前，要用秸秆、干草、青贮或黄贮预饲。日粮要含有 17% 以上的纤维素饲料。如果冬季日粮中多汁饲料很少，要适当延长过渡期至 10~14 d。第一天放牧 2~3 h，到过渡期末增加到 12 h/d。在过渡期，为了预防青草抽搐症，除了注意一般的营养水平外，还要注意镁的供应。放牧前的 15~20 d 以及放牧后的 30~90 d，要在混合饲料中添加醋酸（盐），每头 500 mL（g）。由于牧草中钾多钠少，要保证食盐供应，使钠钾比维持在 0.4~0.5。供食盐的办法，除配合在精料中外，还需在牛站立和饮水的地方，设置盐槽，供牛舔食。

三、放牧方法和组织

固定放牧，春季将牛群赶进牧场，直到秋季归牧，一直固定在一个草场。这是一种粗放的管理方法，不利于牧草生长，容易产生过牧，加上牛群践踏，植被很难恢复，本方法适用于载畜量小的草场。划区轮牧，一般与围栏相配合，即用电网、刺篱、铁丝、木条等将草场分为若干个小区，按照21~28 d的间隔周期进行轮牧。对不轮牧的小区进行割草或调制干草（供冬天用），此法草地可以得到休息、减少践踏，增加牧草恢复生长的机会，提高了草场的利用率。采用划区轮牧，一般草场每季可轮牧4~6次，差的可轮牧2次。为了加速牧草萌生，每亩（约667 m²）地需施氮25 kg，磷7 kg。条牧，是在固定围栏中，用移动式电围栏隔成一个长条状的小区，每天移动电围栏1次，更换下一个小区。条牧比一般轮牧能更加提高草场利用率，适合于较好的草地。

根据各地气候和植物生长条件，可以将草场划分为三季牧场和四季牧场。春季牧场（2—4月），此时气候变化大，有些地方仍是天寒地冻、草木不生。应尽量管理草场、增施化肥、引水灌溉，以期牧草萌芽和生长。要在靠近农场（村庄）的山谷坡地、丘陵和避风向阳、牧草萌生较早地段进行短期放牧，但大部分时间应对牛进行舍饲。夏季牧场（5—7月），气候由冷变暖，后期炎热。牧草萌发、生长、枯萎、结实，是放牧的黄金时期。应选择地势高、通风、凉爽、蚊蝇较少，并有充足水源的地区。可以充分利用此期的优势，进行全天放牧。秋季牧场（8—10月），划分条件一般与春季牧场相同。牛群从高山或边远的春季牧场归来，很自然是以山腰为牧场。对于牛群抓秋膘和安全过冬等极为重要。因此，牧草要丰茂、饮水方便，并设补饲槽。冬季牧场（11月至第二年1月），此时天寒草枯，牧草质劣、量少，一般应增加10%~25%面积作为后备牧场。应选择距居民点和牛群棚圈较近、避风、向阳的低洼地，牧草生长好的山谷、丘陵山坡或平坦地段，即小气候好、干燥而不易积雪。在牧草不均匀或质量差的草地上放牧，还可留一些高草或灌木区，以备大雪时其他牧草封盖时急用。

冷季放牧要特别注意棚圈建设。棚圈要向阳、保暖、小气候环境好。牛只进棚圈前，要进行清扫、消毒、搞好防疫卫生。要种植供冷季补饲的草料，及早进行补饲。补饲原则是膘差的牛多补，冷天多补，暴风雪天全日补饲。暖季应给牛补饲食盐、钾盐和镁盐。可在棚圈、牧地设盐槽，供牛舔食。

四、异地育肥

为了提高牛肉的产量和质量，可以在精料供应方便的地方建设肉牛育肥场。将达到一定体重的放牧牛集中进行 2~3 个月的短期育肥。育肥前要按体重大小组群、驱虫、去势和去角。并按体重大小、日增重多少选择和配合日粮。每天饲喂 2~3 次，并采用先粗后精的饲喂顺序和少喂勤添的方法以提高牛的采食量以及对饲料营养物质的消化利用率，实现预期的增重指标。

第五节　肉牛育肥

一、架子牛育肥

（一）架子牛的选择

1. 美国架子牛的分级

为了准确地判断架子牛的特性，USDA 修订了架子牛等级标准，新的等级评定标准的目的是能够较准确地判断架子牛的特性，对肉牛业提供如下好处：作为买卖双方市场议价的基础；便于架子牛的分群；便于架子牛市场的统计，新的标准把架子牛大小和肌肉厚度作为评定等级的两个决定因素。

架子牛共分为 3 种架子 10 个等级，即大架子 1 级、大架子 2 级、大架子 3 级；中架子 1 级、中架子 2 级、中架子 3 级；小架子 1 级、小架子 2 级、小架子 3 级和等外。具体要求如下。

大架子：要求有稍大的架子，体高且长，健壮。

中架子：要求有稍大的架子，体较高且稍长，健壮。

小架子：骨架较小，健壮。

1 级：要求全身的肉厚，脊、背、腰、大腿和前腿厚且丰满。四肢位置端正，蹄方正，腿间宽，优质肉部位的比例高。

2 级：整个身体较窄，胸、背、脊、腰、前后腿较窄，四肢靠近。

3 级：全身及各部位厚度均比 2 级要差。

等外：因饲养管理较差或发生疾病造成不健壮牛只属此类。

2. 架子牛选择的原则

在我国的肉牛业生产中，架子牛通常是指未经育肥或不够屠宰体况的牛，这些牛常需从农场或农户选购至育肥场进行育肥。

选择架子牛时要注意选择健壮、早熟、早肥、不挑食、饲料报酬高的牛。具体操作时要考虑品种、年龄、体重、性别和体质外貌等，同时要进行价格核算。

（1）品种、年龄 在我国最好选择夏洛来牛、利木赞牛、皮埃蒙特牛、西门塔尔牛等肉用或肉乳兼用公牛与本地黄牛母牛杂交的后代，也可利用我国地方黄牛良种，如晋南黄牛、秦川牛、南阳黄牛和鲁西黄牛等。年龄最好选择1.5~2岁或15~21月龄。

（2）性别 如果选择已去势的架子牛，则早去势为好，3~6月龄去势的牛可以减少应激，加速头、颈及四肢骨骼的雌化，提高出肉率和肉的品质，但公牛的生长速度和饲料转化率优于阉牛，且胴体瘦肉多，脂肪少。

（3）体质外貌 在选择架子牛时，首先应看体重，一般情况下1.5~2岁或15~21月龄的牛，体重应在300 kg以上，体高和胸围最好大于其所处月龄发育的平均值。另有一些性状不能用尺度衡量，但也很重要，如毛色、角的状态、蹄、背和腰的强弱、肋骨开张程度、肩胛等。一般的架子牛有如下规律：四肢与躯体较长的架子牛有生长发育潜力，若幼牛体型已趋匀称，则将来发育不一定好；十字部略高于体高，后肢飞节高的牛发育能力强；皮肤松弛柔软、被毛柔软密致的牛肉质良好；发育虽好，但性情暴躁，神经质的牛不能认为是健康牛，这样的牛难以管理。

（4）价格核算 牛的成本，除去牛的本身价格，还应包括各种税收、交易手续费、出境费用、运输费用、运输损失等。收购前，要逐项了解和估算，测算育肥过程中费用、屠宰后费用及出售产品后的收入，确定收购牛的最低价格。

3. 架子牛运输注意事项

（1）疫病流行和计划免疫调查 从外地购牛时，首先要了解产地有无疫情，并作检疫。重点调查牛口蹄疫、黏膜病毒病、结核病、布鲁氏菌病、焦虫病等流行情况，计划免疫情况，确认无疫情时方可购买。

（2）养殖环境调查 了解牛只原产地的气温、饲草料品种、饲料质量、气候等环境因素，做好与养殖地情况对比。一般宜从气温较高或过低、饲草料条件较差的产地调入，可以使牛只较快适应环境。

（3）科学选择调运季节和气候 环境变化、气候差异，常使牛的应激反应增强。在长途运输引种时，宜选择春秋两季、风和日丽天气进行。冬夏两季运输牛群时，要做好防寒保暖和降暑工作。从北方向南方运牛应在秋冬两季进行，从南方向北方运牛应在春夏两季进行。密切注意天气预报，根据合适的气候情况决定运输时间。

（4）运输工具　为安全运输工作，运输肉牛的汽车高度不要低于 140 cm，装车不要太拥挤，肉牛少时，可用木杆等拦紧，减少开车和刹车时肉牛站不稳引发事故。一般大牛在前排，小牛在后排，若为铁板车厢时，应铺垫锯末、碎草等防滑物质。装车前不饲喂饼类、豆科草等易发酵饲料，少喂精料，肉牛半饱，饮水适当。车速合理、均速。转弯和停车均要先减速。运输中检查，1 次/h，将躺下的牛赶起，防止被踩。肉牛运输超过 10 h 路途时，应中间休息 1 次，给牛饮水。夏季白天运牛要搭凉棚，冬天运牛要有挡风。

（二）架子牛育肥

架子牛宜采用后期集中育肥法。后期集中育肥有放牧加补饲法，秸秆加精料类型的舍饲育肥、青贮料日粮类型舍饲育肥及酒糟日粮类型舍饲育肥方法。

1. 放牧加补饲育肥

此方法简单易行，以充分利用当地资源为主，投入少，效益高。我国牧区、山区可采用此法。对 6 月龄未断奶的犊牛，7~12 月龄半放牧半舍饲，每天补饲玉米 0.5 kg，生长素 20 g、人工盐 25 g、尿素 20 g，补饲时间在晚 8 点以后。13~15 月龄放牧，16~18 月龄经驱虫后进行强度育肥，整天放牧，每天补饲喂混合精料 1.5 kg、尿素 40 g、生长素 40 g、人工盐 25 g，另外适当补饲青草或青干草。

一般青草期育肥牛日粮，按干物质计算，料草比为 1∶（3.5~4），饲料总量为体重的 2.5%，青饲料种类应在 2 种以上，混合精料应含有能量、蛋白质饲料和钙、磷、食盐等。每千克混合精料的养分含量为：干物质 894 g，增重净能 1 089 MJ、粗蛋白质 164 g、钙 12 g、磷 9 g。强度育肥前期，每头牛每天喂混合精料 2 kg，后期喂 3 kg，精料日喂 2 次，粗料补饲 3 次，可自由进食。我国北方省份 11 月以后，进入枯草季节，继续放牧达不到育肥的目的，应转入舍内进行全舍饲育肥。

2. 处理后的秸秆+精料

农区有大量作物秸秆，是廉价的饲料资源。秸秆经过化学、生物处理后提高其饲养价值，改善适口性及消化率。秸秆氨化技术在我国农区推广范围最大，效果较好。经氨化处理后的秸秆粗蛋白质可提高 1~2 倍，有机物质消化率可提高 20%~30%，采食量可提高 15%~20%。以氨化秸秆为主加适量的精料进行肉牛育肥，各地都进行了大量研究和推广。

氨化麦秸加少量精料即能获得较好的育肥效果。且随精料量的增加，氨化麦秸的采食量逐渐下降，日增重逐渐增加。精料可使用玉米 60%，棉籽饼 37%，钙粉 1.5% 和食盐 1.5%。

3. 青贮饲料+精料

在广大农区，可作青贮用的原料易得。有资料显示，我国有可供青贮用的农作物副产品 10 亿 t 以上，用于青贮的只有很少部分。若能提高到 20%，则每年可节省饲料粮 3 000 万 t。青贮玉米是育肥肉牛的优质饲料。试验证实，完熟后的玉米秸，在尚未成枯秸之前青贮保存，仍为饲喂肉牛的优质粗料，加饲一定量精料进行肉牛育肥仍能获得较好的增重效果。

方案 1：以青贮玉米秸秆为主要粗饲料进行肉牛后期集中育肥。其日粮组成：青贮玉米秸秆 55.56%，酒糟 10.66%，混合精料 33.78%。

方案 2：在以青贮玉米秸秆为主要粗饲料进行架子牛育肥，自由采食青贮玉米秸秆，每天每头喂占体重 1.6% 的精料。精料组成：玉米 43.9%，棉籽饼 25.7%，麸皮 29.2%，骨粉 1.2%，另加食盐。

方案 3：使用青贮玉米秸秆自由采食，每天每头架子牛喂精料 5 kg。精料组成：玉米 53.03%，棉籽饼 16.1%，麸皮 28.41%，骨粉 1.51%，食盐 0.95%。

4. 糟渣类饲料+精料

糟渣类饲料包括酿酒、制粉、制糖的副产品，其大多是提取了原料中的碳水化合物后剩下的多水分的残渣物质。这些糟渣类下脚料，除了水分含量较高（70%~90%）之外，粗纤维、粗蛋白质、粗脂肪等的含量都较高，而无氮浸出物含量低，其粗蛋白质占干物质的 20%~40%。属于蛋白质饲料范畴，虽然粗纤维含量较高（多在 10%~20%），但其各种物质的消化率与原料相似，故按干物质计算，其能量价值与糠麸类相似。

啤酒糟育肥架子牛配方见表 8-7、表 8-8。

表 8-7　啤酒糟育肥架子牛配方　　　　　　　　　　　　（%）

饲料种类	前期	中期	后期
玉米	13	30	47.5
大麦	10	10	15
麸皮	10	10	5
棉籽饼	10	8	6
啤酒糟	25	20	10
粗料	30	20	15

（续表）

饲料种类	前期	中期	后期
食盐	0.5	0.5	0.5
矿物质添加剂	1.5	1.5	1.5

表8-8　啤酒糟育肥架子牛配方　　　　　　（%）

饲料种类	前期	中期	后期
玉米	25	44	59.5
麸皮	4.5	8.5	7
棉籽饼	10	9	3.5
钙粉	0.3	0.3	—
贝壳粉	0.2	0.2	—
白酒糟	49	28	21
玉米秸粉	11	10	9

育肥牛精饲料的给量为每天每头架子牛 1.5 kg/100 kg 体重。此外，在肉牛饲料中添加 0.5% 碳酸氢钠，每天每头喂 2 万 U 维生素 A、50 g 食盐。饲喂酒糟时保证优质新鲜。如在育肥过程中出现湿疹、膝部球关节红肿与腹部膨胀等症状，应暂停喂酒糟，适当调整饲料，以调整其消化机能。

二、老龄牛育肥

老龄牛育肥通常是指役用牛、奶牛和肉牛群中淘汰牛的育肥。此类牛一般年龄较大，体况不佳，不经育肥直接屠宰时产肉率低、肉质差、效益低。经短期集中育肥，不仅可提高屠宰率、产肉量及经济效益，而且可以改善肉的品质和风味。

老龄牛由于早已停止生长发育，所以在育肥过程中，主要是增加脂肪，故营养供应以能量为主，蛋白质含量不宜过高。饲料组成以碳水化合物含量高的原料为主，用当地价格低廉的粗饲料及糟粕类饲料，适当搭配精料，以达到沉积脂肪、提高增重和屠宰率的目的。

育肥前要进行全面检查，将患消化道疾病、传染病及过老、无齿、采食困难的牛只剔除，这类牛达不到育肥效果。公牛应在育肥前 20 d 去势，母牛可配种使其怀孕，避免发情影响增重。

对于膘情很差的牛，可先复壮，如每日喂米汤 0.5~1 kg，连喂 15 d 左右；或用中药黄精 60 g、薏米 60 g、沙参 50 g，共研末，掺入饲料中喂服，每日 1 剂，连服 1 周。同时让其逐渐适应育肥日粮，避免发生消化道疾病。有放牧条件可先放牧，利用青草使牛复膘，然后再用育肥日粮育肥。

育肥期一般为 90 d 左右，也可分 3 个阶段，第一阶段 20 d 左右，要驱虫健胃，并适应育肥用日粮和环境条件；第二阶段 40~50 d，牛食欲好，增重快，要增加饲喂次数，尽量设法提高采食量；第三阶段 20~30 d，牛食欲可能有所下降，要少给勤添，提高日粮营养浓度。可参考使用下列成年育肥牛以玉米青贮为主的日粮配方（表 8-9）。其中玉米青贮必须铡短，节结压碎。混合精料配方可参考：玉米 72%、棉饼 15%、麸皮 10%、尿素 1%、添加剂 2%。

表 8-9　以玉米青贮为主的日粮配方 （kg）

饲料	第一阶段	第二阶段	第三阶段
玉米青贮	40	45	40
干草	4	4	4
麦秸	4	4	4
混合精料	—	1.5	2
食盐	0.04	0.04	0.04
无机盐	0.05	0.05	0.05

另外，酒糟、甜菜渣等均是成年牛育肥的好饲料，适当搭配精料，补喂食盐，日增重均可达 1 kg 以上。

三、乳用品种小公牛育肥

（一）哺乳期的饲养管理

为了降低生产成本，采用低奶量短期哺乳法。公犊的哺乳期为 3 周，1~3 日龄每天喂初乳 5~6 kg，以后改为常乳。4~7 日龄喂 4~5 kg，8~14 日龄喂 3~4 kg，15~21 日龄喂 2~3 kg。从 5 日龄开始训练犊牛吃料（代乳料），由熟到生，逐渐增多。并从 10 日龄起训练采食植物性饲料，由嫩草、青草过渡到优质干草、青贮饲料。代乳料可以自配，配方可参考：玉米 40%、小米 20%、豆饼 20%、麸皮 18%、碳酸氢钙 1%、食盐 1%，另外添加适量维生素和微量元素。

（二）断奶后的饲养管理

60 日龄将粥状熟代乳料混成粥状生代乳料。90 日龄改粥状代乳料为精料拌草。粗饲料包括青干草、青贮饲料和鲜草等，自由采食。管理上加强犊牛运动，接受阳光照射，定期消毒栏舍，供给充足饮水。

（三）强度育肥

对乳用品种青年公牛作强度育肥时，可得到更大的日增重和出栏重。但乳用品种牛的代谢类型不同于肉用品种，每千克增重所需精料较肉用品种高10%以上，并且必须在日增重高于 1.2 kg 以上，牛的膘情才能改善。参考育肥方案见表 8-10。

表 8-10　乳用青年公牛强度育肥日粮方案　　　　　　　　　（kg）

月龄	体重	日增重	不同粗饲料的配合精料量		
			青草和作物青刈	干草、谷草、玉米秸、氨化秸秆	麦秸、稻草、豆秸
7	180~216	1.2	3	3.3	3.9
8	216~252	1.2	3.2	3.6	4.2
9	252~288	1.2	3.4	3.9	4.6
10	288~324	1.2	3.6	4.2	5
11	324~360	1.2	3.7	4.4	5.3
12	360~400	1.2	3.9	4.6	5.7

四、小白牛肉与小牛肉生产

肉用公犊和淘汰母犊是生产小白牛肉和小牛肉的最好选材，但近年来，一些乳业发达的国家开始重视用乳用公犊生产小白牛肉和小牛肉，为乳用公犊的有效利用开辟了新途径。在我国目前的条件下，还没有专门化肉用品种，所以选择荷斯坦牛公犊，利用其前期生长速度快、育肥成本较低的优势生产小白牛肉，满足星级宾馆饭店对高档牛肉的需求，是一项具有广阔发展前景的产业。

（一）小白牛肉生产

所谓小白牛肉，是指犊牛生后 90~100 d，体重达到 100 kg 左右，完全由乳或代用乳培育所产的牛肉。因饲料含铁量极少，故其肉为白色，肉质细嫩，味道为乳香味，十分鲜美。由于生产白牛肉不喂其他任何饲料，甚至连垫草也不让采食，因此饲喂成本高，但售价也高，其价格是一般牛肉价格的 8～10 倍。

1. 犊牛选择

选择初生重 40 kg 以上，健康无病，表现头大嘴大，管围粗，身腰长，后躯方，无任何生理缺陷。

2. 育肥技术

出生后喂足初乳，实行人工哺乳，每日哺喂 3 次。喂完初乳后喂全乳或代乳粉，喂量随日龄增长而逐渐增加。平均日增重 0.8～1 kg，每增重 1 kg 耗全乳 10～11 kg，成本很高。所以近年来用与全乳营养相当的代乳粉饲喂，每千克增重需 1.3～1.5 kg。严格限制代乳粉中的含铁量，强迫犊牛在缺铁条件下生长，这是小白牛肉生产的关键技术。

管理上采用圈养或犊牛栏饲养，每圈 10 头，每头占地 2.5～3 m²。犊牛栏全用木制，长 140 cm，高 180 cm，宽 45 cm，底板离地高 50 cm。舍内要求光照充足，通风良好，温度 15～20℃，干燥。小白牛肉生产方案如表 8-11。

表 8-11 小白牛肉生产方案 （kg）

日龄	期末增重	日喂乳量	日增重	需乳总量
1～30	40	6.4	0.8	192
31～45	56.1	8.3	1.07	133
46～100	103	9.5	0.84	513

（二）小牛肉生产

犊牛出生后饲养至 7～8 月龄或 12 月龄以前，以乳为主，辅以少量精料培育，体重达到 300～350 kg 所产的肉，称为"小牛肉"。小牛肉富含水分，鲜嫩多汁，含蛋白质多而脂肪少，肉质呈淡粉红色，胴体表面均匀覆盖一层白色脂肪，风味独特，营养丰富，人体所需的氨基酸和维生素齐全。

在小牛肉生产时，喂 5～7 d 初乳后喂常乳，1 月龄内可按体重的 8%～9% 饲喂，7～10 d 开始喂混合饲料，逐渐增加至 0.5～0.6 kg，粗饲料（青干草或青草）自由采食。1 月龄后日喂奶量基本保持不变，喂料量要逐渐增加，粗饲料仍自由采食，自由饮水，直到 6 月龄为止。可以在此阶段出售，也可以继续育肥至 7～8 月龄或 1 周岁出栏。下列小牛肉生产方案（表 8-12）可供借鉴。

表 8-12　小牛肉生产方案　　　　　　　　　　　　　　（kg）

周龄	始重	日增重	日喂乳量	配合饲料喂量	青干草
0~4	50	0.95	8.5	自由采食	自由采食
5~7	76	1.2	10.5	自由采食	自由采食
8~10	102	1.3	13	自由采食	自由采食
11~13	129	1.3	14	自由采食	自由采食
14~16	156	1.3	10	1.5	自由采食
17~21	183	1.35	8	2	自由采食
22~27	232	1.35	6	2.5	自由采食
合计			1 088	300	300

为节省用奶量，提高增重效果并减少疾病的发生，所用的育肥精饲料应具有热能高、易消化的特点，并可加入少量的抑菌制剂。可以采用下述饲料配方：玉米 60%，豆饼 15%，大麦 13%，油脂 10%，磷酸氢钙 1.5%，食盐 0.5%，冬、春季节每千克饲料中加入维生素 A 1 万~2 万 U。

5 月龄后拴系饲养，减少运动，但每天应晒太阳 3~4 h。舍内温度保持在 18~20℃，相对湿度 80% 以下。

第六节　肉牛产肉性能及评定

一、影响肉牛产肉性能的因素

影响牛产肉性能的因素很多，主要包括品种、性别和去势、年龄、育肥度、饲养管理、杂交等。

（一）品种

不同品种的牛，其产肉性能有很大的差别。肉用品种或肉乳兼用品种，产肉性能明显高于乳用或役用品种。夏洛来、利木赞、西门塔尔等著名品种，1.5 岁体重就可达 400~500 kg，而不少地方黄牛 3~4 岁才长到 350 kg 左右。

（二）性别和去势

阉牛易育肥，肉质变细嫩，肌肉间夹有脂肪，肉色淡。平原地区品种一般早去势，最后体重和日增重比晚去势者高。一般幼年公牛生长速度快于小母牛，也大于阉牛。到成年后，公牛的体重显著大于母牛。据试验，公牛平均日增重比阉牛高 15%，屠体的可食部分比阉牛高 34%，故一些国家主张公牛不去势，于 12~15 月龄屠宰，可降低饲养成本，又不会影响牛肉的风味。

（三）年龄

最好的牛肉是育肥过 15 月龄的小牛肉。幼牛肉肌纤维细，颜色较淡，肉质好，但水分多，脂肪少，香味不浓厚；成年牛牛肉在肠系膜、网膜和肾脏附近可见到大量的脂肪，肉质好，味香，屠宰率也高；老龄牛肉体脂肪为黄白色，结缔组织多，肌纤维粗硬，肉质最差。

我国地方品种牛成熟较晚，一般 1.5~2 岁增重较快，故在 2 岁左右屠宰为宜。

（四）育肥度

牛肉的产量和肉的品质受育肥度影响很大。肥牛产肉多，产脂肪也多，因此屠宰率也高。现在市场对胴体脂肪含量要求很严，超过一定量就不受欢迎。例如市场对胴体脂肪要求为 15%，早熟品种在高水平饲养下很容易在较轻体重和幼小年龄时达到这一要求，如果在低水平饲养条件下就可增加一定体重而不影响其脂肪要求。

晚熟品种在高水平饲养下增重大，也可以达到其脂肪要求，但不会超过太多；如改为低水平饲养，虽然仍在增重，但不易达到这个要求。

（五）饲养管理

除品种因素外，饲养管理是影响牛的肉用性能的最重要因素。好的品种或个体，只有在良好的饲养管理条件下，才能具有最优的生产性能。

反之，如果饲养管理不当，不仅体重下降，发育受阻，体型外貌也发生很大变化，肌肉、脂肪等可食部分比例大大降低。有试验表明，在不同饲养水平下 18 月龄阉牛活重相差 190 kg，其屠宰率、净肉率也大。由于肌肉中脂肪含量不同，瘦牛所产的肉，热量低，肉质也差。

（六）杂交

开展肉牛品种间的经济杂交，可充分利用杂种优势，提高肉牛生产能力。国外优良肉牛品种对当地品种的改良杂交，可提高我国肉牛良种化水平，亦可大幅度提高肉牛生产能力。

用良种肉牛精液和部分中低产乳用母牛繁殖乳肉牛，一是可以增加中低产乳用母牛的经济效益；二是有效解决肉用繁育母牛饲养成本高的问题；三是可以改善肉质。

引进优良兼用品种（如西门塔尔牛等），改良当地生产性能低下的品种，提高肉牛生产能力；开展肉用繁育母牛挤奶工作，降低犊牛培育成本。

二、肉牛膘情评定

目测和触摸是评定肉牛育肥度的主要方法。目测主要观察牛体大小，体躯宽窄和深浅度，腹部状态，肋骨长度和弯曲程度以及垂肉、肩、背、腰角等部位的肥满程度。触摸是以手触测各主要部位的肉层厚薄和脂肪蓄积程度。通过育肥度评定，结合体重估测，可初步估计肉牛的产肉量。

肉牛育肥度评定可分 5 个等级，其标准见表 8-13。

表 8-13　肉牛宰前育肥度评定标准

等级	评定标准
特等	肋骨、脊骨和腰椎横突都不明显，腰角与臀端呈圆形，全身肌肉发达，肋骨丰满，腿肉充实，并向外突出、向下延伸
一等	肋骨、腰椎横突不显现，但腰角与臀端未圆，全身肌肉较发达，肋骨丰满，腿肉充实，但不向外突出
二等	肋骨不甚明显，尻部肌肉较多，腰椎横突不甚明显
三等	肋骨、脊骨明显可见，尻部如屋脊状，但不塌陷
四等	各部关节完全暴露，尻部塌陷

三、活重估测

活重估测的理论依据是体重和体积的关系。因为不同品种、年龄、性别和膘情的牛体型结构差异较大，所以很难用一个统一的公式来准确估测，一般估测体重要求与实际体重相差不过 5%。如相差超过 5% 则估测公式就不能用。

肉牛或肉乳兼用型牛的体重估测公式如下。

$$体重（kg）=胸围^2（m）×体直长（m）×100$$

黄牛估测体重的公式如下。

$$体重=胸围^2（m）×体斜长（m）×估测系数$$

公式中估测系数：6 月龄犊牛为 80，18 月龄牛为 83。

第七节　高档牛肉生产技术

高档牛肉是指按照特定的饲养程序，在规定的时间完成育肥，并经过严格屠宰程序分割到特定部位的牛肉。我国的牛肉在嫩度上一直无法与猪、禽肉相比，这是因为我国没有专门化肉牛品种及真正的肉牛肉，牛肉普遍较老，不容易煮烂。随着我国引进世界上专门化的肉牛良种和肉牛培育技术，对地方品种黄牛进行杂交改良，对架子牛进行集中育肥饲养，育肥后送屠宰厂屠宰，并按规定的程序进行分割、加工、处理。其中几个指定部位的肉块经过专门设计的工艺处理，这样生产的牛肉，不仅色泽、新鲜度上达到优质肉产品的标准，而且具有和优质猪肉相近的嫩度，受到涉外与星级宾馆餐厅的欢迎，被冠以"高档牛肉"的美称，以示与一般牛肉的区别。因此，高档牛肉就是牛肉中特别优质的、脂肪含量较高和嫩度好的牛肉，是具有较高的附加值、可以获得高额利润的产品。

一、育肥牛的条件

(一) 品种

高档牛肉生产的关键之一是品种的选择。首先，要重视我国良种黄牛的培育，这是进行杂交改良、培育优质肉牛的基础。其次，要充分利用引进的良种，用来改良地方黄牛品种，生产杂种后代。

我国良种黄牛数量大、分布广，对各地气候环境条件有很好的适应性，各地养殖农户熟悉当地牛的饲养管理和习性。经过育肥的牛，多数肉质细嫩，肉味鲜美，皮肤柔韧，适于加工制革。主要缺点在于体型结构上仍然保持役用牛体型，公牛前躯发达，后躯较窄，斜尻，腿长，生长速度较慢，与当前肉用牛生产的要求不适应，需要引进国外肉牛良种进行杂交，改良体型，提高产肉性能，同时保持肉质细嫩的特点。

我国产肉性能较好的黄牛品种有蒙古牛、秦川牛、南阳牛、鲁西牛、晋南牛、武陵牛（长江以南的品种总称)。从国外引进的肉用牛与兼用牛有安格斯牛、海福特牛、夏洛来牛、利木赞牛、西门塔尔牛、短角牛及意大利的皮尔蒙特牛。

(二) 年龄与性别

生产高档牛肉最佳的开始育肥年龄为 12~16 月龄，30 月龄以上不宜育肥生产高档牛肉。性别以阉牛最好，阉牛虽然不如公牛生长快，但其脂肪含量高，胴体等级高于公牛，而又比母牛生长快。

其他方面的要求以达到一般育肥肉牛的最高标准即可。

二、育肥期和出栏体重

生产高档牛肉的牛，育肥期不能过短，一般为 12 月龄牛 8~9 个月，18 月龄牛 6~8 个月，24 月龄牛 5~6 个月。出栏体重应达到 500~600 kg，否则胴体质量就达不到应有的级别，牛肉达不到优等或精选等级，故既要求适当的月龄，又要求一定的出栏体重，二者缺一不可。

三、饲养管理

（一）不同牛种对饲养管理的要求不同

地方良种黄牛如秦川牛、南阳牛、鲁西牛等，因为晚熟，生长速度较慢，但适应性强，可采取较粗放的饲养，1 岁左右的小架子牛可用围栏散养，日粮中多用青干草、青贮和切碎的秸秆。当体重长到 300 kg 以上、体躯结构均匀时，逐渐增大混合精饲料的比重。

夏洛来、利木赞等品种牛与黄牛杂交的后代，生长发育较快，要求有质量较好的青、粗饲料。饲喂低质饲料往往严重影响牛的发育，降低后期育肥的效果。

（二）饲料

优质肉牛要求的饲料质地优良，各种精饲料原料如玉米、高粱、大麦、饼粕类、糠麸类须经仔细检查，不能潮湿、发霉，也不允许长虫或鼠咬，否则将影响牛的采食量和健康，精料加工不宜过细，呈碎片状有利于牛的消化吸收。

优质青、粗饲料包括正确调制的玉米秸青贮、晒制的青干草、新鲜的糟渣等。作物秸秆中豆秸、花生秧、干玉米秸等营养价值较高，而麦秸、稻草要求经过氨化处理或机械打碎，否则利用率很低，影响牛的采食量。若有牧草丰茂的草地，小架子牛可以放牧饲养。

下列典型的日粮配方可供参考。

配方 1（适用于体重 300 kg）：精料 4~5 kg/（头·d）（玉米 50.8%、麸皮 24.7%、棉粕 22%、磷酸氢钙 0.3%、石粉 0.2%、食盐 1.5%、小苏打 0.5%，预混料适量）；谷草或玉米秸 3~4 kg/（头·d）。

配方 2（适用于体重 400 kg）：精料 5~7 kg/（头·d）（玉米 51.3%、麸皮 24.7%、大麦 21.3%、麸皮 14.7%、棉粕 10.3%、磷酸氢钙 0.14%、石粉 0.26%、食盐 1.5%、小苏打 0.5%，预混料适量）；谷草或玉米秸 5~6 kg/（头·d）。

配方 3（适用于体重 450 kg）：精料 6~8 kg/（头·d）（玉米 56.5%、大麦 20.7%、麸皮 14.2%、棉粕 6.3%、石粉 0.2%、食盐 1.5%、小苏打 0.5%，预混料适量）；谷草或玉米秸 5~6 kg/（头·d）。

（三）管理

1. 保健与卫生

坚持防疫注射，新购入或从放牧转入舍饲育肥的架子牛，都要先进入专用观察圈驱除体内外寄生虫。根据需要对小公牛进行去势、去角、修蹄。经过检查，认为健康无病的牛再进行编号、称重、登记入册，按体重大小和牛种分群，然后进入正式育肥的牛舍。

2. 圈舍清洁

影响圈舍清洁的主要因素是牛的排泄物，1 头体重 300~400 kg 的牛每日排出粪尿 20~25 kg，粪尿发酵产生氨气，氨浓度过大会影响牛的采食量以及健康。此外，圈舍内每日尚有剩余的饲料残渣，必须坚持每日清扫。要保持圈舍干燥卫生，防止牛滑倒以及蚊蝇滋生和体内外寄生虫的繁殖传染。经常刷拭牛体，可促进血液循环，加速换毛过程，有利于提高日增重。

3. 饲料保存

为了保证饲料质量，保管是重要环节。精料仓库应做好防潮、防虫、防鼠、防鸟的工作，无论虫或鼠以及鸟粪的污染，都可能引入致病菌或病毒。一经发现，必须立刻采取清除、销毁或消毒等措施。青贮窖内防止发霉或发酵变质，干草及秸秆草堆则要做好通风、防雨雪的工作，避免干草受潮变质，更要注意防火。干草堆被雨雪淋湿后，可能发酵升温引起自燃。此外夏日暴晒，若通风不良，也可能自燃。

四、屠宰产品

（一）屠宰产品的构成

肉牛屠宰后产品的构成，见表 8-14。

表 8-14　肉牛屠宰后的产品构成　　　　　　（%）

名称	百分比
商品肉	45.4
优质肉块	17.8
一般肉块	27.6
可利用部分	17.2
分割碎肉	5.3
腹内脂肪	4.0
内脏	7.9
可食部分	26.7
其中：血	3.2
骨	8.6
头、蹄	5.4
皮	9.5
胃肠内容废弃物	10.7

以上为肉牛屠宰后实测的结果。提高经济效益的潜力在于提高商品肉的产量，尤其是价值较高的优质切块部分。仔细分割切块，减少碎肉带来的损耗，开发内脏可食部分的产品（如牛百叶加工，牛肝、牛尾等的精制，碎肉与脂肪搅碎加工成半成品等）。此外，在规模扩大后建立血、骨、皮的初级加工厂或与专业的血粉厂、骨粉厂、皮革厂联合经营，将给肉牛生产带来更高的经济效益。

（二）胴体的构成

优质肉牛的屠宰率都较高，通常黄牛与引进肉牛种的杂种牛育肥后屠宰率约 60%，可以得到较好的胴体。胴体分割肉产量中高档肉与优质切块肉的比重不仅是育肥效果好坏的标志，也是经济效益高低的决定因素。通常肉牛胴体构成比例见表 8-15。

表 8-15　肉牛胴体构成比例　　　　　　（%）

名称	比例
高档肉	6~7

（续表）

名称	比例
优质切块	24~25
一般肉	41~46
分割的碎块	9~10
骨	15~16

（三）胴体嫩化

牛经屠宰后，除去皮、头、蹄和内脏，剩下的部分称为胴体。胴体肌肉在一定温度下产生一系列变化，使肉质变得柔软、多汁，并产生特殊的肉香，这一过程称为肉的"排酸"嫩化，也称为肉的成熟。

牛肉嫩度是高档与优质牛肉的重要质量指标。排酸嫩化是提高牛肉嫩度的重要措施，其方法是在专用嫩化间，温度 0~4℃，相对湿度 80%~85% 条件下吊挂 7~9 d（称吊挂排酸）。嫩化后的胴体表面形成一层"干燥膜"，羊皮纸样感觉，pH 值为 5.4~5.8，肉的横断面有汁流，切面湿润，有特殊香味，剪切值（专用嫩度计测定）可达到平均 3.62 kg 以下的标准。也可采用电刺激嫩化或酶处理嫩化。

（四）胴体分割包装

严格按照操作规程和程序，将胴体按不同档次和部位进行切块分割，精细修整。高档部位肉有牛柳、西冷和眼肉 3 块，均采用快速真空包装，每箱重量 15 kg，然后入库速冻，也可在 0~4℃冷藏柜中保存销售。

第九章　肉牛低蛋白质日粮的
应用与案例分析

蛋白饲料价格持续上涨，低蛋白质日粮逐渐成为发展趋势，低蛋白日粮在肉牛上的研究日益增多，但低蛋白日粮可对动物生长产生负效应，因而需要补充低蛋白质氨基酸平衡日粮。本章列举了一些有关低蛋白质日粮在肉牛上的典型应用案例。

第一节　添加包被赖氨酸和蛋氨酸低蛋白质日粮对西门塔尔牛生产性能及氮排放的影响

随着中国畜牧业的迅速发展，人畜争粮矛盾愈演愈烈，畜禽氮排放等带来的环境污染问题也制约了畜牧业的发展。蛋白质是畜禽日粮中重要的营养组成成分，也是畜禽氮排放的原料来源。探索将日粮中的粗蛋白质（Crude protein）水平适当降低，同时添加适宜含量的合成必需氨基酸（Synthetic essential amino acids），满足动物对氨基酸的需求，开发不影响动物生长性能、产品品质和免疫机能的低蛋白质日粮，达到既可以减少饲料中蛋白质添加量，又可以使日粮中必需氨基酸的比例和数量满足动物需求，达到供给与需要之间平衡的效果。补充反刍动物第一和第二限制性必需氨基酸——赖氨酸（Lys）和蛋氨酸（Met）可提高小肠氨基酸利用效率。添加 Lys 和 Met 可提高日粮粗蛋白质利用率，增加氮在机体的沉积。添加必需氨基酸的低蛋白质日粮能充分发挥动物的蛋白质合成潜力，促进营养物质转化，减少养分排泄与浪费。饲喂添加 Lys 和 Met 的低蛋白质日粮可改善多种动物的饲料转化率和氮利用率，加快动物生长速度，提高经济效益，减少日粮中蛋白质饲料的添加量，从而减少氨氮排放，促进畜牧业绿色、可持续发展。

由于牛羊等反刍动物的消化特性，饲料中的大部分蛋白质会被瘤胃中的微生物分解消耗，导致进入真胃和肠道中的蛋白质数量大大减少，不能满足反刍动物的生长需要。瘤胃保护性氨基酸（Rumen-protected amino acid）又称过瘤胃氨基酸，可以避免日粮中的氨基酸在瘤胃中发生脱氨基作用，从而顺利到达消化道后段，丰富小肠中的氨基酸组成，优化小肠中氨基酸比例，饲料中蛋白质能够更好地被反刍动物消化吸收利用。而过瘤胃赖氨酸（Rumen-protected lysine，RPLys）、过瘤胃蛋氨酸（Rumen-protected methionine，RPMet）经过包被处理，可满足反刍动物对赖氨酸、蛋氨酸的需要，且能提高饲料利用率和生产性能。目前，低蛋白质日粮添加包被赖氨酸和包被蛋氨酸的效果在猪和禽等单胃动物中的研究较多。西门塔尔牛是乳肉兼用牛，低蛋白质日粮添加过瘤胃必需氨基酸对其生产性能和氮排放影响尚需进行研究。桂红兵等（2020）根据肉牛营养需要，利用CPM-Dairyv 3.0软件设计日粮基础配方、低蛋白质日粮配方和RPLys和RPMet可能的添加剂量，选择27头7月龄、体质量（200±10）kg的西门塔尔公牛，随机分为3组，每组9头。对照组饲喂基础日粮；试验I组饲喂在基础日粮配方中粗蛋白质含量减少1.0个百分点，添加20 g/d包被赖氨酸+10 g/d包被蛋氨酸的日粮；试验II组饲喂在基础日粮配方中粗蛋白质含量减少1.5个百分点，添加30 g/d包被赖氨酸+15 g/d包被蛋氨酸的日粮。预饲期7 d，正试期90 d。结果发现，饲喂添加包被赖氨酸和包被蛋氨酸的低蛋白质日粮，不仅促进了西门塔尔牛生长性能，而且提高了养殖效益。

一、研究方案

（一）试验设计

试验选用7月龄西门塔尔公牛27头，平均体质量为（200±10）kg，随机分为3组，每组9头，拴系饲养，自由饮水。分别于每日8:00、18:00饲喂2次，控制每天的剩料量不超过饲喂量的5%。对照组饲喂基础日粮（表9-1）；试验Ⅰ组日粮：基础日粮下调粗蛋白质含量1.0个百分点，补充RPLys 20 g/d和RPMet 10 g/d；试验Ⅱ组日粮：基础日粮下调粗蛋白质含量1.5个百分点，补充RPLys 30 g/d和RPMet 15 g/d。根据《肉牛营养需要》（NRC，2016）中的相应生长阶段氨基酸需要量，应用康奈尔净碳水化合物-蛋白质体系（CNCPS）评定配方中饲料原料的营养价值。

表9-1　试验各组日粮组成（以风干物质计）　　　　（%）

项目	对照组	试验Ⅰ组	试验Ⅱ组
原料			
玉米	20.58	20.58	20.58

（续表）

项目	对照组	试验 I 组	试验 II 组
麸皮	4.23	4.23	4.23
豆粕	11.23	8.55	5.97
石粉	0.45	0.45	0.45
预混料*	2.33	2.33	2.33
花生秸粉	61.18	63.87	66.45
合计	100.00	100.00	100.00
精饲料营养水平			
干物质	90.82	90.71	90.87
粗蛋白质	18.29	17.26	16.77
酸性洗涤纤维	4.46	4.79	3.95
中性洗涤纤维	19.48	20.82	19.07
钙	2.20	2.52	1.66
磷	0.43	0.41	0.41

注：*预混料成分为每千克提供：维生素 A 15 万~40 万 IU，维生素 D_3 8 万~16 万 IU，维生素 E≥500 IU，铁 1 000~10 000 mg，铜 400~1 000 mg，锰 1 300~3 000 mg，锌 1 500~4 000 mg，硒 3~100 mg，碘 6~15 mg，钴 10~40 mg。

（二）关注的指标与测定

（1）生长性能测定称量试验 0 d、30 d、60 d 和 90 d 晨饲喂前空腹体质量，计算其平均体质量和平均日增质量。

（2）血液氨基酸浓度测定分别于试验 0 d、30 d、60 d 和 90 d 采集尾根静脉外周血，采用氨基酸自动分析仪（日立 835-50）测定血液中氨基酸含量。

（3）粪样采集及粪氮测定分别于试验 0 d、30 d、60 d 和 90 d 的上午、下午及晚上分次采集各组牛的新鲜粪便，每样取 2 份，每份 100 g，分别做如下处理：一份加入 20 mL 10%硫酸，用凯氏定氮法测定其粪氮含量；另一份样品在烘箱（65℃）中干燥 48 h 后，置于室内冷却至室温后粉碎过 40 目筛，混匀、密封置于-20℃下保存。

（4）尿样采集及尿氮测定分别于试验 0 d、30 d、60 d 和 90 d，在采集粪样样品时同时收集尿样样品，尿样用粗纱布过滤后放入 50 mL 试管中，每管中加入 10%硫酸固氮，密封置于-20℃下保存备测。测定时先将尿样恢复到常温后混匀，再取样应用凯氏定氮法测定尿氮含量。

（三）经济效益计算本

增收效益=肉牛日增质量经济收入-每日添加过瘤胃氨基酸成本-每日日粮成本；

增收效益=试验组经济效益-对照组经济效益

（四）统计与分析

所有试验数据采用 SPSS 20.0 数据处理软件进行 One-way ANOVA 单因素方差分析和回归分析，多重比较采用 Duncan's 法进行。表中数据均以平均值和平均标准差表示，差异显著性判断标准为 $P<0.05$。

二、添加包被赖氨酸和蛋氨酸低蛋白质日粮对西门塔尔公牛生长性能的影响

在本试验中，与对照组相比，试验Ⅰ组和试验Ⅱ组饲喂添加包被赖氨酸和包被蛋氨酸的低蛋白质日粮 30 d、60 d 和 90 d，显著促进了西门塔尔公牛的生长，其中试验Ⅰ组饲喂 60 d、试验Ⅱ组饲喂 30 d 和 90 d 促生长效果显著（$P<0.05$），且试验Ⅰ组在第 3 个月内日增质量极显著高于对照组（$P<0.01$），达到 1.51 kg/d。反刍动物小肠中蛋白质的氨基酸比例和组成是限制反刍动物生产性能的重要因素，反刍动物小肠中蛋白质主要由瘤胃发酵产生微生物蛋白质和瘤胃非降解蛋白质，以及少量的内源蛋白质组成（刁其玉等，2019）。蛋氨酸和赖氨酸是反刍动物中第一和第二限制性氨基酸，对其生长发育非常重要（冯薇等，2009）。Mitsu-ru 等将荷斯坦公牛的日粮中蛋白质水平从生长发育早期 17.2%、生长发育后期 14.5%分别降低至生长发育早期 14.4%、生长发育后期 11.4%，添加 RPLys 和 RPMet 后，未影响荷斯坦公牛的生长性能。闫金玲等（2022）在降低蛋白质含量的荷斯坦公牛日粮中添加 RPLys 和 RPMet，未影响其养分表观消化率、生长性能、屠宰性能及肉品质。殷溪瀚等（2015）在荷斯坦公牛的日粮中添加 RPMet 和 RPLys 提高了荷斯坦公牛生产速度和胴体品质，并且联合应用的效果明显好于单独应用的效果。本试验也取得了类似的结果，在日粮蛋白质水平降低 1.0~1.5 个百分点的条件下，添加 RPMet 和 RPLys 能显著促进西门塔尔公牛的生长，降低日粮成本，增加收益。综上所述，西门塔尔公牛生长性能受日粮中蛋白质水平的影响，在降低日粮中蛋白质水平的同时添加过瘤胃赖氨酸和蛋氨酸可使其生长性能不受影响或有所

提高。

表9-2　低蛋白质日粮添加包被赖氨酸和蛋氨酸对西门塔尔公牛生长性能的影响

饲喂时间 (d)	平均体质量					日增质量				
	对照组 (kg)	试验 I 组 (kg)	试验 II 组 (kg)	标准差 (kg)	P 值	对照组 (kg/d)	试验 I 组 (kg/d)	试验 II 组 (kg/d)	标准差 (kg/d)	P 值
0	198.33 [a]	199.00[a]	199.22[a]	2.30	0.99	—	—	—	—	—
30	228.17[b]	243.63 [ab]	253.67[a]	4.58	0.03	1.21[b]	1.40[ab]	1.44[a]	0.11	0.04
60	256.60[b]	288.67[a]	279.50[ab]	5.38	0.01	1.14[b]	1.34[a]	1.16[ab]	0.12	0.02
90	298.00[b]	338.38[b]	332.67[a]	6.42	0.02	1.24[b]	1.51[a]	1.33[a]	0.14	0.01

注：同一行同一指标数值后不同小写字母表示差异显著（$P<0.05$）。

三、添加包被赖氨酸和蛋氨酸低蛋白质日粮对西门塔尔公牛尿氮及粪氮含量的影响

如表9-3所示，与对照组相比，饲喂添加包被赖氨酸和蛋氨酸低蛋白质日粮30~90 d的试验 I 组和试验 II 组尿氮含量，除饲喂30 d的试验 I 组外，均显著低于对照组（$P<0.05$）。

表9-3　低蛋白质日粮添加包被赖氨酸和蛋氨酸对西门塔尔公牛尿氮含量的影响

饲喂时间 (d)	尿氮含量 （g/mL）			标准差 （g/mL）	P 值
	对照组	试验 I 组	试验 II 组		
0	0.53[a]	0.53[a]	0.51[a]	0.03	0.97
30	0.53[a]	0.41[ab]	0.32[b]	0.03	0.03
60	0.63[a]	0.50[b]	0.42[b]	0.03	0.02
90	0.43[a]	0.28[b]	0.26[b]	0.03	0.02

注：同一行平均值后不同小写字母表示差异显著（$P<0.05$）。

如表9-4所示，与对照组相比，饲喂添加包被赖氨酸和蛋氨酸低蛋白质日粮30 d、60 d和90 d的试验 I 组和试验 II 组粪氮含量，除饲喂30 d的试验 I 组外，均显著低于对照组（$P<0.05$）日粮中氮的含量和种类均影响氮的排出（孟庆翔等，2018）。奶牛采食的氮与粪氮、尿氮及总氮的排放量呈正相关（Mulligen 等，2004）。日粮中粗蛋白质水平决定反刍动物氮素代谢，当日粮中的氮素超过机体所需要的量，超过部分的氮素基本上都会随着尿液排出体

外。日粮中粗蛋白质含量降低，氮排放量则显著降低。赵若含等应用添加包被赖氨酸和蛋氨酸的低蛋白质日粮饲喂荷斯坦奶牛，2 个试验组在基础日粮配方基础上分别减少 0.80% 和 1.66% 的粗蛋白质，分别添加 RPLys 24.6 g/d + RPMet 10.4 g/d、RPLys 25.7 g/d+RPMet 9.4 g/d 平衡日粮中的氨基酸含量，结果表明，相对于对照组，2 个试验组尿氮排放量分别降低了 7.67% 和 15.19%（$P<0.05$）。本研究中获得了类似的研究结果：饲喂添加 RPMet 和 RPLys 的低蛋白质日粮 90 d 时，试验 I 组较对照组的尿氮含量和粪氮含量分别降低了 34.88% 和 13.79%，试验 II 组较对照组的尿氮和粪氮分别降低了 39.53% 和 17.24%。其中，试验 II 组尿氮和粪氮排放降低程度大于试验 I 组，这是由于试验 II 组日粮中粗蛋白质含量降低幅度（1.5 个百分点）大于试验 I 组（1.0 个百分点）。

表 9-4　低蛋白质日粮添加包被赖氨酸和蛋氨酸对西门达尔公牛粪氮含量的影响

饲喂时间 (d)	粪氮含量（%）（以干物质计）			标准差 (%)	P 值
	对照组	试验 I 组	试验 II 组		
0	1.90[a]	2.09[a]	1.95[a]	0.06	0.13
30	1.80[a]	1.67[ab]	1.48[b]	0.06	0.03
60	1.89[a]	1.68[b]	1.64[b]	0.03	<0.01
90	2.03[a]	1.75[b]	1.68[b]	0.04	0.04

注：同一行平均值后不同小写字母表示差异显著（$P<0.05$）。

在本研究条件下，试验 I 组和试验 II 组中虽然饲料中粗蛋白质含量较对照组分别下降 1.0 个百分点和 1.5 个百分点，但供试西门塔尔公牛的生产性能较对照组均有所提高，原因可能是添加 RPMet 和 RPLys 改善了氮素平衡和氨基酸平衡，使动物机体充分利用日粮氮，显著提高氮的利用率，降低氮的排放。2 个试验组在降低蛋白质使用量的同时，显著降低了氮的排放量，减少了氮排放对环境的污染。

四、添加包被赖氨酸和蛋氨酸低蛋白质日粮对西门塔尔公牛血浆中氨基酸含量的影响

与对照组相比，试验 I 组和试验 II 组饲喂添加包被赖氨酸和蛋氨酸低蛋白质日粮 30 d、60 d 和 90 d，试验肉牛血液中蛋氨酸和赖氨酸含量一直高于对照组（$P<0.05$）。饲喂添加包被赖氨酸和蛋氨酸低蛋白质日粮 30 d，试验 I 组和试验 II 组外周血中仅有苏氨酸含量低于对照组（$P<0.05$）。随着饲喂时间的延

长，外周血中多种氨基酸水平受到显著影响。到饲喂 90 d 时，除蛋氨酸和赖氨酸含量依然高于对照组以外，试验 I 组的精氨酸以及试验 I 组和试验 II 组的亮氨酸含量也显著高于对照组（$P<0.05$），试验 II 组苏氨酸、异亮氨酸和酪氨酸含量显著低于对照组（$P<0.05$）。血液中的氨基酸来自机体组织蛋白质的分解和小肠中营养物质的吸收，血浆中的游离氨基酸是氨基酸代谢库的组成成分，血浆中游离氨基酸含量的变化可以反映机体组织蛋白质的分解以及氨基酸在体内合成、代谢、吸收等之间的动态平衡状态。在本试验中，试验 I 组和试验 II 组饲喂添加 RPMet 和 RPLys 低蛋白质日粮 30 d、60 d 和 90 d 的西门塔尔公牛外周血中 Met 和 Lys 含量均显著高于对照组，说明日粮中 RPMet 和 RPLys 能有效通过瘤胃，到达消化道后端，被小肠吸收利用，进而提高了血液中 Met 和 Lys 含量。这与前人的研究结果一致。刘飞等（2014）的研究结果表明，在奶牛日粮中增加 RPMet 和 RPLys，奶牛血浆中 Met 和 Lys 含量也随之增加。Wang 等（2010）在奶牛日粮中添加赖氨酸盐酸盐和蛋氨酸羟基类似物，同样也提高了奶牛动脉血中 Met 和 Lys 的含量。可见低蛋白质日粮中添加包被赖氨酸和蛋氨酸可优化西门塔尔牛血液中的氨基酸组成。

饲喂添加包被赖氨酸和蛋氨酸低蛋白质日粮 30 d，试验 I 组和试验 II 组外周血中苏氨酸含量就已显著低于对照组（$P<0.05$）；到饲喂 90 d 时，血液中除蛋氨酸和赖氨酸含量依然高于对照组以外，亮氨酸含量也显著高于对照组（$P<0.05$），可能是因为日粮中补充的 RPMet 和 RPLys 部分在瘤胃中被瘤胃微生物利用，促进了瘤胃微生物的生长繁殖，使得瘤胃微生物合成的蛋白质量增加，小肠中微生物蛋白质总量随之增加，进而增加了小肠中可以吸收利用的氨基酸总量。另外，苏氨酸、异亮氨酸和酪氨酸是反刍动物的必需氨基酸，饲喂 90 d 时，试验 I 组和试验 II 组西门塔尔公牛外周血中苏氨酸含量显著低于对照组（$P<0.05$），试验 II 组西门塔尔公牛外周血中异亮氨酸、酪氨酸含量也显著低于对照组，可能需要额外适量地添加苏氨酸、异亮氨酸和酪氨酸，添加量需要进一步探索。Overton 等（1998）的研究结果表明，在日粮中添加 RPMet，奶牛血浆中 Met 含量随之增加，但是显著降低血浆中组氨酸（His）的含量，并且血浆中精氨酸（Arg）、Lys 和鸟氨酸（Orn）的含量有降低的趋势。本研究中补充 RPMet 和 RPLys 后 30 d、60 d 和 90 d 试验 I 组 His 浓度有下降趋势，补充 RPMet 和 RPLys 后 90 d 试验 II 组 His 浓度有下降趋势，但均未达到显著水平。补充 RPMet 和 RPLys 后 30 d 和 60 d 时，试验 I 组和试验 II 组外周血中 Arg 含量有上升趋势，到 90 d 时试验 II 组 Arg 含量显著上升（$P<0.05$），可能是因为日粮在一定程度上可以通过影响微生物群体结构来影响微生物氨基酸组

成比例，进而影响血浆中其他氨基酸含量。

表 9-5 低蛋白质日粮添加包被赖氨酸和蛋氨酸对西门塔尔
公牛血液氨基酸含量的影响

氨基酸	饲喂时间（d）	血液氨基酸含量（mg/dL）			标准误（mg/dL）	P 值
		对照组	试验 I 组	试验 II 组		
天冬氨酸（Asp）	0	0.17a	0.17a	0.21a	0.01	0.56
	30	0.23a	0.21a	0.21a	0.01	0.55
	60	0.27a	0.19b	0.16c	0.01	0.02
	90	0.28a	0.20b	0.18b	0.01	0.02
苏氨酸（Thr）	0	3.28a	3.22a	3.20a	0.05	0.60
	30	3.33a	3.09b	2.80b	0.07	0.05
	60	3.43a	3.20a	2.85b	0.08	0.05
	90	3.43a	3.18a	2.75b	0.1	0.02
丝氨酸（Ser）	0	0.51a	0.47a	0.48a	0.05	0.75
	30	0.65a	0.70a	0.87a	0.05	0.08
	60	0.69a	0.85a	0.93a	0.05	0.16
	90	0.67a	0.83a	0.81a	0.08	0.57
谷氨酸（Glu）	0	2.17a	1.67a	2.05a	0.22	0.60
	30	2.29a	2.30a	2.32a	0.03	0.61
	60	2.39a	2.42a	2.36a	0.03	0.52
	90	2.41a	2.38a	2.10a	0.08	0.17
甘氨酸（Gly）	0	1.49[a]	1.47[a]	1.43[a]	0.05	0.66
	30	1.54[a]	1.57[a]	1.64[a]	0.04	0.44
	60	1.63[a]	1.70[a]	1.75[a]	0.03	0.18
	90	1.63[a]	1.68[a]	1.65[a]	0.07	0.78
丙氨酸（Ala）	0	1.89[a]	1.90[a]	1.87[a]	0.06	0.85
	30	1.97[a]	1.96[a]	2.13[a]	0.04	0.11
	60	2.02[a]	2.09[a]	2.20[a]	0.04	0.09
	90	2.01[a]	2.07[a]	2.10[a]	0.07	0.65

（续表）

氨基酸	饲喂时间（d）	血液氨基酸含量（mg/dL）			标准误（mg/dL）	P 值
		对照组	试验Ⅰ组	试验Ⅱ组		
半胱氨酸（Cys）	0	2.19[a]	2.26[a]	2.18[a]	0.05	0.59
	30	2.25[a]	2.27[a]	2.43[a]	0.05	0.15
	60	2.29[a]	2.44[a]	2.47[a]	0.05	0.15
	90	2.28[a]	2.42[a]	2.37[a]	0.07	0.48
缬氨酸（Val）	0	2.17[a]	1.67[a]	2.05[a]	0.22	0.40
	30	2.16[a]	1.91[a]	2.08[a]	0.24	0.71
	60	2.31[a]	1.63[a]	2.56[a]	0.25	0.17
	90	2.47[a]	1.77[a]	1.96[a]	0.22	0.25
蛋氨酸（Met）	0	0.33[a]	0.37[a]	0.41[a]	0.03	0.38
	30	0.40[b]	0.59[a]	0.57[a]	0.03	0.01
	60	0.48[b]	0.69[a]	0.62[a]	0.03	0.01
	90	0.46[b]	0.68[a]	0.78[a]	0.05	0.02
异亮氨酸（Ile）	0	1.32[a]	1.28[a]	1.25[a]	0.05	0.64
	30	1.38[a]	1.39[a]	1.37[a]	0.03	0.84
	60	1.48[a]	1.52[a]	1.33[a]	0.05	0.13
	90	1.47[a]	1.49[a]	1.07[b]	0.07	0.03
亮氨酸（Leu）	0	1.50[a]	1.45[a]	1.47[a]	0.08	0.85
	30	1.61[a]	1.57[a]	1.74[a]	0.05	0.18
	60	1.72[a]	1.76[a]	1.90[a]	0.04	0.18
	90	1.71[b]	2.41[a]	2.30[a]	0.09	0.01
酪氨酸（Tyr）	0	1.50[a]	1.45[a]	1.47[a]	0.08	0.79
	30	1.54[a]	1.42[a]	1.39[a]	0.03	0.06
	60	1.60[a]	1.48[ab]	1.43[b]	0.03	0.04
	90	1.59[a]	1.38[a]	0.87[b]	0.09	0.02
苯丙氨酸（Phe）	0	0.92[a]	0.91[a]	0.90[a]	0.07	0.88
	30	1.03[a]	1.00[a]	1.17[a]	0.05	0.18
	60	1.08[a]	1.09[a]	1.28[a]	0.05	0.16
	90	1.08[a]	1.07[a]	1.18[a]	0.08	0.63

（续表）

氨基酸	饲喂时间（d）	血液氨基酸含量（mg/dL）			标准误（mg/dL）	P 值
		对照组	试验Ⅰ组	试验Ⅱ组		
赖氨酸（Lys）	0	0.96[a]	0.99[a]	0.94[a]	0.05	0.71
	30	1.02[c]	1.24[b]	1.37[a]	0.05	0.02
	60	1.08[c]	1.34[b]	1.49[a]	0.05	0.01
	90	1.07[b]	1.32[a]	1.39[a]	0.05	0.02
组氨酸（His）	0	0.73[a]	0.63[a]	0.66[a]	0.07	0.60
	30	0.84[a]	0.80[a]	0.97[a]	0.04	0.14
	60	0.93[a]	0.87[a]	1.11[a]	0.05	0.16
	90	0.95[a]	0.85[a]	0.84[a]	0.08	0.70
色氨酸（Trp）	0	0.53[a]	0.49[a]	0.50[a]	0.04	0.78
	30	0.62[a]	0.60[a]	0.77[a]	0.04	0.17
	60	0.72[a]	0.69[a]	0.89[a]	0.04	0.16
	90	0.71[a]	0.67[a]	0.79[a]	0.07	0.55
精氨酸（Arg）	0	1.02[a]	1.01[a]	1.01[a]	0.07	0.96
	30	1.13[a]	1.10[a]	1.26[a]	0.05	0.22
	60	1.17[a]	1.19[a]	1.37[a]	0.06	0.18
	90	1.16[b]	1.17[b]	1.64[a]	0.09	0.03
脯氨酸（Pro）	0	0.51[a]	0.47[a]	0.48[a]	0.05	0.76
	30	0.59[a]	0.58[a]	0.75[a]	0.04	0.17
	60	0.70[ab]	0.67[b]	0.86[a]	0.04	0.05
	90	0.70[a]	0.64[a]	0.76[a]	0.07	0.55

注：同一行平均值后不同小写字母表示差异显著（$P<0.05$）。

五、添加包被赖氨酸和蛋氨酸低蛋白质日粮对西门塔尔公牛经济效益的影响

如表 9-6 所示，与对照组相比，试验Ⅰ组和试验Ⅱ组采食量均无明显差异，但是试验Ⅰ和试验Ⅱ组料重比较对照组均有所下降，且试验Ⅰ组料重比最低，较对照组降低约 16.17%。试验Ⅰ组和试验Ⅱ组饲喂 90 d 每日养殖毛利润明显提高，尤其是试验 1 组，每日养殖毛利润大幅提升。

表 9-6 低蛋白质日粮添加包被赖氨酸和蛋氨酸对肉牛经济效益的影响

试验组	采食量（kg/d）	日增质量（kg/d）	料重比	每头牛日增质量收入（元）	每头牛每日基础饲料支出（元）	每头牛每日包被氨基酸支出（元）	每头牛每日毛利润（元）
对照组	10.29	1.24	8.60	42.19	20.13	0	22.05
试验 I 组	10.21	1.51	7.21	51.13	19.30	1.46	30.36
试验 II 组	10.27	1.33	7.84	45.29	18.76	2.19	24.34

六、结论

在本试验条件下，适当降低西门塔尔公牛日粮的粗蛋白质水平 1.0~1.5 个百分点，同时添加 20 g/d 的 RPMet 和 10 g/d 的 RPLys，补充 Met 和 Lys 的缺乏，可显著提高西门塔尔公牛的生产性能，增加养殖经济效益。

第二节 低蛋白质日粮补充合成氨基酸对荷斯坦肉牛生长性能、氮代谢及胴体性状的影响

一氧化二氮是一种温室气体，畜禽养殖过程中排出的粪便通常会产生该气体，尤其是反刍动物。乔岩瑞（2006）报道，降低日粮粗蛋白质水平可以在不影响动物生长性能的前提下降低尿氮排泄量，进而可以降低一氧化二氮的排放。因此，通过营养调控手段降低日粮粗蛋白质水平，并对动物补充必需氨基酸对减少温室气体和氨排放具有重要意义。方希修等（2001）报道了 12~18 月龄肉牛蛋白质的需求，其认为降低日粮粗蛋白质可降低肉牛氮排泄量，同时降低日粮粗蛋白质水平也可降低尿氮排泄和尿一氧化二氮排放。荷斯坦肉牛的体生长率和蛋白质需要量通常要高于一般的商品肉牛。此外，为避免蛋白质缺乏，一般饲喂粗蛋白质含量高于所需粗蛋白质含量的育肥日粮。另外，低粗蛋白质降低了育肥肉牛的氮排泄量，如 Choumei 等（2006）报道，育肥荷斯坦牛尿氮排泄与氮摄入量有关。Kamiya 等（2020）研究表明，在育肥前期将日粮粗蛋白质含量从 17.7% 降低至 16.2%，在育肥后期将日粮粗蛋白质含量从 13.9% 降低至 12.2%，并没有影响肉牛的生长性能，但降低了氮的排泄。但张娇娇等（2017）报道，降低日粮粗蛋白质含量对生长性能有负面影响。因此，提供必要数量的蛋白质或氨基酸被认为是维持肉牛生长性能的重要因素。赖氨酸或蛋氨酸被认为是生长牛的第一或第二限制性氨基酸，添加赖氨酸和蛋氨酸

已被报道可提高增重和氮的沉积。另外，在低蛋白质日粮中添加氨基酸可以减少氮排泄而不降低动物的生产性能。但目前关于不同蛋白质水平补充合成氨基酸对肉牛生长性能及氮排泄报道的数据有限，为评估低蛋白质日粮补充合成氨基酸对肉牛生长性能、氮代谢及胴体性状的影响，河北省农业广播电视学校马姜静将体重接近的120头肉牛随机分为2组，每组6个重复，每个重复10头。在20周的饲养试验期，对照组饲喂粗蛋白质水平为17.5%的全混合日粮，处理组饲喂粗蛋白质水平为15.0%的全混合日粮，同时补充赖氨酸、蛋氨酸和苏氨酸。结果发现，低蛋白质日粮补合成氨基酸可以改善肉牛生长前期的日增重和饲料报酬，提高氮沉积、背膘厚度、眼肌面积和肌肉粗蛋白质含量。

一、研究方案

（一）日粮设计与动物分组

试验将体重接近的120头肉牛随机分为2组，每组6个重复，每个重复10头。在20周的饲养试验期，对照组饲喂粗蛋白质水平为17.5%的全混合日粮，处理组饲喂粗蛋白质水平为15.0%的全混合日粮，同时补充合成赖氨酸、蛋氨酸和苏氨酸。

表9-7 不同蛋白质水平全混合日粮组成及营养水平

项目	对照组	处理组
原料（g/kg）		
玉米	240	284
青贮玉米	200	200
面粉	50	50
米糠	100	120
豆粕	125	100
棉粕	45	30
麸皮	80	65
玉米蛋白粉	45	28
苜蓿草	70	70
大豆油	25	28
尿素	4.5	4.5
食盐	2.5	2.5

（续表）

项目	对照组	处理组
赖氨酸盐酸盐	—	2.8
DL-蛋氨酸	—	0.6
L-苏氨酸	—	1.6
氯化胆碱	0.5	0.5
预混料	10	10
营养水平（%）		
干物质	88.5	88.5
粗灰分	4.55	4.55
粗蛋白质	17.5	15.0
粗脂肪	3.0	2.85
中性洗涤纤维	45.5	44.0
酸性洗涤纤维	20.5	19.5

注：每千克预混料含维生素 A 400 万 IU，维生素 E 4.5 万 IU，维生素 D_3 25 万 IU，维生素 B_1 300 mg，维生素 B_2 800 mg，泛酸 5 000 mg，烟酸 12 000 mg，生物素 250 mg，叶酸 220 mg。硫酸亚铁 55 g，硫酸钴 0.15 g，硫酸锌 35 g，硫酸锰 35 g，碘化钾 0.85 g，亚硒酸钠 0.20 g。

（二）饲养管理

试验期间每天饲喂肉牛 2 次全混合日粮，肉牛自由采食和饮水，分别在试验第 0 周、10 周和 20 周早上饲喂前按照重复对肉牛进行称重，每天收集剩余未采食的饲料量并称重，间隔 2 周记录 1 次饲料用量，试验结束后用记录的数据计算试验各阶段的日增重、采食量和饲料报酬。

（三）氮代谢及胴体性状分析

在试验第 10 周和 20 周的前 3 d，每个重复选择体重接近的 3 头牛进行代谢试验。分别于早晚连续采集 3 d 尿液和粪便样本，用凯氏定氮法对尿液和粪便样本中氮含量进行分析，参考张晓明等（2014）的方法计算氮代谢指标。试验结束后每个重复随机选择 2 头体重一致的肉牛进行屠宰，称量屠体重，计算屠宰率，按照万发春等（2004）报道的方法测定背膘厚度、眼肌面积、大理石纹评分、肉色、嫩度和肌肉成分。

（四）数据分析

数据采用 SAS 软件单因素方差分析模型，主效应为日粮蛋白质水平，采用 Tukey 法进行多重比较，$P<0.05$ 表示差异显著。

二、低蛋白质日粮补充合成氨基酸对肉牛生长性能的影响

对照组与处理组对肉牛 10 周和 20 周体重、生长后期和整个试验期平均日增重、平均日采食量的影响均无显著差异（$P>0.05$）。处理组肉牛 0~10 周平均日增重较对照组显著提高 6.84%（$P<0.05$），但 0~10 周和 0~20 周料重比较对照组分别显著降低 6.63% 和 3.67%（$P<0.05$）。

表 9-8 低蛋白质日粮补充合成氨基酸对肉牛生长性能的影响

项目	对照组	处理组	标准误差	P 值
体重（kg）				
0 周	228. 16	224. 37	2. 68	0. 27
10 周	331. 45	334. 73	2. 32	0. 38
20 周	430. 18	433. 76	2. 53	0. 40
日增重（kg/d）				
0~10 周	1. 47[b]	1. 58[a]	0. 07	0. 03
11~20 周	1. 41	1. 41	0. 00	0. 87
0~20 周	1. 44	1. 49	0. 04	0. 13
采食量（kg/d）				
0~10 周	8. 34	8. 32	0. 01	0. 78
11~20 周	10. 26	10. 25	0. 01	0. 82
0~20 周	9. 30	9. 28	0. 01	0. 65
饲料报酬				
0~10 周	5. 65[a]	5. 28[b]	0. 27	0. 03
11~20 周	7. 27	7. 25	0. 02	0. 46
0~20 周	6. 44[a]	6. 21[b]	0. 17	0. 04

注：同行数据无字母标注或字母相同表示差异不显著（$P>0.05$），同行数据标注不同字母表示组间差异显著（$P<0.05$）。下表同。

三、低蛋白质日粮补充合成氨基酸对肉牛氮代谢的影响

由表9-9可知，对照组与处理组肉牛在试验第10周粪氮、尿氮排泄量及氮沉积量、20周的粪氮排泄量无显著差异（$P>0.05$）。与对照组相比，处理组肉牛试验第10周氮摄入量、20周氮摄入量、尿氮排泄量和氮沉积量分别显著提高3.76%、17.86%、14.02%和63.95%（$P<0.05$）。通过添加不同比例的玉米和豆粕，饲喂大部分养分含量基本相同但粗蛋白质含量不同的日粮，本研究发现，处理组肉牛0~10周平均日增重较对照组显著提高6.84%，0~10周和0~20周料重比较对照组分别显著降低6.63%和3.67%。因此，尽管日粮蛋白质水平降低，但补充合成后可以弥补蛋白质摄入量低后蛋白质的平衡。王星凌等（2014）报道，提高蛋白质水平可以提高肉牛增重，这与本研究结果存在差异，作者推测，日粮蛋白质水平对生长性能的影响结果与生长阶段、试验环境及饲养管理有关。

有报道称，在饲喂尿素和紫花苜蓿饲粮的荷斯坦牛瘤胃中注入蛋氨酸可降低尿氮排泄，增加氮沉积（Greenwood和Titgemeyer，2000）。此外，Batista等（2016）研究发现，在氮含量为1.4%的日粮中添加过瘤胃赖氨酸可降低瘤胃瘘管荷斯坦牛尿氮排泄，增加氮沉积。通过这种方式，蛋氨酸或赖氨酸为依赖饲料原料的限制性氨基酸，补充它们可以减少氮的排泄，增加氮的沉积，这与本研究结果一致。由此可见，与商品饲粮相比，在低蛋白质日粮中同时添加过瘤胃必需氨基酸（赖氨酸、蛋氨酸和苏氨酸）有可能在不影响生长性能的前提下提高氮沉积。

表9-9　低蛋白质日粮补充合成氨基酸对肉牛氮代谢的影响　（g/d）

项目	对照组	处理组	标准误差	P值
10周				
摄入量	222.35[b]	233.82[a]	5.99	0.02
粪氮	76.16	78.23	1.46	0.67
尿氮	103.35	105.21	1.32	0.47
氮沉积	45.84	50.38	3.21	0.18
20周				
摄入量	183.16[b]	215.87[a]	23.13	0.04
粪氮	64.25	66.12	1.32	0.45

（续表）

项目	对照组	处理组	标准误差	P 值
尿氮	90.53[b]	103.22[a]	8.97	0.03
氮沉积	28.38[b]	46.53[a]	12.83	0.02

四、低蛋白质日粮补充合成氨基酸对肉牛胴体性状的影响

由表9-10可知，对照组与处理组肉牛胴体重、屠宰率、肌肉大理石纹评分、嫩度、肉色及肌肉水分、粗脂肪和粗灰分含量均无显著差异（$P>0.05$）。与对照组相比，处理组肉牛背膘厚度、眼肌面积和肌肉蛋白质含量分别显著提高14.44%、11.07%和14.19%（$P<0.05$）。胴体性状结果显示，对照组与处理组肉牛胴体重、屠宰率、肌肉大理石纹评分、嫩度、肉色、肌肉水分、粗脂肪和粗灰分含量均无显著差异，但处理组肉牛背膘厚度、眼肌面积和蛋白质含量显著高于对照组。Watanabe等（2004）报道，肉中游离氨基酸含量主要是作为肉的味道成分，受储存条件的影响，育肥早期日粮粗蛋白质含量不影响肌肉游离氨基酸含量。另一方面，在育肥期间，日粮蛋白质含量对牛肉背膘厚度和眼肌面积的影响机理还尚不清楚。此外，在本研究中，高蛋白组肉牛肌肉平均粗脂肪含量为16.13%~16.22%，这与Ueda等（2007）报道的结果一致。

表 9-10 低蛋白质日粮补充合成氨基酸对肉牛胴体性状的影响

项目	对照组	处理组	标准误差	P 值
胴体重（kg）	246.67	252.71	4.27	0.28
屠宰率（%）	57.34	58.26	0.65	0.32
背膘厚度（mm）	12.12[b]	13.87[a]	1.24	0.03
眼肌面积（cm^2）	87.13[b]	96.78[a]	6.82	0.02
大理石纹	5.34	5.28	0.04	0.58
嫩度	1.33	1.27	0.04	0.36
肉色	2.96	2.90	0.04	0.28
肌肉成分（%）				
水分	61.76	61.43	0.23	0.76
粗蛋白质	20.65[b]	23.58[a]	2.07	0.03
粗脂肪	16.13	16.22	0.06	0.59
粗灰分	0.94	0.92	0.01	0.57

五、结论

低蛋白质日粮补充合成氨基酸可以改善肉牛生长前期的日增重和饲料报酬，同时提高氮沉积、背膘厚度、眼肌面积和肌肉粗蛋白质含量。

第三节　低蛋白日粮补饲过瘤胃蛋氨酸、亮氨酸、异亮氨酸对后备牛生长及消化性能的影响

氨基酸对机体的生长发育、消化代谢有着重要作用，那么在低蛋白日粮下对机体造成的影响是否可以通过添加氨基酸来弥补，这逐渐成为研究热点。以玉米-豆粕为基础型日粮补饲过瘤胃氨基酸在泌乳牛上研究较多。赵鹏（2009）在泌乳中期的奶牛添加适量过瘤胃氨基酸并调节限制性氨基酸的比例显著提高了奶牛的生产性能。有研究表明，补饲瘤胃保护氨基酸的泌乳荷斯坦奶牛，过瘤胃蛋白质的需要量降低，可以降低日粮营养水平以缓解蛋白质过量造成的负面影响（Hristov 等，2005；Patton 等，2014；Giallongo 等，2015）。同样有研究发现，奶牛饲喂低蛋白日粮的同时补充合适的瘤胃保护氨基酸，能够弥补因日粮蛋白降低而对奶牛生产性能产生的潜在负效应（Hristov 等，2014）。相关研究发现，给奶牛补饲赖氨酸，蛋氨酸或组氨酸，可以提高氮利用效率，促进奶牛生产性能（Blum 等，1999；Lee 等，2012；Lee 等，2015；Giallongo 等，2016）。大量研究已经表明，饲喂一定蛋白水平日粮的奶牛，补饲瘤胃保护蛋氨酸和赖氨酸可以提高乳产量、乳蛋白含量、乳脂率（Robinson 等，1998；Samuelson，2001）。

秦肖莉（2017）在泌乳奶牛上采用低蛋白日粮补饲瘤胃保护氨基酸（RPleu、RPIle、RPThr、RPMet），发现乳产量和乳蛋白产量显著增加。赵凯（2017）同样发现，低蛋白日粮添加 RPIle 和 RPLeu 通过乳腺 mTOR 信号通路影响乳蛋白合成。大量研究表明，低蛋白日粮补饲氨基酸饲喂泌乳荷斯坦奶牛是一个可行的方法，但在后备牛上应用研究较少。有研究在仔猪低蛋白日粮中补充支链氨基酸可以促进肠道发育，改善仔猪生长性能，并且亮氨酸、异亮氨酸均参与了调控信号通路的作用（张世海，2016）。杨魁（2014）发现，在生长育肥牛日粮中添加 RPMet、RPLys 具有促进生长、改善蛋白质代谢的作用，特别是在低蛋白日粮（CP 12.61%）中添加高剂量的 RPMet、RPLys 效果最为明显，这提示了后备牛低蛋白日粮补饲过瘤胃氨基酸的可行性，并且随着越来越多的工业氨基酸的上市和价格的逐渐降低，氨基酸包被技术逐渐成熟，在生

产中使用低蛋白日粮补饲过瘤胃氨基酸已成为一种现实的可能。为探究低蛋白日粮补饲过瘤胃蛋氨酸（RPMet）、过瘤胃亮氨酸（RPLeu）与过瘤胃异亮氨酸（RPIle），山东农业大学李国栋对后备牛生长发育、血清生化指标、消化代谢及 N 排放等影响，以期为后备牛的饲养提供数据支持。

一、研究方案

（一）试验材料

过瘤胃保护蛋氨酸：包被率 60%，过瘤胃率 85%，小肠释放率 99%；过瘤胃保护亮氨酸：包被率 70.6%，过瘤胃率 86.4%，小肠释放率 98.3%；过瘤胃保护异亮氨酸：包被率 70.3%，过瘤胃率 87.2%，小肠释放率 98.1%。所有包被氨基酸来自杭州康德权饲料有限公司。

（二）试验动物与设计

40 头 7 月龄荷斯坦后备母牛，平均日龄为（211.5±1.5）d，初始体重（219.6±5.8）kg；随机区组试验设计，按照体重、日龄相近原则分为 5 个处理组，每组 8 头。试验处理为：高蛋白正对照组，日粮 CP 含量 14.6%（HP）；低蛋白负对照组，日粮 CP 含量 11.6%；低蛋白日粮+RPMet（LP+M）；低蛋白日粮+RPIle 和 RPLeu（LP+IL）；低蛋白日粮+RPMet+RPIle 和 RPLeu（LP+MIL）。各试验处理日粮能量含量相近。试验共进行 70 d，其中预饲期 10 d，正试期 60 d。

（三）试验日粮

试验日粮按照美国 NRC（2001）标准配制，5 种试验日粮分别为：① 高蛋白组 HP（14.6% CP）；② 低蛋白组 LP（11.6% CP）；③ LP+M 组 11.6% CP+AA（RPMet 0.817‰）；④ LP+IL 组 11.6% CP+AA（RPLeu 3.211‰，RPIle 1.886‰）；⑤ LP+MIL 组 11.6% CP+AA（RPMet 0.817‰，RPLeu 3.211‰，RPIle 1.886‰）。

采用玉米–豆粕型日粮，试验日粮组成成分含量与营养成分见表 9-11。

根据 NRC（2001）预测每种日粮小肠可消化 AA 含量，添加氨基酸使每种氨基酸分别达到 14.6% CP 高蛋白日粮的相应氨基酸水平。而实际的过瘤胃 AA 添加量则根据产品包被率、瘤胃降解率和小肠释放率计算得到。每天的添加量分两次添加，撒在 TMR 上，辅助奶牛采食。预测的小肠可消化 EAA 量见

表 9-12，过瘤胃 AA 的实际添加量如表 9-13。

表 9-11　试验日粮组成及营养水平（干物质基础）

项目	组别				
	HP	LP	LP+M	LP+IL	LP+MIL
组成成分（%）					
稻草	9.6	9.6	9.6	9.6	9.6
小麦秸秆	19.0	18.9	18.9	18.9	18.9
苜蓿	9.3	9.2	9.2	9.2	9.2
玉米青贮	26.9	26.9	26.9	26.9	26.9
黄玉米	9.5	17.4	17.4	17.4	17.4
DDGS	4.1	4.1	4.1	4.1	4.1
麸皮	3.4	3.4	3.4	3.4	3.4
豆粕	12.2	4.4	4.4	4.4	4.4
棉粕	3.9	3.9	3.9	3.9	3.9
预混料	2.2	2.2	2.2	2.2	2.2
合计	100	100	100	100	100
营养成分（%）					
干物质	37.55	37.55	37.55	37.55	37.55
日粮代谢能（Mcal/kg）	2.26	2.23	2.23	2.23	2.23
粗蛋白	14.6	11.6	11.6	11.6	11.6
代谢蛋白[3]	10.86	8.42	8.42	8.42	8.42
粗脂肪	3.37	3.07	3.07	3.07	3.07
中性洗涤纤维	54	52.4	52.4	52.4	52.4
酸性洗涤纤维	29.9	29.4	29.4	29.4	29.4
粗灰分	5.89	5.57	5.57	5.57	5.57
钙	0.85	0.88	0.88	0.88	0.88
磷	0.41	0.43	0.43	0.43	0.43

注：1. 预混料为每千克精料提供：维生素 A 300 000 IU，维生素 D_3 90 000 IU，维生素 E 1 800 IU，Fe 1 000 mg，Cu 560 mg，Mn 2 200 mg，Zn 2 500 mg，Co 20 mg。

2. 代谢能为 NRC（2001）预测值。

3. 代谢蛋白=0.64×MCP%+0.8×RUP%×CP%（NRC，1989）。RUP 含量由泰安金兰乳业公司选用 2 岁健康瘘管牛，参照 Ørskov 等的尼龙袋法测得。

表 9-12　根据 NRC（2001）预测的小肠可消化 EAA 流量

AA	14.6%		AA	11.6%	
	含量（g/d）	占 MP（%）		含量（g/d）	占 MP（%）
Arg	52	4.96	Arg	40	4.88
His	23	2.22	His	18	2.21
Phe	53	5.02	Phe	51	4.98
Ile	48	4.56	Ile	37	4.55
Leu	90	8.51	Leu	70	8.59
Lys	62	5.83	Lys	48	5.85
Met	18	1.68	Met	14	1.77
Thr	47	4.46	Thr	37	4.56
Val	54	5.15	Val	43	5.22

表 9-13　过瘤胃 AA 的实际添加量

EAA	HP	LP	LP+M	LP+IL	LP+MIL
RPMet,‰of DM	—	—	0.817	—	0.817
RPLeu,‰of DM	—	—	—	3.211	3.211
RPIle,‰of DM	—	—	—	1.886	1.886

注：1. RPMet 包被含量 60%，过瘤胃率 85%，小肠释放率 99%；RPLeu 包被含量 70.60%，过瘤胃率 86.4%，小肠释放率 98.3%；RPIle 包被含量 70.3%，过瘤胃率 87.2%，小肠释放率 98.1%。过瘤胃率在泰安金兰乳业公司选用 2 岁健康瘘管牛，参照 Ørskov 等的尼龙袋法测得。过瘤胃氨基酸的小肠释放率由生产商提供。

2. 过瘤胃氨基酸由杭州康德权科技有限公司制备。

（四）饲养管理

预饲期 10 d，正试期 60 d。试验期间各组牛的日粮营养水平、成分保持不变，根据体重和试验牛剩料情况，每 10 d 调整 1 次，保证每头牛采食后食槽中饲料略有剩余，单独记录每头牛的采食量，自由饮水，TMR 日粮每天饲喂 2 次，第一次 9:00，第二次 16:00。

（五）样品采集与方法

在试验开始第 1 天、30 天、60 天，每个时间的前 3 d 每天记录每头奶牛的饲料供给量及剩余量。饲料样品及剩料样品 105℃下测定 DM。每次采集饲料样品及剩余料样品，剩料样品按剩料各成分鲜重比例混匀。所有样品于65℃烘干测定初水分，使用粉碎机粉碎至 1 mm，密封保存于−20℃，用以实验室分析后续测定干物质（DM）、粗蛋白质（CP）、中性洗涤纤维（NDF）、酸性洗涤纤维（ADF）、灰分（Ash）和酸不溶灰分（AIA）、钙（Ca）、磷（P）等。

在第 30 天、60 天第一次饲喂前尾根静脉采血 10 mL，立即注入事先准备好的促凝管中，置于 37℃水浴锅保温，静置后 3 500 r/min 离心 15 min，收集上层血清于 1.5 mL 离心管中，在−20℃冰箱冷冻保存。

在后备牛饲养 28~30 d 和 58~60 d 时进行两次消化代谢试验，用点采样法（Leonardi 等，2003）采集粪、尿。尿液采集用阴门按摩刺激法，收集中游尿液 20 mL，尿样迅速按照 1 份尿样：4 份 0.072N H_2SO_4 的比例加硫酸固氮，将6 次采样样品等量混匀，于−20℃保存，测定粗蛋白质（CP）、肌酸酐（Cre）。粪样采用直肠取粪法，按比例进行混合，于 65℃下烘至恒重并粉碎至 1 mm 后测定（DM）、粗蛋白质（CP）、中性洗涤纤维（NDF）、酸性洗涤纤维（ADF）、灰分（Ash），酸不溶灰分（AIA）。

总尿液量、总排粪量分别通过尿肌酐（Chizzotti 等，2008）、酸不溶灰分（霍启光等，1982）作为内源指示剂进行计算而得。

$$总排粪量 = (A1 \times B1 - A2 \times B2) / C$$

式中，$A1$ 为投料量（kg）；$B1$ 为投料的酸不溶灰分比例（%）；$A2$ 为剩料量（kg）；$B2$ 为剩料的酸不溶灰分比例（%）；C 为粪中酸不溶灰分比例（%）。

$$总尿液量 = CE/DCE = (0.29 \pm 0.0002 \times BW) \times BW$$

式中，CE 为理论后备牛每天肌酐排泄量（mmol）；D 为尿液中肌酐浓度（mmol/L）；BW 为后备牛体重（kg）。

在试验开始第 1 天、30 天、60 天第一次饲喂前测量每头牛的体重、体尺。测量时保持奶牛端正站立在平坦场地上，四肢直立，从后面看后腿掩盖前腿，侧望左腿掩盖右腿。头自然前伸，不左右偏，不高抬或下俯。四蹄落在地面呈两条平行直线。

体高：奶牛个体十字部最高点至水平地面的垂直高度。

体斜长：奶牛肩胛骨前缘至坐骨结节后缘的距离。

胸围：奶牛肩胛骨后角（肘突后缘）处量取的胸部周径。

使用全自动生化分析仪（日立，type 7020）对血浆生化指标进行测定。测定生化指标及激素，主要包括：包括葡萄糖（GLU）、甘油三酯（TG）、尿素（Urea）、白蛋白（ALB）、总蛋白（TP）、碱性磷酸酶（ALP）、谷草转氨酶（AST）、谷丙转氨酶（ALT）。试剂盒为四川迈克生物科技股份有限公司生产。

胰岛素（INS）、胰高血糖素（GLN）、胰岛素样生长因子-I（IGF-1）、生长激素（GH）、催乳素（PRL）、促黄体生成素（LH）、孕酮（P）、雌二醇（E2）。由泰安市中心医院进行放射性免疫法测定。

生长激素试剂盒购自天津九鼎医学生物工程有限公司。

催乳素、雌二醇、促黄体生成激素、孕酮试剂盒天津市协和医药科技集团有限公司。

胰岛素试剂盒购自潍坊三维生物工程集团有限公司。

胰高血糖素试剂盒购自北京北方生物技术研究所有限公司。

胰岛素样生长因子试剂盒购自南京建成生物工程研究所。

尿液中肌酐采用肌氨酸氧化酶法试剂盒（南京建成生物科技有限公司），使用 CMaxPlus 微孔板读板机进行分析。

（六）统计分析

用 Excel 初步进行统计整理，采用 SAS 9.2 统计软件中 GLM 过程进行统计，Duncan's 法进行多重比较用于检验各组平均数间的差异显著性。$P<0.01$ 为差异极显著，$P<0.05$ 为差异显著，$P<0.10$ 说明各处理组间的变化规律有存在差异的趋势。

二、低蛋白日粮添加过瘤胃 AA 对后备牛生长性能的影响

由表 9-14 可知，处理组间试验牛初始体重、体斜长、胸围各组无显著差异（$P>0.05$）。在 30 d、60 d 时，低蛋白日粮添加过瘤胃 AA 对后备牛体斜长、体重、体高无显著影响（$P>0.05$）；对于胸围来说，在第 30 天时各组间无显著差异（$P>0.05$）；在第 60 天时，处理对各组间胸围影响显著（$P<0.05$），其中 LP+MIL 组显著高于 LP 和 LP+IL 组，HP 组显著高于 LP+IL 组，其他各组间差异不显著。对于 ADG，1~30 d 组间有差异趋势，（$0.05<P<0.1$），HP 组有着较高水平，30~60 d 各组间无显著差异（$P>0.05$），但是在数值上 LP 组较低。1~60 d 平均日增重，LP 组显著低于 HP 和 LP+MIL 组，其他各组间差异不显著；千克日增重蛋白摄入量，以 LP+IL 和 LP+MIL 组最低，30 d 测定结果有低于 LP+M 组的趋势（$0.05<P<0.1$），与其他各组间差异不显著；在第 60 天时，组间无差异（$P>0.05$），但是在数值上 LP+MIL 组最低。

　　体尺是动物遗传育种与动物营养研究的重要指标，与生产性能有着紧密联系。本试验在 CP 为 14.6%、11.6% 两种蛋白水平饲喂，并且在低蛋白水平日粮添加过瘤胃氨基酸的试验条件下，体斜长、体高、体重各组间没有显著差异。随着月龄增长，后备奶牛的体尺指标逐渐增长，但速度会逐渐降低，不同体尺指标的降幅不同，在 0~5 月龄期间，胸围和体斜长的生长速度较为接近，但是在 5 月龄后，由于开始大量饲喂粗饲料，体尺的增长速度开始发生改变，胸围的生长速度要大于体斜长、体高（李文等，2007）。这解释了本试验在第60 天时胸围指标产生组间差异。随着饲喂时间的增长，不同组之间的差异逐渐扩大，LP+MIL 组显著高于 LP 组，并与 HP 组差异不显著，说明在本试验低蛋白日粮的条件下补饲过瘤胃蛋氨酸、异亮氨酸、亮氨酸可以促进胸围的增长，相关机理需要进一步研究。

　　在第 30 天时，LP+IL、LP+MIL 组每千克增重所消耗蛋白的量有低于 LP+M 组的趋势（$0.05 < P < 0.1$），在第 60 天时虽然各组差异不显著，但是数值上 LP+MIL 组最低。可以认为 LP+MIL 组每千克增重所消耗的蛋白要低于其余组。

　　1~30 d 与 30~60 d 的 ADG 各组间差异不明显，可能是试验周期短的情况下体重增长差异小，但是在数值上 HP 组要高于其余组。30~60 d 各组的 ADG 小于 1~30 d，这可能是随身体发育逐渐成熟，瘤胃功能更完善，生长速度减缓，与李文（2007）的统计结果相符。全期（1~60 d），高蛋白组（HP）的 ADG 要显著高于低蛋白组（LP），与葛汝方（2015）的研究结果一致。LP+MIL 组的 ADG 与高蛋白组（HP）无显著差异，并且 LP+MIL 组显著高于低蛋白组，说明低蛋白日粮添加过瘤胃蛋氨酸+过瘤胃亮氨酸+过瘤胃异亮氨酸促进了身体发育，杨魁（2014）研究表明，过瘤胃蛋氨酸可以提高育肥牛生长性能。补充 Met 以及替代物可以显著地增加大鼠增重。桑丹等（2011）表明，亮氨酸、异亮氨酸可以通过对 mTOR 信号传导通路的影响来促进骨骼肌蛋白质的合成。Sweatt 等（2004）认为，由于肝脏中没有支链氨基酸转氨酶（BCAT），所以亮氨酸不在肝脏中降解，但肌肉中存在 BCAT，所以支链氨基酸可在肌肉中降解，从而提供能量激活 mTOR。有研究表明，Leu 可以改善胰腺外分泌功能，可以增加反刍动物小肠对营养物质的消化（Liu 等，2015）。这可能解释了低蛋白日粮添加过瘤胃蛋氨酸、亮氨酸、异亮氨酸组的平均日增重高于低蛋白日粮组，并且 Met、Leu、Ile 之间可能存在协作效应，韩兆玉等（2006）发现，过瘤胃蛋氨酸能提高血清中支链氨基酸水平。对于平均日增重来说，它们共同添加产生的效益要好过单独添加 Met（LP+M 组）和单独添加 Leu、Ile（LP+IL 组），这需要进一步研究。

表 9-14 低蛋白日粮添加过瘤胃 AA 对后备牛体重、体尺、ADG 的影响

项目	试验天数	处理组					标准误	P 值
		HP	LP	LP+M	LP+IL	LP+MIL		
体斜长（cm）	1 d	115.3	118	117.9	116.8	116.4	0.55	0.52
	30 d	124.6	122.3	121.2	120.7	120.1	0.75	0.42
	60 d	126	126.1	124.4	124	124.1	0.56	0.62
胸围（cm）	1 d	153	150.3	151.4	148.2	150.8	0.81	0.51
	30 d	160.2	156	158.5	156.4	159.4	0.63	0.16
	60 d	165.7^{ab}	161.1^{bc}	165.1^{abc}	160.7^{c}	166.8^{a}	0.76	0.02
体重（kg）	1 d	221.1	223.2	225.4	213.8	218.9	2.97	0.81
	30 d	270.2	251.8	254.3	247.4	253.1	3.60	0.41
	60 d	289.9	278	282.4	269.6	285.8	3.24	0.36
体高（cm）	30 d	119.8	118.2	118.8	119.4	119.3	0.42	0.81
	60 d	123	122	121.2	123.3	124	0.39	0.12
平均日增重（kg/d）	1~30 d	1.35^{a}	1.07^{b}	1.01^{b}	1.21^{ab}	1.13^{ab}	0.04	0.09
	30~60 d	1.02	0.76	1.00	0.79	1.09	0.06	0.31
	1~60 d	1.14^{a}	0.88^{b}	0.95^{ab}	0.96^{ab}	1.12^{a}	0.03	0.03
每千克增重消耗蛋白量（g）	30 d	707^{ab}	788.5^{ab}	934.7^{a}	614.9^{b}	668.1^{b}	39.23	0.06
	60 d	1115.2	1066.4	897.6	1063.4	880.1	67.77	0.75

注：1. 同行数据肩标无字母或相同字母表示不显著（$P>0.05$），不同小写字母表示差异显著（$P<0.05$）或者有差异趋势（$0.05<P<0.1$）。下表同。

2. 1 d、30 d、60 d 为饲喂第 1 天、第 30 天、第 60 天时采集数据。下同。

3. 1~30 d、30~60 d、1~60 d 表示试验期各阶段时间测定指标的平均值。下同。

三、低蛋白日粮添加过瘤胃 AA 对后备牛血清生化指标的影响

由表 9-15 可知，在 30 d 时，血清尿素（Urea）含量组间差异极显著（$P<0.01$），HP 组显著高于其余各组，LP+M 组要高于 LP、LP+IL 组，与 LP+MIL 组差异不显著。在 60 d 时，HP 组有高于 LP、LP+M 组的趋势（$0.05<P<0.1$），与其余组无显著差异。血清葡萄糖在 60 d 时，组间差异显著（$P<0.05$），LP 组极显著低于其余各组。甘油三酯（TG）、白蛋白（ALB）、总蛋白（TP）、碱性磷酸酶（ALP）、谷草转氨酶（AST）、谷丙转氨酶（ALT）在各时期组间均没有显著差异（$P>0.05$）。

表 9-15　低蛋白日粮添加过瘤胃 AA 对生化指标的影响

项目	试验天数	处理组					标准误	P 值
		HP	LP	LP+M	LP+IL	LP+MIL		
ALT（U/L）	30 d	29	25.75	29.75	31	30	1.16	0.71
	60 d	28.5	28.25	28.75	27.5	27.25	1.01	0.99
AST（U/L）	30 d	56.75	63.75	70.25	90.25	67.5	5.80	0.48
	60 d	59.25	61.25	64	61.25	64.5	1.05	0.53
AKP（U/L）	30 d	192.75	198.5	251	219.25	183.25	9.12	0.12
	60 d	175.5	191	187.25	150.25	143.75	9.51	0.43
TP（g/L）	30 d	69.35	71.73	71.95	71.4	71.33	0.50	0.52
	60 d	69	69.08	69.28	72.88	70.6	0.93	0.69
ALB（g/L）	30 d	26.03	26.28	26.7	26.25	24.7	0.32	0.35
	60 d	25.5	24.98	26.28	26.8	25.9	0.27	0.23
Urea（mmol/L）	30 d	4.46[a]	2.16[c]	2.99[b]	2.2[c]	2.58[bc]	0.21	<0.01
	60 d	4.38[a]	2.73[b]	3.02[b]	3.31[ab]	3.26[ab]	0.20	0.08
GLU（mmol/L）	30 d	4.64	4.48	3.99	4.67	4.13	0.11	0.25
	60 d	4.44[a]	3.66[b]	4.22[a]	4.4[a]	4.27[a]	0.08	<0.01
TG（mmol/L）	30 d	0.18	0.18	0.15	0.23	0.19	0.01	0.33
	60 d	0.16	0.18	0.16	0.21	0.16	0.01	0.31

　　血清尿素含量是反映机体蛋白质氮代谢的重要指标，容易受饲喂的氮摄入量与瘤胃微生物的内源氮分泌的影响。奶牛日粮蛋白质在瘤胃转化过程中，多余的氨是通过肝脏脱氢转化为尿素排出体外的，血清尿素是机体蛋白质代谢的最终产物，张蓉（2008）认为蛋白质采食量多，尿素含量也会增加。本试验尿素氮水平高蛋白组（HP）显著高于低蛋白组（LP），说明尿素浓度随日粮蛋白水平升高而升高，与张卫兵等（2010）结论一致。第 30 天时，尿素水平高蛋白组（HP）要显著高于其余组，而当第 60 天时，LP+IL、LP+MIL 组的尿素水平有接近 HP 组的趋势，Stanley 等（2002）认为尿素氮浓度的高低可以较为准确地反映动物体内蛋白质代谢和饲粮氨基酸的平衡状况，尿素浓度升高主要是摄入的含氮物质增高、蛋白质的利用率降低或者氨基酸代谢旺盛等原因造成的。

　　血糖是机体能源供应的主要成分，对体内组织、器官和系统，特别是中枢神经的正常生理活动起到营养和供能作用。本试验中 30 d 时血糖含量没有显著性差别，但随着体重的增长，机体对营养物质的需求增加，在 60 d 时低蛋白日粮组血糖水平低于其他处理，这可能是低蛋白日粮组的氨基酸含量不足，奶牛需要大量的氨基酸和丙酸来合成葡萄糖，氨基酸糖异生供能导致血糖升高。Rulquin 和 Delaby（1997）报道，日粮中添加过瘤胃蛋氨酸促进肝脏糖异生使血浆葡萄糖浓度增加。Xiao 等（2014）研究发现，以单个 BCAA 剥夺的日粮饲喂小鼠，缺乏 Leu 或 Ile 的日粮饲喂小鼠，其血浆葡萄糖水平显著降低，原因可能是 mTOR/S6K1 通路表达量减少，AMPK 信号通路增加，导致关键的糖异生基因葡萄糖-6-磷酸酶的表达减少。张世海（2016）报道，低蛋白日粮中异亮氨酸对葡萄糖在肠道和肌肉中的转运和吸收有着重要作用。Bernard 等（2012）研究发现，氨基酸混合物在胰岛素的协同下可以调节血液中葡萄糖的吸收利用。研究表明，异亮氨酸和亮氨酸在体内和体外试验都具有调控葡萄糖吸收的功能（Doi 等，2005；Nishitani 等，2005）。

血清白蛋白（ALB）具有作为营养物质的载体、维持血浆渗透压、提供机体蛋白质等功能。血清球蛋白反映机体的免疫能力。血清中白蛋白和球蛋白总和即为总蛋白（TP）。蛋白质摄入不足或吸收障碍，可引起血清白蛋白含量降低显著差异。本试验 ALB、TP 组间无显著差异性，说明低蛋白水平与添加的过瘤胃氨基酸没有对 ALB、TP 产生负面影响。

甘油三酯（TG）在血液中通常被称为血脂，TG 主要用作能量代谢，本试验 TG 组间无显著差异，说明低蛋白水平与添加的过瘤胃氨基酸没有对能量代谢产生负面影响。

谷丙转氨酶（ALT）、谷草转氨酶（AST）、碱性磷酸酶（AKP）的活性是反映机体肝功能和心功能的重要指标，是参加氨基酸代谢的重要的酶。一般来说，其活性相对稳定，但当活性升高幅度过大时可能表示心脏和肝脏受损（崔萌萌等，2012）。本试验 ALT、AST、AKP 组间无显著差异，说明在本试验条件下过瘤胃氨基酸添加量与种类和日粮蛋白水平对试验牛的氨基酸代谢和蛋白质、脂肪及糖的转换没有显著影响，同时也没有损伤生长育肥牛的肝脏和心脏，王菲等（2020）、张成喜（2017）、郝薪云（2018）有类似结果。

四、低蛋白日粮添加过瘤胃 AA 对后备牛激素的影响

由表 9-16 可知，第 30 天时，胰高血糖素（GLN），LP+MIL 组极显著低于其余组（$P<0.01$）；在第 60 天，胰岛素（INS）含量，LP+MIL 组极显著高于其余组（$P<0.01$），对于促黄体生成激素（LH）来说，没有加 RPMet 的 LP+IL 组有低于 LP+M、LP+MIL 的趋势。其余各时期的催乳素（PRL）、生长

激素（HGH）、孕酮（P）、雌二醇（E）、胰岛素样生长因子-1（IGF-1）组间均没有显著差异（$P>0.05$）。胰岛素是由胰岛 β 细胞受内源性或外源性物质（如葡萄糖、胰高血糖素等）刺激时分泌的一种蛋白质激素，并且是机体内唯一降低血糖的激素。本试验在 30 d 时各组间胰岛素含量没有显著差异，60 d 时低蛋白日粮添加过瘤胃蛋氨酸+亮氨酸+异亮氨酸组（LP+MIL）显著高于其他组，Horiuchi 等（2017）研究发现，低蛋白日粮能引起小鼠胰岛素分泌减少，补充支链氨基酸可以恢复。Guo 等（2007）研究表明，小鼠日粮 Leu 的缺乏导致其血清胰岛素水平下降至 1/3。有报道指出，支链氨基酸可以刺激胰岛素分泌（郑春田等，2001a；毛湘冰等，2011），也有研究报道异亮氨酸不参与调控胰岛素分泌（Doi 等，2003）。Harris（1994）报道认为，亮氨酸的代谢产物 α - 酮戊己酸可促进胰岛素的分泌，抑制胰高血糖素分泌，抑制糖原异生，对胰功能起到一定的调控作用。本试验 LP+IL 组、LP+M 组与 HP、LP 组无显著差异，而 LP+MIL 组胰岛素水平显著高于其余组，可能蛋氨酸与亮氨酸、异亮氨酸存在协同效应影响了胰岛素的分泌，使其分泌的胰岛素含量高于其他处理，也可能是添加的氨基酸导致日粮氨基酸比例与浓度发生变化，对胰岛素的分泌产生影响（徐连彬，2019）。此外，亮氨酸、异亮氨酸通过细胞膜氨基酸转运受体介导，作用于 mTOR 途径发挥促进蛋白质合成作用，而胰岛素使亮氨酸、异亮氨酸的促蛋白合成作用更加明显；亮氨酸、异亮氨酸调控蛋白质分解代谢过程依赖胰岛素，与胰岛素协同抑制蛋白降解（罗钧秋等，2016）。这可能解释了 LP+MIL 组的生长性能优越，这需要进一步研究。

表 9-16 低蛋白日粮添加过瘤胃 AA 对激素的影响

项目	试验天数	处理组					标准误	P 值
		HP	LP	LP+M	LP+IL	LP+MIL		
PRL（ng/mL）	30 d	4.08	3.36	2.78	3.85	3.23	0.22	0.39
	60 d	3.51	4.05	3.44	3.45	4.3	0.27	0.81
GH（ng/mL）	30 d	0.92	0.76	0.77	1.02	0.95	0.05	0.29
	60 d	0.68	0.79	0.86	0.64	0.81	0.05	0.69
LH（mIU）	30 d	6.02	4.47	6.67	6.51	7.03	0.41	0.31
	60 d	5.42[ab]	5.99[a]	6.29[a]	4.3[b]	6.46a	0.26	0.05
INS（μIU/mL）	30 d	3.74	5.21	4.62	5.40	5.24	0.43	0.76
	60 d	5.91[b]	5.42[b]	4.4[b]	4.15[b]	15.24a	0.94	<0.01

（续表）

项目	试验天数	处理组					标准误	*P* 值
		HP	LP	LP+M	LP+IL	LP+MIL		
P （ng/mL）	30 d	0.40	0.43	0.27	0.43	0.43	0.04	0.60
	60 d	0.84	0.62	0.69	0.45	0.28	0.11	0.50
E2 （Pg/mL）	30 d	5.17	4.30	4.15	4.74	3.66	0.32	0.66
	60 d	3.12	5.36	3.81	4.35	4.11	0.32	0.27
IGF-1 （ng/mL）	30 d	235.12	358.24	261.38	314.68	224.70	20.22	0.16
	60 d	272.4	310.90	371.23	314.47	390.30	22.81	0.43
GLN （ng/L）	30 d	153.04[b]	163.68[b]	175.6[b]	156.24[b]	106.82[a]	6.00	<0.01
	60 d	106.39	102.86	118.96	107.09	93.20	4.91	0.62

胰高血糖素是胰岛 α 细胞分泌的一种能量代谢激素，与胰岛素作用相反，促进分解代谢。胰高血糖素促进肝糖原分解和糖异生的作用很强，且还可激活脂肪酶，促进脂肪分解。刘桂梅（2016）报道，对蛋白缺乏日粮补充 Met 能够在提高蛋白合成速率的同时刺激胰腺分泌胰岛素和胰高血糖素。亮氨酸能够促进胰岛素分泌与抑制胰高血糖素分泌（闫阳等，2016）。Ile 可以抑制胰高血糖素的分泌，而 Leu 则具有双重效应：在生理浓度下促进胰高血糖素的分泌，但高浓度下则抑制胰高血糖素的分泌（Leclercq-Meyer 等，1985）。在本试验条件下，第 30 天，胰高血糖素 LP+MIL 组显著低于其余组，而第 60 天，各组间无显著差异，但在数值上 LP+MIL 组仍然最低，可能是添加的氨基酸抑制了胰高血糖素的分泌，造成该结果的具体原因与机理需要进一步研究。

胰岛素样生长因子（IGF-1）不仅能够促进机体组织摄取葡萄糖，还能促进合成蛋白质、糖原和脂肪，此外还与乳腺发育有关。雌激素（E）主要由卵巢的卵泡膜细胞和颗粒细胞分泌，可刺激乳腺导管生长，E 的含量可作为乳腺发育的指标，用来指示乳腺小叶和乳腺导管的发育情况。生长激素（GH）有刺激乳腺生长的作用。催乳素（PRL）是由腺垂体分泌的一种多肽类激素，主要作用是促进生长、发育和维持泌乳，它协同卵巢类固醇激素促进乳腺小叶腺泡的生长和上皮细胞增殖。它们在本试验条件下组间无显著差异，与张卫兵（2001）报道结果一致。它们与促黄体生成素（LP）一样，在数值上 LP+MIL 组较高，暗示 LP+MIL 组可能有影响到乳腺的发育的趋势，但可能由于试验期短造成差异不显著。孕酮主要是由卵巢的黄体细胞分泌，具有在 E2 作用的基础上进一步促进乳腺的腺泡发育使乳腺达到成熟状态，抑制排卵和发情，是乳腺发育有关的内分泌激素（Knight 等，1982）。在第 30 天时，P 含量差异不明显，在第 60 天时虽然组间差异不显著，但是在数值上 LP+MIL 组显然要低，这提示低蛋白日粮添加过瘤胃蛋氨酸、异亮氨酸、亮氨酸可能会降低孕酮含量。

五、低蛋白日粮添加过瘤胃 AA 对后备牛 DMI 的影响

由表 9-17 可知，各时期总干物质、ME、EE 采食量各组间没有显著差异（$P>0.05$），对于 CP 的采食量来说，HP 组显著高于其余各组（$P<0.05$）。对于中性洗涤纤维（NDF）采食量，第 30 天时 LP 组有大于 LP+IL 组的趋势（$0.1<P<0.05$）；第 60 天时，LP 组极显著低于其余组（$P<0.01$），其余组间差异不显著。对于酸性洗涤纤维（ADF）采食量，第 30 天时 LP+IL 极显著低于其余组（$P<0.01$），第 60 天时，HP 组有高于 LP+M、LP+MIL 组的趋势。

表 9-17　低蛋白日粮添加过瘤胃 AA 对各营养物质采食量的影响

项目	试验天数	处理组					标准误	P 值
		HP	LP	LP+M	LP+IL	LP+MIL		
干物质采食量 （kg/d）	1 d	6.5	6.53	6.37	6.37	6.67	0.09	0.84
	30 d	6.81	7.11	6.93	6.46	6.77	0.09	0.20
	60 d	6.99	6.83	7.26	7.35	7.37	1.10	0.41
粗蛋白采食量 （kg/d）	1 d	0.95a	0.76[b]	0.74[b]	0.74[b]	0.77[b]	0.02	<0.01
	30 d	0.99a	0.82[b]	0.83b	0.74[b]	0.8[b]	0.02	<0.01
	60 d	1.02[a]	0.79[b]	0.86[b]	0.88[b]	0.87[b]	0.08	<0.01
粗脂肪采食量 （kg/d）	1 d	0.22	0.2	0.19	0.20	0.20	0.01	0.13
	30 d	0.23	0.22	0.21	0.21	0.21	0.01	0.16
	60 d	0.24	0.21	0.22	0.22	0.23	0.05	0.24
中性洗涤纤维采食量 （kg/d）	1 d	3.51	3.42	3.34	3.33	3.50	0.05	0.71
	30 d	3.95[ab]	4.24[a]	4.15[ab]	3.74[b]	3.87[ab]	0.06	0.07
	60 d	3.91[a]	3.56[b]	4.00[a]	4.02[a]	4.20[a]	0.34	<0.01
酸性洗涤纤维 采食量（kg/d）	1 d	1.95	1.92	1.87	1.87	1.96	0.03	0.79
	30 d	2.26[a]	2.22[a]	2.04[a]	1.83[b]	2.08[a]	0.04	<0.01
	60 d	2.55[a]	2.41[ab]	2.34[a]	2.43[ab]	2.38[b]	0.14	0.05

（续表）

项目	试验天数	处理组					标准误	P 值
		HP	LP	LP+M	LP+IL	LP+MIL		
代谢能采食量（Mcal/d）	1 d	14.70	14.77	14.40	14.35	15.00	0.21	0.84
	30 d	15.40	16.07	15.67	14.60	15.3	0.20	0.20
	60 d	15.79	15.44	16.41	16.61	16.67	0.23	0.40

六、低蛋白日粮添加过瘤胃 AA 对后备牛营养成分表观消化率的影响

由表 9-18 可知，对于总干物质、CP、ADF、NDF，第 30 天和 60 天时，各营养物质的粪中含量、表观消化率各组间差异不显著（$P>0.05$）。在本试验条件下，蛋白水平对总干物质采食量与 EE、ME 的采食量没有产生影响，与张彬（2016）结论一致。但有研究报道在 18% 粗蛋白水平的日粮中添加 RPAA，干物质的采食量要高于 14% 粗蛋白水平组（Piepenbrink 等，1996）。有研究发现，在经产奶牛日粮中添加过瘤胃蛋氨酸，干物质采食量未受影响（Armentano 等，1997），本研究添加过瘤胃氨基酸对采食量没有产生影响。出现不同结果可能是由于不同的日粮营养水平、饲喂方式造成的，需要进一步研究。由于其中高蛋白组（HP 组）与其余低蛋白组（LP）的差异体现在玉米与豆粕的量，HP 组的日粮玉米含量显著低于其余组，豆粕含量显著高于其余组，这解释了 HP 组的粗蛋白采食量高于其余组。在数值上，LP 组的 CP 采食量最低。代谢能各组间没有差异。高的蛋白水平可能导致 HP 组的平均日增重（ADG）要高于其他组，与陈福音（2012）、穆阿丽等（2006）研究报道高营养水平日粮能增加牛只日增重的结果相一致。

在本试验条件下，蛋白水平与添加过瘤胃氨基酸并没有影响到干物质采食量与表观消化率。Henry（1985）与 Picard 等（1993）认为，在猪和家禽中蛋白质和氨基酸缺乏会导致干物质采食量降低，但乔建国等（2002）使用高、低蛋白日粮饲喂仔猪，发现采食量与干物质消化率没有受到影响，邓敦等（2007）也有类似结果。这种差异可能是根据蛋白质或者代谢蛋白是否缺乏引起的。有研究认为，氨基酸的额外供应并不会影响到奶牛的 DMI（Allen 等，2000）。Dean 等（2005）在玉米-豆粕型日粮下添加 Ile 发现对仔猪的采食量和干物质消化率没有影响。在反刍动物中，秦肖莉（2014）的结论与本试验接近。张卫兵（2009）用蛋白水平 11.93%、14.53、16.61% 日粮饲喂 8 月龄

后备牛，未发现蛋白水平对干物质表观消化率有影响。Lee 等（2012）报道，奶牛日粮代谢蛋白缺乏会对采食量、消化率产生负面影响，补充过瘤胃氨基酸会有 DMI 上升的趋势，与本试验结果产生差异可能是由于代谢蛋白水平不同造成的。本试验高、低水平蛋白组的干物质采食量与消化率无明显差异，表示 11.6% 的低蛋白水平并没有造成蛋白缺乏。

表 9-18　低蛋白日粮添加过瘤胃 AA 对后备牛营养物质的表观消化率影响

项目	试验天数	处理组					标准误	P 值
		HP	LP	LP+M	LP+IL	LP+MIL		
干物质采食量（kg/d）	30 d	6.81	7.11	6.93	6.77	6.46	0.34	0.2
	60 d	6.99	6.83	7.26	7.35	7.37	0.1	0.41
粪中干物质的量（kg/d）	30 d	3.34	3.07	3.3	2.8	3.31	0.13	0.72
	60 d	2.44	2.52	2.75	2.53	2.64	0.69	0.93
表观消化率（%）	30 d	50.93	56.83	52.42	56.61	51.07	1.86	0.79
	60 d	65.23	63.1	62.17	65.63	62.24	9.49	0.96
CP 采食量（kg/d）	30 d	0.99[a]	0.82[b]	0.83[b]	0.74[b]	0.80[b]	0.02	<0.01
	60 d	1.02[a]	0.79[b]	0.86[b]	0.88[b]	0.87[b]	0.08	<0.01
粪中 CP 的量（kg/d）	30 d	0.45	0.4	0.4	0.37	0.45	0.02	0.65
	60 d	0.31	0.33	0.36	0.33	0.34	0.09	0.93
表观消化率（%）	30 d	55.28	51.08	49.78	49.56	43.36	2.42	0.69
	60 d	69.25	58.75	58.28	62.13	60.94	11.24	0.36
NDF 采食量（kg/d）	30 d	3.95[ab]	4.24[a]	4.15[ab]	3.74[b]	3.87[ab]	0.06	0.07
	60 d	3.91[a]	3.56[b]	4.00[a]	4.02[a]	4.20[a]	0.34	<0.01
粪中 NDF 的量（kg/d）	30 d	2.13	2	2.25	1.82	1.98	0.09	0.64
	60 d	1.65	1.58	1.69	1.41	1.7	0.44	0.73
表观消化率（%）	30 d	45.74	51.4	45.08	50.78	49.08	2.38	0.89
	60 d	57.69	57.13	57.6	64.7	59.61	11.40	0.71
ADF 的采食量（kg/d）	30 d	2.26[a]	2.22[a]	2.04[a]	1.83[b]	2.08[a]	0.04	<0.01
	60 d	2.55[a]	2.41[ab]	2.34[b]	2.43[ab]	2.38[b]	0.16	0.05
粪中 ADF 的量（kg/d）	30 d	1.38	1.37	1.42	1.2	1.41	0.05	0.77
	60 d	1.21	1.13	1.25	1.01	1.19	1.35	0.70

（续表）

| 项目 | 试验天数 | 处理组 | | | | | 标准误 | P 值 |
		HP	LP	LP+M	LP+IL	LP+MIL		
表观消化率（%）	30 d	38.63	38.97	30.14	29.89	33.67	2.37	0.61
	60 d	52.68	52.16	46.57	58.4	49.84	14.32	0.62

注：1. 以肌酐为体积标记物估计尿排泄量和以酸不溶灰分（AIA）作为内部标记估计粪便排泄量。

2. 表观消化率=（A1-A2）/A1，其中 A1=某营养物质采食量，A2=粪中某营养物质含量。

蛋白水平对蛋白消化率影响的研究结论不尽相同。陈娥英等（2005）报道，不同蛋白水平添加氨基酸对仔猪蛋白质表观消化率有显著差异。葛汝方（2016）报道，不同代谢蛋白水平日粮对 8~10 月龄的后备牛的粗蛋白消化率无影响。王菲等（2020）报道同样发现，在日粮蛋白水平降低两个百分点后未对黔北麻羊的 CP 消化率产生影响，添加过瘤胃蛋氨酸未对消化率产生影响，过量添加过瘤胃蛋氨酸显著提高了 CP 消化率，但是料重比同样提高。在本试验条件下，由于 HP 组日粮蛋白水平高于其余组，导致 CP 的采食量同样高于其余组，但是各组间粪排泄量与表观消化率组间无显著差异。添加过瘤胃蛋氨酸、亮氨酸、异亮氨酸未对 CP 采食量与消化率产生显著影响。

对于 NDF、ADF 来说，王菲等（2020）在高、低蛋白两种水平饲喂黔北麻羊，并且添加过瘤胃蛋氨酸发现未对 NDF、ADF 消化率产生影响。赵凯（2014）采用高、低两种蛋白水平饲喂泌乳奶牛，并且添加 RPMet、RPIle、RPLeu，均未发现 NDF、ADF 的采食量、表观消化率受影响。本试验条件下，低蛋白日粮添加 3 种氨基酸未发现对 NDF、ADF 的表观消化率产生影响，但是采食量组间有显著差异。本试验条件下 NDF 采食量在第 30 天时组间有差异的趋势，然而在第 60 天时，LP 组 NDF 采食量极显著低于其余组。Silva 等（2018）报道 4 月龄与 12 月龄的后备牛相比发生了显著挑食行为差异，随着身体的发育成熟，12 月龄的后备牛挑食行为更显著，表现为喜食精料，厌食粗料，即 CP 采食量增加，NDF 采食量下降。NDF 采食量低可以认为采食了更多精料（周汉林等，2006），故而在本试验条件下的结果提示 LP 组牛有更高的挑食行为，产生了厌食纤维饲料的现象，然而本试验条件下低蛋白日粮中苜蓿是主要的蛋白来源，挑食意味着苜蓿的采食量减少，玉米的采食量增多，最终导致 CP 摄入量的减少。低蛋白日粮添加 RPMet、RPIle、RPLeu 组的 NDF 采食量与 HP 无显著差异，提示补充适宜的氨基酸促进了食欲，减少了挑食行为，这解释了表 9-19 中 LP+M、LP+IL、LP+MIL 组的氮摄入量要高于 LP 组。同样解释了 LP+IL、LP+MIL 组血清尿素水平的升高。机制可能为下丘脑 mTORC1 通路在调控食欲调节基因表达中起着关键作用，其作为感应器感应日粮氨基酸的变化，影响了食欲调节基因表达，从而调节采食量（Martins 等，2012；郑溜丰，2017）。

七、低蛋白日粮添加过瘤胃 AA 对氮平衡的影响

由表 9-19 可知，对于氮采食量，30 d 时，组间差异极显著（$P<0.01$），HP 组显著高于其余组，LP+IL 组显著低于其余组；60 d，组间差异极显著（$P<0.01$），HP 组显著高于其余组，LP 显著低于其余组。尿氮的排出量组间差异极显著（$P<0.01$），第 30 天时，LP 组与 LP+IL 组差异不显著，与其余各组差异显著；第 60 天时，组间差异不显著（$P>0.05$）。

对于尿氮比摄入氮，第 30 天时组间有差异趋势（$0.05<P<0.1$），LP 组有低于 HP、IL+M 的趋势，数值上低于 LP+IL、LP+MIL 组，但差异不显著；第 60 天组间差异不显著。对于消化氮，第 30 天时，HP 组极显著高于其余组（$P<0.01$），其余组间无显著差异。第 60 天时，HP 组极显著高于 LP、LP+M、LP+IL 组（$P<0.01$），与 LP+MIL 组差异不显著。对于保留氮，第 30 天时，LP 组显著高于 HP、LP+M 组，与 LP+IL、LP+MIL 组无显著差异。对于粪氮、氮表观消化率，第 30 天与 60 天组间差异不显著（$P>0.05$）。

表 9-19 低蛋白日粮添加过瘤胃 AA 对后备牛氮消化代谢影响

项目	试验天数	处理组					标准误	P 值
		HP	LP	LP+M	LP+IL	LP+MIL		
摄入氮（g/d）	30 d	169.91[a]	131.2[b]	127.74[b]	120.83[c]	131.07[b]	3.28	<0.01
	60 d	162.59[a]	126.71[d]	137.19[c]	144.05[b]	141.86[bc]	2.00	<0.01
粪氮（g/d）	30 d	72.16	64.04	64.55	59.6	72.38	2.92	0.64
	60 d	49.89	52.29	56.94	53.24	47.52	2.68	0.85
尿氮（g/d）	30 d	81.71[a]	26.99[c]	58.37[ab]	42.61[bc]	55.69[ab]	4.72	<0.01
	60 d	47.31	37.5	57.39	41.49	57.24	4.26	0.47
消化氮（g/d）	30 d	100.18[a]	67.16[b]	61.31[b]	63.77[b]	59.00[b]	4.50	0.01
	60 d	112.69[a]	74.42[b]	80.25[b]	90.81[b]	94.34[ab]	3.49	<0.01
保留氮（g/d）	30 d	12.41[bc]	40.03[a]	8.67[c]	38.18[ab]	14.14[abc]	5.00	0.05
	60 d	64.07	45.16	36.66	49.19	40.84	4.03	0.31

（续表）

项目	试验天数	处理组					标准误	P 值
		HP	LP	LP+M	LP+IL	LP+MIL		
占氮采食量的比例								
粪氮	30 d	41.2	48.93	51.88	47.78	55.3	2.49	0.47
	60 d	30.75	41.25	41.63	37.14	38.21	1.83	0.36
尿氮	30 d	49.60[a]	20.58[b]	47.95[a]	30.48[ab]	41.96[ab]	3.65	0.07
	60 d	28.94	29.50	42.21	28.70	40.33	3.07	0.43
保留氮	30 d	7.44[c]	30.25[ab]	9.00[bc]	31.50[a]	10.50[abc]	0.04	0.05
	60 d	39.50	36.50	27.00	33.83	29.00	0.28	0.30
氮表观消化率（%）	30 d	59.00	51.00	48.00	52.00	37.00	0.03	0.36
	60 d	69.00	59.00	58.00	63.00	62.00	0.02	0.35
保留 N 占消化氮（%）	30 d	14.54[b]	53.57[a]	12.51[b]	46.93[a]	19.87[b]	5.02	<0.01
	60 d	58.00	58.73	46.17	53.06	44.38	3.66	0.69

注：1. 消化 N=摄入 N−粪 N

2. 保留 N=摄入 N−粪 N−尿 N

3. N 表观消化率=消化 N/摄入 N

　　氮的代谢被认为是反刍动物最主要的利用氮的有效途径（Tamminga，1992），高蛋白日粮组的摄入氮要显著高于其余组，然而第 60 天的 LP 组的摄入氮极显著低于其余组，这与本试验中性洗涤纤维采食量趋势一致，后备牛可能产生了挑食行为，低蛋白日粮饲喂下倾向采食精料。而本试验低蛋白日粮的蛋白来源更多是苜蓿提供，这就导致蛋白的摄入量降低，与此同时，补充过瘤胃氨基酸后的 LP+M、LP+IL、LP+MIL 组的摄入氮要显著高于 LP 组，类似趋势同样体现在血清尿素含量上，提示过瘤胃氨基酸可能提高了食欲，促进了苜蓿等粗料的采食。原因与机制需要进一步研究。

　　在第 30 天时，尿氮，HP 组要极显著高于 LP 组，说明降低日粮蛋白水平可以显著降低排氮量，与秦肖莉（2017）、赵凯（2017）结果一致；尿氮比摄入氮，添加 Met 的 LP+M、LP+MIL 组有高于 LP 组的趋势，与 HP 组差异不显著，提示 Met 可能促进了尿氮的排放，可能原因是 Met 为豆粕玉米型日粮饲喂后备母牛的第一或第二限制性氨基酸（NRC，2001），具体原因与机理仍需进一步研究。在第 60 天时尿氮、尿氮比摄入氮、保留氮的 HP 组与其余组组间没有差异性，本试验 30~60 d 各组的 ADG 小于 1~30 d，这可能是随身体发育逐渐成熟，瘤胃功能更完善，生长速度渐缓，机体对氮的需要量与 7 月龄相比有所下降。这提示 14.6% 的高蛋白水平对于饲喂第 60 天时，即 9 月龄的后备牛来说，日粮供应的氮可能已满足需要并超出，11.6% 的 CP 水平对于氮利用来说可能为合适的，与葛汝方（2015）报道后备奶牛蛋白需要存在最适水平的结论一致，但具体合适的日粮蛋白水平仍需要进一步研究。消化氮，HP 组在第 60 天时与 LP+MIL 组差异不显著，并显著高于其余各组，提示 RPMet、RPIle、RPLeu 可能促进了氮的吸收。

八、结论

在反刍动物日粮中以过瘤胃保护形式添加蛋氨酸、亮氨酸、异亮氨酸，适当降低日粮蛋白水平后，在不影响生长性能的同时，一定程度上提高了日粮氮转化效率和减少粪尿氮排放。对于生长性能来说，过瘤胃氨基酸共同添加要比单个添加的效果更为明显，并且过瘤胃氨基酸饲喂 2 个月的效果优于饲喂 1 个月。作为应用技术推广尚需更进一步的试验研究。

第四节　低蛋白日粮对中国西门塔尔牛太行类群生长性能、养分表观消化率和血清生化参数的影响

饲料蛋白质是动物生长所需蛋白质的主要来源，其摄入量直接影响机体的正常代谢，与动物生产密切相关（王之盛等，2016）。但当肉牛蛋白质摄入过量时，大部分会以氨气（NH_3）的形式随尿液和粪便排出，导致饲料资源浪费，对环境产生负面影响（Waldrip 等，2013；Waldrip 等，2015）。研究表明，将肉牛饲粮蛋白质水平从 11.5% 增加到 13.0%，会使氨的排放量从 60% 增加到 200%（Cole 等，2005）。蛋白质需要量随着动物成熟而减少，可以通过降低日粮蛋白质浓度来减少氮损失，而不会对生长速度产生负面影响（Cole 等，2003）。研究表明，日粮蛋白质含量降低比例达 10% 甚至更高时，对意大利西门塔尔牛、泰国本地肉牛和安格斯×中国湘西黄牛 F_1 肉牛的生长性能无显著影响（Mauro 等，2017；Li 等，2014；Paengkoum，2019）。由于我国《肉牛饲养标准》早在 2004 年发布，研究当前中国西门塔尔牛太行类群在国内饲养模式下的饲粮蛋白质水平，以提高肉牛生产性能、降低生产成本和减少环境污染尤为重要。为评价低蛋白日粮对生长期中国西门塔尔牛太行类群生长性能、养分表观消化率、血清生化参数和养殖效益的影响，山西农业大学陶薪燕选用 16 头初始体重为（379.1±26.5）kg 的中国西门塔尔牛太行类群，随机分为对

照组和低蛋白组，每组8头。预试期14 d，正试期77 d（前期22 d、中期24 d
和后期31 d）。对照组和低蛋白组正试期各阶段蛋白质水平分别为9.36%和
8.50%（前期），10.00%和8.97%（中期），10.32%和9.20%（后期）。最终
表明当饲粮粗蛋白质水平为10.32%时，440～480 kg中国西门塔尔牛太行类群
的生长性能较佳。

一、研究方案

材料与方法

1. 试验设计与动物饲养管理

　　将16头健康状况良好、体重为（379.1±26.5）kg的中国西门塔尔牛太行
类群完全随机分为2组，每组8头，分别饲喂不同蛋白质水平的饲粮。试验期
对照组基础饲粮基于《肉牛饲养标准》（2004）配制，饲粮组成及营养成分见
表9-20。试验预试期14 d，正试期77 d（前期22 d，中期24 d，后期31 d）。
试验牛单栏舍饲散养，于每日7:00和18:00饲喂，自由采食和饮水。按照养
殖场常规管理程序进行免疫和消毒。

表9-20　饲粮组成及营养成分（干物质基础）

项目	前期		中期		后期	
	对照组	低蛋白组	对照组	低蛋白组	对照组	低蛋白组
原料组成（%）						
玉米（CP 8.79%）	18.6	20.3	22.5	24.5	24.4	26.6
豆粕（CP 46.53%）	3.8	1.5	4.6	1.8	4.9	1.9
棉籽粕（CP 44.98%）	2.9	2.9	3.5	3.5	3.8	3.8
大豆皮（CP 12.97%）	1.7	2.3	2	2.8	2.2	3
食盐	0.3	0.3	0.4	0.4	0.4	0.4
小苏打	0.3	0.3	0.4	0.4	0.4	0.4
预混料[1]	1.5	1.5	1.8	1.8	1.9	1.9
稻草（CP 5.16%）	21	21	19	19	18	18
玉米青贮（CP 6.74%）	50	50	46	46	44	44

（续表）

项目	前期		中期		后期	
	对照组	低蛋白组	对照组	低蛋白组	对照组	低蛋白组
合计	100	100	100	100	100	100
营养成分[2]						
干物质（%）	65.64	65.56	66.92	66.81	67.55	67.44
粗脂肪（%）	2.57	2.46	2.7	2.56	2.77	2.61
中性洗涤纤维（%）	42.81	42.96	40.47	40.66	39.3	39.5
酸性洗涤纤维（%）	23.23	23.34	21.96	22.1	21.33	21.48
粗灰分（%）	5.74	5.65	5.47	5.36	5.33	5.21
CP（%）	9.36	8.5	10	8.97	10.32	9.2
综合净能（MJ/kg）	5.64	5.63	5.75	5.74	5.8	5.79

注：1. 每千克预混料含：维生素 A 200 000 IU，维生素 D3 30 000 IU，维生素 E 625 IU，铁 6 600 mg，铜 350 mg，锰 2 250 mg，锌 1 775 mg，钙 22.5%，磷 3%。

2. 综合净能为计算值，其余为实测值。

2. 生长性能测定

正试期间记录每头牛每天的投料量和剩料量，且每周采集饲粮和剩料样品以测定常规养分含量，计算干物质采食量（DMI）；并于正试期第 1 天、22 天、46 天、77 天晨饲前对牛只进行称重，以计算各试验期平均日增重（ADG）。基于 DMI 和 ADG 计算耗料增重比（F/G）。

3. 消化试验和血液样品采集

正试期末，每组随机选择 3 头牛采用全收粪法收集粪便，并于晨饲前进行颈静脉采血，血样迅速用离心机 3 000 r/min 离心 15 min，取上清液，-20℃保存待用。

4. 样品分析测定

饲粮和粪便样品的干物质（DM）、粗蛋白质（CP）、粗脂肪（EE）、中性洗涤纤维（NDF）、酸性洗涤纤维（ADF）和粗灰分（Ash）含量，并计算表观养分消化率。

血清中非酯化脂肪酸（NEFA）、β-羟丁酸（β-HB）、脂蛋白脂肪酶（LPL）、总蛋白（TP）、白蛋白（ALB）、球蛋白（GLB）、总胆固醇（TC）、甘油三酯（TG）、高密度脂蛋白（HDL）、低密度脂蛋白（LDL）、尿素（U-REA）、葡萄糖（GLU）、谷草转氨酶（AST）和谷丙转氨酶（ALT）含量采用比色法测定，试剂盒来源于中生北控生物科技有限公司；血清中生长激素（GH）、胰岛素（INS）、胰岛素生长因子-I（IGF-1）、四碘甲状腺原氨酸（T4）和三碘甲状腺原氨酸（T3）含量采用酶联免疫吸附法测定，试剂盒来源于北京华英生物技术研究所。

5. 经济效益分析肉牛售价以当时市场价格计算，饲粮按实际采购价格计算。计算公式如下。

$$增重收益 ［元/（头·d）］ = 日增重×肉牛价格$$
$$养殖收益 ［元/（头·d）］ = 日增重收入（元/d）－饲粮投入 ［元/（头·d）］$$

6. 统计分析

试验数据采用 Excel 2019 进行初步处理，用 SPSS 21.0 软件进行独立样本 t 检验分析，$P<0.05$ 为差异显著判断标准，$P<0.01$ 为差异极显著的判断标准。

二、饲粮蛋白质水平对生长性能的影响

由表 9-21 可知，两组间肉牛的初始体重、各试验期末体重和各试验期 DMI 均无显著差异。试验前期和试验中期 2 组间 ADG 和 F/G 均无显著差异，但在试验后期，低蛋白组 ADG 低于对照组（$P<0.01$），低蛋白组 F/G 高于对照组（$P<0.05$）。全期来看，2 组间 DMI、ADG 和 F/G 均无显著差异，但以对照组 ADG 较高，F/G 较低。在本试验中，降低饲粮 CP 水平对肉牛 DMI 没有影响。Mauro 等（2017）将意大利西门塔尔牛饲粮 CP 含量从 12.8% 降低至 11.0% 时，也并未影响 DMI；但 Valkeners 等（2008）发现，降低瘤胃可降解蛋白质水平时，DMI 显著降低；Cortese 等（2019）也发现，体重为 400 kg 左右的夏洛来牛饲粮 CP 水平从 15% 降至 13.5%，DMI 显著降低。饲喂低蛋白水平饲粮的肉牛 DMI 较低，可能是因为微生物没有足够的瘤胃氨态氮用于发酵和微生物合成菌体蛋白，导致反刍动物微生物活性降低（2018）。在试验后期，低蛋白饲粮组肉牛 ADG 比对照组低 26.92%，F/G 比对照组高 49.47%。张春霞（2022）研究发现，日粮蛋白质水平降低 4% 左右时，西门塔尔牛 ADG 显著降低，F/G 显著升高。冯蕾等（2021）也发现，低蛋白日粮可导致后备牛 ADG 显著降低。但 Menezes 等（2019）研究结果显示，蛋白质水平对肉牛 ADG 无显著影响，这种差异可能与研究所用饲粮的 CP 水平及 CP 水平降低幅度不同有关。此外，蛋白质是否平衡也是影响蛋白质利用的一个重要因素。在本试验条件下，低蛋白水平饲粮并不利于试验后期（440~480 kg）的中国西

门塔尔牛太行类群的生长。

表 9-21 饲粮蛋白质水平对生长性能的影响

项目	对照组	低蛋白组	均值标准误	P 值
体重（kg）				
初始体重	378.38	379.88	3.67	0.85
前期末体重	408.38	415.00	3.65	0.38
中期末体重	435.00	442.88	4.25	0.37
后期末体重	483.40	478.13	4.61	0.59
DMI（kg/d）				
前期	8.82	8.86	0.03	0.52
中期	9.78	9.80	0.01	0.58
后期	10.23	10.17	0.03	0.27
全期	9.61	9.61	0.01	0.98
ADG（kg/d）				
前期	1.36	1.60	0.06	0.07
中期	1.11	1.16	0.06	0.64
后期	1.56[a]	1.14[b]	0.08	0.01
全期	1.37	1.28	0.04	0.25
F/G				
前期	6.71	5.63	0.31	0.08
中期	9.13	8.84	0.51	0.79
后期	6.63[b]	9.91[a]	0.84	0.05
全期	7.11	7.64	0.22	0.24

注：同行数据肩标不同小写字母表示差异显著（$P<0.05$），不同大写字母表示差异极显著（$P<0.01$）。下表同。

三、饲粮蛋白质水平对养分表观消化率的影响

由表 9-22 可知，饲粮的 DM、CP、EE 和 NDF 表观消化率在两组间均无显著差异。饲粮养分表观消化率是反映饲粮组成是否合理及营养配比是否均衡的重要指标（柏俊等，2019）。在本试验中，CP 水平未对试验后期肉牛养分表观消化率产生显著影响。Mariz 等（2018）和 Amaral 等（2016）发现，将 CP 水平从 14% 降至 10% 对肉牛饲粮中养分的消化率没有显著影响，这与本试

验研究结果一致。但也有研究发现，饲粮 CP 水平会影响 NDF 和 CP 的表观消化率，结果的差异可能与 CP 水平的改变是否对瘤胃微生物造成影响有关。

表 9-22　饲粮蛋白质水平对养分表观消化率的影响　　　　　（%）

项目	对照组	低蛋白组	均值标准误	P 值
DM	66.63	70.61	2.21	0.429
CP	61.81	65.19	2.01	0.462
EE	67.09	69.25	3.05	0.764
NDF	57.54	63.71	2.79	0.318

四、饲粮蛋白质水平对血清生化参数的影响

由表 9-23 可知，低蛋白组 TP 含量高于对照组（$P<0.05$），GLB 含量高于对照组（$P<0.01$），2 组间其他血清生化参数无显著差异。血液中各种生化成分是动物体内生命活动的物质基础，其含量及变化规律反映了动物机体营养和代谢的情况。本试验发现，低蛋白组 TP 含量高于对照组，主要是由于其组分 GLB 含量较高，但仍处于正常范围之内。说明牛群均健康且低蛋白组肉牛免疫水平高于对照组。然而，免疫水平升高将导致养分的消耗增加，机体用于生长的能量和蛋白减少，这也可能是导致试验后期低蛋白组 ADG 较低的原因之一。血清 UREA 和 TP 的含量能够准确反映机体内蛋白质代谢水平和氨基酸平衡状况，血清 TP 越高（尤其是 ALB 浓度越高），UREA 含量越低，则说明动物机体对蛋白质和氨基酸的利用率越高，蛋白质在体内的周转代谢越快（Li 等，2019；Beatson 等，2019；张新等，2019）。在本试验中，两组间血清 ALB 和 UREA 含量无显著差异，但低蛋白组 UREA 含量略高，说明低蛋白组饲粮营养水平可能不利于动物机体对蛋白质的利用。

表 9-23　饲粮蛋白质水平对血清生化参数的影响

项目	对照组	低蛋白组	标准误	P 值
TP（g/L）	53.03[b]	63.21[a]	2.60	0.02
ALB（g/L）	27.87	28.61	0.39	0.41
GLB（g/L）	25.16[B]	34.60[A]	2.30	0.01
TC（mmol/L）	0.98	1.23	0.07	0.06
TG（mmol/L）	0.09	0.12	0.01	0.40

（续表）

项目	对照组	低蛋白组	标准误	P 值
HDL（mmol/L）	1.13	1.36	0.07	0.08
LDL（mmol/L）	0.29	0.43	0.06	0.26
UREA（mmol/L）	1.10	1.34	0.12	0.35
GLU（mmol/L）	3.43	3.69	0.15	0.44
AST（U/L）	57.14	49.64	5.99	0.61
ALT（U/L）	33.61	37.56	3.21	0.60
NEFA（mmol/L）	0.09	0.12	0.02	0.55
β-HB（mmol/L）	0.22	0.17	0.01	0.09
LPL（U/mL）	36.84	44.34	2.81	0.21
GH（ng/mL）	9.51	10.13	0.29	0.34
IGF-1（ng/mL）	126.93	129.93	3.13	0.68
INS（μIU/mL）	13.86	14.00	0.20	0.77
T4（ng/mL）	53.49	51.08	1.51	0.49
T3（ng/mL）	0.89	0.94	0.04	0.64

五、经济效益分析

由表 9-24 可知，与对照组相比低蛋白组中国西门塔尔牛太行类群经济效益较低。对照组平均养殖收益为 27.08 元/（头·d），低蛋白组为 24.56 元/（头·d），比对照组低 9.31%。在整个正式试验期，低蛋白组每头牛比对照组少收益 194.04 元。

表 9-24　经济效益分析

项目	对照组	低蛋白组
饲粮原料鲜样价格（元/kg）		
全株玉米青贮	0.51	0.51
稻草	0.65	0.65
精料	2.56	2.49
饲粮原料鲜样采食量（kg/d）		
全株玉米青贮	9.92	9.96

（续表）

项目	对照组	低蛋白组
稻草	1.98	1.99
精料	3.88	3.90
饲粮投入［元/（头·d）］	16.56	16.27
日增重［kg/（头·d）］	1.36	1.28
肉牛售价（元/kg）	32.00	32.00
日增重收入［元/（头·d）］	43.64	40.84
养殖收益［元/（头·d）］	27.08	24.56

六、结论

在本试验条件下，降低饲粮 CP 水平可使 400~500 kg 中国西门塔尔牛太行类群 ADG 降低、F/G 增加、养殖效益减少，且以 10.32% CP 饲粮的饲喂效果较好。由此可见，尽管饲粮价格不断增长、资源紧张，但一味降低饲粮蛋白质水平并不可取，这将会降低肉牛 ADG，延长饲养时间，导致肉牛养殖成本更高。

第五节　不同蛋白水平日粮中添加过瘤胃赖氨酸对牦牛生长性能、养分消化率、血清生化的影响

日粮组成的变化可以影响牦牛的营养物质消化率（陈光吉等，2015）及瘤胃微生物（王鸿泽等，2015）组成。冬季时，将牦牛从高海拔的放牧区转移到低海拔的牛舍中饲喂时，由于牦牛采食的饲粮组成产生了巨变，那么牦牛胃肠道对养分的消化吸收情况、瘤胃微生物的组成也会发生相应的调整。因此，制定牦牛合理的舍饲配方很有必要。

研究表明，赖氨酸（lysine，Lys），是动物所必需的氨基酸之一。家畜常用的是 L-赖氨酸盐酸盐。Lys 有多种重要功能，如 Lys 参与动物机体合成蛋白质、能量储存及排泄氮等（邢志刚等，2004）。Lys 通过动物肠道，部分会经过酶的作用生成 N-三甲基赖氨酸，与动物体内各种酶反应最终合成肉碱。肉碱可以作为载体参与动物机体内的脂肪代谢，肉碱同时还可以转运动物机体胞内脂肪酸，最终通过一系列作用为机体供应碳架、能量，用于合成蛋白质（罗钧秋等，2006）。目前研究氨基酸的常用指标有：氮平衡、尿素氮含量和

血浆游离氨基酸含量，氮平衡包括尿素氮、粪氮和可消化氮等指标。肉牛所拥有的瘤胃功能强大，可以合成瘤胃微生物蛋白，调和日粮中蛋白，为肉牛小肠提供氨基酸，但是其不能满足小肠对氨基酸的需要量。有研究表明，一般情况，肉牛都存在自身的限制性氨基酸（Merchen 等，1992），很多研究都采用灌注氨基酸（Fenderson 等，1975）来实现肉牛小肠的氨基酸平衡。赵鹏（2009）在研究中发现，添加适量 RPLys 并调节赖氨酸、蛋氨酸的比例显著提高了奶牛的生产性能。有研究表明，补饲 RPEE 的泌乳荷斯坦奶牛，过瘤胃蛋白质的需要量降低，可以降低日粮营养水平以缓解蛋白质过量造成的负面影响（Patton，2014；Giallongo，2015）。同样有研究发现，奶牛饲喂低蛋白日粮的同时补充合适的 RPLys，能够弥补低蛋白日粮对奶牛生产性能产生的负效应（Hristov 等，2014）。基于此，西南民族大学涂瑞通过研究牦牛在不同蛋白水平中添加过瘤胃赖氨酸对其生长性能、养分消化率、血清生化、游离氨基酸及瘤胃微生物的影响，为过瘤胃赖氨酸在牦牛中的应用提供理论依据，为舍饲牦牛日粮配方的改进和推广提供数据支持。

一、研究方案

（一）试验设计

以全混合日粮风干基础计，采用 2×3 试验设计，两水平（12.98%蛋白水平，14.99%蛋白水平），三因子（0% RPLys，0.15% RPLys，0.3% RPLys），本试验随机选取体重相近（237.00±35.96）kg，年龄为 4 周岁左右的健康公牦牛，随机分为 6 个组，每组 6 个重复，每个重复 1 头牛，试验分组见表 9-25。综合考虑牦牛饲喂效果、经济成本以及日粮配方在牧区的可推广性，以干物质基础计，按精粗比 5：5 配制全混合日粮，精料为玉米豆粕，粗料为青贮玉米秸秆和白酒糟，日粮配方见表 9-26。过瘤胃赖氨酸购自中国经销商建明工业（珠海）有限公司。过瘤胃赖氨酸为 L-赖氨酸盐酸，赖氨酸瘤胃通过率 55%，小肠释放率 90%，其中 L-赖氨酸含量 ≥50%；水分 ≤5%。RPLys 添加量比例均为干物质基础下添加到 TMR 全混合日粮中。

牦牛入场前进行牛圈全舍打扫并注射口蹄疫疫苗，进场后待牛情绪稳定后在日粮中添加 10 mg/kg 的阿苯达唑伊维菌素粉（成都乾坤动物药业股份有限公司）进行驱虫。每组 6 头牛分栏饲养，自由采食与自由饮水，每日 8：00 和16：00 饲喂两次日粮。预饲期 7 d，正试期 60 d。

表 9-25 试验设计方案

组别	因素	
	A（日粮蛋白水平）	B（过瘤胃赖氨酸添加量）
0% RPLys 低蛋白日粮	12.98%	0
0.15% RPLys 低蛋白日粮	12.98%	0.15% RPLys
0.30% RPLys 低蛋白日粮	12.98%	0.30% RPLys
0% RPLys 高蛋白日粮	14.99%	0
0.15% RPLys 高蛋白日粮	14.99%	0.15% RPLys
0.30% RPLys 高蛋白日粮	14.99%	0.30% RPLys

表 9-26 日粮组成及营养成分

原料组成（%）	含量	
	低蛋白日粮组	高蛋白日粮组
玉米	39.7	35.7
豆粕	7.7	11.65
尿素	0.25	0.3
NaCl	0.4	0.4
碳酸钙	0.5	0.5
芒硝	0.2	0.2
碳酸氢钠	0.5	0.5
磷酸氢钙	0.25	0.25
胆碱	0.1	0.1
其他添加剂	0.4	0.4
青贮玉米	25	25
白酒糟	25	25
营养水平		
干物质（%）	64.47	65.53
增重净能[a]（MJ/kg）	7.08	6.95
粗蛋白（%）	12.98	14.99
粗脂肪（%）	4.01	4.12

（续表）

原料组成（%）	含量	
	低蛋白日粮组	高蛋白日粮组
中性洗涤纤维（%）	47.63	48.97
酸性洗涤纤维（%）	26.61	27.66
钙（%）	0.59	0.6
总磷（%）	0.28	0.28

注：预混料组成为每千克日粮提供维生素 A 2 500 IU，维生素 D 550 IU，维生素 E 10 IU，铜（五水硫酸铜）10 mg/kg，铁（硫酸亚铁）50 mg，锰（硫酸锰）40 mg，锌（硫酸锌）40 mg，碘（碘化钾）0.5 mg，硒（亚硒酸钠）0.2 mg，钴（氯化钴）0.2 mg。

a. 增重净能由计算得出，其余含量均为实测值；营养水平参照《肉牛营养需要》（第八次修订版，2018）。

（二）关注的指标与测定

1. 生长性能

体重，记录试验期开始和结束时每头牦牛空腹状态下的体重。

采食量，通过电子秤称量并记录试验期每天每头牦牛的投喂量和剩余量。

试验开始和结束时，晨饲前对每头试验牦牛空腹称重，记录初重（IBW）和末重（FBW）；在每日饲喂时，精确记录每头牦牛的喂料量及剩料量，计算干物质采食量，试验结束后计算平均日增重（ADG）、平均干物质采食量（DMI）以及料重比（F/G）。

$$ADG（g/d）=（末重-初重）/试验天数$$
$$DMI（kg）=总干物质采食量/试验天数$$
$$F/G=DMI/ADG$$

2. 养分消化率

日粮和粪便的采集，试验最后 3 d，每天收集新鲜牦牛粪便，每天每头牛取粪便上层混匀后加入 10%硫酸进行固氮。采用内源指示剂法［酸不溶灰分（AIA）］测定日粮中各养分消化率，参照曾钰（2020）方法测定。除粪样外，每天同时采集各处理组日粮 1 kg，将 3 d 的样品混合后取样 1 kg，带回实验室 65℃烘干，粉碎后进行常规营养分析，采用酸不溶灰分（AIA）作为指示剂，计算各养分的表观消化率。干物质（DM）、粗蛋白质（CP）、粗脂肪（EE）、粗灰分（Ash）、中性洗涤纤维（NDF）、酸性洗涤纤维（ADF）的测定参照曾钰（2020）方法测定。

3. 血清生化及氨基酸指标

在试验结束后第 2 天，每组随机选取 3 头牦牛，在空腹情况下对其进行颈静脉采血，每头牦牛采血 20 mL 存放于离心管，然后 4 000 r/min 离心 5 min 析出血清后，装于 Eppendorf 管中，在干冰中 $-20℃$ 保存。血清样品分为 2 份，一份送由成都里来生物检测公司进行检测，另一份 $-80℃$ 留样备用。试验牦牛血清中胰岛素含量测定以及胰岛素样生长因子的测定，用上海茁彩生物科技有限公司 Elisa 试剂盒说明书测定。精确移取 100 μL 血清样本于 2 mL EP 管中，准确加入 400 μL 10% 甲酸甲醇溶液 $-ddH_2O$（1:1，v/v）溶液，涡旋振荡 30 s，12 000 r/min $4℃$ 离心 5 min，取原始上清 10 μL，加入 490 μL 10% 甲酸甲醇溶液 $-ddH_2O$（1:1，v/v）溶液，涡旋振荡 30 s，取稀释后的样本 100 μL，加入浓度为 100 ppb 的双同位素内标 100 μL 涡旋振荡 30 s，上清液过 0.22 μm 膜过滤，过滤液加入检测瓶中，采用 Thermo TRACE 1310-ISQ LT 气-质联用仪，涡旋仪（QL-866），冷冻离心机（湘仪，H1850R）测定血清中游离氨基酸。

（三）数据统计分析

数据通过 Excel 2013 整理后，用 SPSS 19.0 统计软件进行双因素方差分析，对有交互的试验组进行单因素 T 检验，Duncan's 法进行多重比较，结果用平均值表示，各处理的组变异程度用标准误表示。$P<0.05$ 表示差异显著，$P<0.01$ 表示差异极显著，$0.05<P<0.10$ 表示有趋势。

二、不同蛋白日粮中添加过瘤胃赖氨酸对牦牛生长性能的影响

由表 9-27 可知，不添加 RPLys 时，高蛋白日粮组显著高于低蛋白日粮组（$P<0.05$），提高了 243.75 g/d，相比提高了 36.68%，料重比显著降低（$P<0.05$），降低了 2.41，相比降低了 26.17%；在低蛋白水平下，随着 RPLys 添加量的增加牦牛 ADG 显著升高（$P<0.05$），在高蛋白水平下，随着 RPLys 添加量的增加平均日增重显著先上升后降低（$P<0.05$）；低蛋白水平水下添加 0.3% RPLys 时对牦牛性能效果最好，达到 985.00 g/d，与高蛋白水平下 0.3% RPLys 组差异不显著（$P>0.05$）。关于在反刍动物日粮中添加 RPLys，国内外有大量研究表明，表明 RPLys 是反刍动物的前二限制性氨基酸。毛成文等（2004）在研究肉羊中添加过瘤胃赖氨酸时发现，过瘤胃赖氨酸可以提高肉羊的生长性能，提高生产收入，平均日增重显著增加。向白菊等（2014）在肉

水牛中研究发现，在其配方中添加不同剂量的过瘤胃氨基酸，研究结果表明，试验组平均日增重均比对照组高，组中 0.3% RPLys 效果最好，饲料报酬最高。Klemesrud 等（2000）研究表明，肉牛日粮中添加 RPLys，对试验肉牛生长性能有提升。说明在反刍动物日粮中添加过瘤胃氨基酸对动物日增重有显著提高作用。刘保仓等（2014）发现，在育肥牛精料补充料中添加 0.3% RPLys 和 0.45% RPLys，育肥牛的平均日增重差异显著提高（$P<0.05$）。李成贤等（2018）在肉牛中添加 RPLys，发现最适添加量为 10 g/d，当 RPLys 添加过多时常会产生副作用。Hussein 等（1995）研究表明，在阉牛中添加 RPLys、RPMet，对其 ADG 有提高效果。这与本试验结果相似，本次试验首次在牦牛日粮中添加 RPLys，研究结果可知，不添加 RPLys 时高蛋白日粮组显著高于低蛋白日粮组（$P<0.05$），提高了 243.76 g/d，相比提高了 36.68%，料重比显著降低（$P<0.05$），降低了 2.41，相比降低了 26.17%；在高蛋白水平下，随着 RPLys 添加量的增加，平均日增重显著先上升后降低（$P<0.05$），0.3% RPLys 添加组比 0% RPLys 组的 ADG 升高了 76.66 g/d，相比提高了 8.44%；在提高牦牛 ADG 的同时，高低蛋白水平中 RPLys 的添加量不同并不影响牦牛的干物质采食量；这有可能是日粮中在额外添加 RPLys 后，RPLys 经过瘤胃后进入小肠为牦牛机体后肠道的消化吸收提供了原料，参与了蛋白质的合成，从而提高了牦牛的生长性能，这与 Gleghorn（2004）、刘爽（2016）、Dung（2013）等研究结果一致。低蛋白水平中添加 0.3% RPLys 与高蛋白水平中添加 0.3% RPLys，日增重和料重比差异均不显著（$P>0.05$），可以证明在低蛋白日粮中添加 RPLys 在牦牛中是可行的。

表 9-27　不同蛋白水平日粮中添加 RPLys 对牦牛生长性能的影响

项目	分组	OM	CP	NDF	ADF	EE
蛋白水平	低蛋白日粮	69.21a	57.33A	64.70A	60.45A	85.16
	高蛋白日粮	60.22b	47.28B	58.03B	49.27B	82.16
	SEM	0.73	1.05	0.65	0.60	1.09
RPLys 水平	0% RPLys	61.66B	39.86B	57.46B	54.65	83.72
	0.15% RPLys	65.92A	57.48A	62.74A	53.62	85.60
	0.30% RPLys	66.56A	59.58A	63.91A	56.30	81.65
	SEM	0.89	1.28	0.80	0.74	1.33

（续表）

项目	分组	OM	CP	NDF	ADF	EE
蛋白×RPLys	0% RPLys 低蛋白日粮	64.67	43.64	57.58B	55.17C	84.45
	0.15% RPLys 低蛋白日粮	70.90	62.55	66.64A	60.70B	87.89
	0.30% RPLys 低蛋白日粮	72.06	65.78	69.88A	65.48A	83.13
	0% RPLys 高蛋白日粮	58.65	36.08	57.34B	54.12C	82.99
	0.15% RPLys 高蛋白日粮	60.93	52.40	58.83B	46.55D	83.31
	0.30% RPLys 高蛋白日粮	61.07	53.36	57.93B	47.13D	80.17
	SEM	1.26	1.81	1.12	1.04	1.88
P 值	P	0.02	<0.01	<0.01	<0.01	0.10
	A	<0.01	<0.01	0<0.01	0.10	0.19
	P×A	0.19	0.46	0.01	0.00	0.72

注：同列数据肩标无字母或字母相同表示差异不显著（$P>0.05$），不同字母表示差异显著（$P<0.05$），同列中出现不同字母的组间有极显著差异（$P<0.01$），定义小写字母为有显著差异（$P<0.05$）。

三、不同蛋白日粮中添加过瘤胃赖氨酸对牦牛养分表观消化率的影响

由表9-28可知，不添加 RPLys 时，高蛋白水平日粮显著降低了牦牛对 OM 的消化率（$P<0.05$），降低6.02%，相比降低9.31%，对其他指标影响不显著（$P>0.05$）；在低蛋白水平下，随着 RPLys 添加量的增加，显著提高了牦牛对 OM、CP 的消化率（$P<0.05$），极显著提高了牦牛对 NDF、ADF 的消化率（$P<0.01$），0.30% RPLys 组的 CP 消化率相比 0% RPLys 组提高了50.73%；在高蛋白水平下添加不同剂量的 RPLys 时显著提高了牦牛对 CP、ADF 的消化率（$P<0.05$），0.3% RPLys 组的 CP 消化率相比0% RPLys 组提高了47.89%，消化率最高组为0.3% RPLys 低蛋白日粮组。表观养分消化率反映了动物对日粮的消化吸收情况，在反刍动物饲粮中添加 RPLys 对营养物质表观消化率的研究结果具有不一致性。栾玉静等（2004）在肉牛中添加 RPLys 时发现，ADF 和 NDF 在瘤胃内降解率提高（$P<0.05$），但 DM 含量最大；刘保仓等（2014）同样在肉牛中添加 RPLys 时发现，在日粮中添加适量的 RPLys 可以提高肉牛对 CP 的消化率（$P<0.05$），这与本试验结果一致。Hussein（1995）等研究发现，在泌乳牛中添加 RPLys 对表观消化率影响不显

著（$P>0.05$），刘博等（2019）添加不同剂量 RPAA 在滩羊上发现苏子和 RPAA 的增加，营养物质表观消化率呈增加趋势。李国栋、史海涛等（2020）研究表明，在后备牛中饲喂不同蛋白水平日粮对表观消化率影响不显著（$P>0.05$），葛汝方等（2016）研究发现，不同蛋白水平日粮对后备牛的粗蛋白表观消化率无影响（$P>0.05$），这与王菲等（2020）报道一致，将日粮蛋白水平降低两个百分点后对黔北麻羊的 CP、ADF、NDF 消化率未产生影响（$P>0.05$）。本试验研究表明，在当 RPLys 添加到牦牛日粮中时，可以提高牦牛对日粮营养物质的吸收，这可能是由于氨基酸的过瘤胃效率有关，因为 RPLys 的过瘤胃效率并不是 100%，在瘤胃中溢出的那部分氨基酸会促进瘤胃微生物的生长并为合成 MCP 提供优质原料，再使得 MCP 到达小肠后形成优质蛋白，提高了蛋白质的消化率。

表 9-28　不同蛋白日粮中添加 RPLys 对牦牛养分表观消化率的影响　　（%）

项目	分组	OM	CP	NDF	ADF	EE
蛋白水平	低蛋白日粮	69.21a	57.33A	64.70A	60.45A	85.16
	高蛋白日粮	60.22b	47.28B	58.03B	49.27B	82.16
	标准误	0.73	1.05	0.65	0.60	1.09
RPLys 水平	0% RPLys	61.66B	39.86B	57.46B	54.65	83.72
	0.15% RPLys	65.92A	57.48A	62.74A	53.62	85.60
	0.30% RPLys	66.56A	59.58A	63.91A	56.30	81.65
	标准误	0.89	1.28	0.80	0.74	1.33
蛋白×RPLys	0% RPLys 低蛋白日粮	64.67	43.64	57.58B	55.17C	84.45
	0.15% RPLys 低蛋白日粮	70.90	62.55	66.64A	60.70B	87.89
	0.30% RPLys 低蛋白日粮	72.06	65.78	69.88A	65.48A	83.13
	0% RPLys 高蛋白日粮	58.65	36.08	57.34B	54.12C	82.99
	0.15% RPLys 高蛋白日粮	60.93	52.40	58.83B	46.55D	83.31
	0.30% RPLys 高蛋白日粮	61.07	53.36	57.93B	47.13D	80.17
	标准误	1.26	1.81	1.12	1.04	1.88
P 值	P	0.02	<0.01	<0.01	<0.01	0.10
	A	<0.01	<0.01	<0.01	0.10	0.19
	P×A	0.19	0.46	0.01	<0.01	0.72

在本试验中，在低蛋白水平下，随着 RPLys 添加量的增加，显著提高了牦牛对 OM、NDF 的消化率（$P<0.05$），极显著提高了牦牛对 OM、CP、NDF、ADF 的消化率（$P<0.01$），0.3% RPLys 组的 CP 消化率相比 0% RPLys 组提高了 50.73%；在高蛋白水平下添加不同剂量的 RPLys 时显著提高了牦牛对 CP 的消化率（$P<0.05$），0.3% RPLys 组的 CP 消化率相比 0% RPLys 组提高了 47.89%；ADF 消化率有降低的趋势（$P=0.059$），对其他养分消化指标影响不显著，这可能是因为 RPLys 在瘤胃中释放了部分的 Lys 存留在瘤胃中，提供原料供给瘤胃微生物合成 MCP，从而提高了瘤胃微生物利用瘤胃中的非蛋白氮，继而使得蛋白水平和 RPLys 在互作时影响牦牛的表观消化率。

四、不同蛋白日粮中添加过瘤胃赖氨酸对牦牛血清常规生化指标、胰岛素和胰岛素样生长因子的影响

由表 9-29 可知，不添加 RPLys 时，不同蛋白水平对血清生化指标影响不显著（$P>0.05$）；低蛋白水平下，随着 RPLys 的添加，血清中各项生化指标都极显著升高（$P<0.01$），肌酐显著升高（$P<0.05$）；在高蛋白水平下，随着 RPLys 的添加，血清中各项指标都极显著升高（$P<0.01$），葡萄糖显著增加（$P<0.05$），各项含量最高组为 0.30% RPLys 高蛋白水平日粮组。

由表 9-30 可知，不添加 RPLys 时，不同蛋白日粮对 INS 与 IGF-1 浓度差异不显著（$P>0.05$）；在低蛋白水平下，随着 RPLys 的增加，INS 与 IGF-1 浓度极显著升高（$P<0.01$），IGF-1 浓度最高组为 0.15% RPLys 组 233.05 ng/mL，相比 0% RPLys 添加组提高了 121.11%，INS 含量显著升高（$P<0.05$），最高组为 0.15% RPLys 组 13.17 mLU/L；在高蛋白水平下，随着 RPLys 的添加极显著增加了牦牛血清中 IGF-1 与 INS 的浓度（$P<0.05$），最高组为 0.3% RPLys 添加组 237.96 ng/mL，相比 0% RPLys 添加量时提高了 140.92%，各项含量最高组为 0.3% RPLys 低蛋白日粮组。

由表 9-31 可知，不添加 RPLys 时，高低蛋白日粮血清中 FAA 含量显著高于低蛋白日粮（$P<0.05$）；低蛋白水平下添加 0.30% RPLys 时，极显著降低 FAA 含量（$P<0.01$）；高蛋白水平下添加 RPLys 时，极显著降低了牦牛血清中 FAA 含量（$P<0.01$），FAA 含量最高组为 0% RPLys 高蛋白日粮组，最低为 0.15% RPLys 高蛋白日粮组。

表9-29 不同蛋白日粮中添加RPLys对牦牛血清常规生化指标的影响

项目	分组	ALT/丙氨酸氨基转移酶 (U/L)	UREA/尿素 (mmol/L)	Glu/葡萄糖 (mmol/L)	TP/总蛋白 (g/L)	AST/天门冬氨酸氨基转移酶 (U/L)	ALB/白蛋白 (g/L)	GLO/球蛋白 (g/L)	CREA/肌酐 (umol/L)
蛋白水平	低蛋白日粮	29.35	4.13	3.82	54.27	87.98	26.62b	29.75	130.20
	高蛋白日粮	34.34	4.63	3.62	57.92	79.14	28.60a	32.22	120.32
	标准误	1.70	0.22	0.25	1.54	6.29	0.43	1.517	6.328
RPLys水平	0% RPLys	13.95B	2.36B	1.83B	24.10B	35.03B	12.65B	18.95B	99.08b
	0.15% RPLys	39.40A	5.65A	4.70A	70.84A	115.62A	34.59A	36.25A	145.75a
	0.30% RPLys	42.19A	5.12A	4.63A	73.35A	100.03A	35.59A	37.76A	130.97a
	标准误	2.10	0.27	0.30	1.90	8.48	0.58	2.043	8.523
蛋白×RPLys	0% RPLys 低蛋白日粮	12.75	1.95	1.74	22.15	28.65	12.20	16.25	91.05
	0.15% RPLys 低蛋白日粮	37.75	5.58	4.82	68.75	137.20	33.30	35.45	164.95
	0.30% RPLys 低蛋白日粮	37.55	4.85	4.90	71.90	98.10	34.35	37.55	134.60
	0% RPLys 高蛋白日粮	15.15	2.77	1.92	26.05	41.40	13.10	21.65	107.10
	0.15% RPLys 高蛋白日粮	41.04	5.74	4.54	72.92	94.04	35.88	37.04	126.54
	0.30% RPLys 高蛋白日粮	46.83	5.40	4.36	74.80	101.97	36.83	37.97	127.33
	标准误	3.09	0.41	0.52	5.27	11.04	0.56	2.491	10.782
P值	P	0.09	0.18	0.60	0.16	0.39	0.01	0.323	0.342
	A	0.00	0.00	0.00	0.00	0.00	0.00	0.000	0.010
	P×A	0.54	0.73	0.77	0.97	0.08	0.56	0.704	0.124

表 9-30　不同蛋白日粮中添加 **RPLys** 对牦牛血清胰岛素和胰岛素样生长因子的影响

项目	分组	IGF-1 （ng/mL）	INS （mLU/L）
	低蛋白日粮	180.72	9.67
蛋白水平	高蛋白日粮	180.50	8.07
	标准误	3.92	0.60
	0% RPLys	104.49B	5.96B
RPLys 水平	0.15% RPLys	219.50A	10.56A
	0.30% RPLys	220.84A	10.10A
	标准误	5.76	0.88
	0% RPLys 低蛋白日粮	105.40E	6.19
	0.15% RPLys 低蛋白日粮	233.05AB	13.17
	0.30% RPLys 低蛋白日粮	203.23BC	9.66
蛋白×RPLys	0% RPLys 高蛋白日粮	98.770E	5.86
	0.15% RPLys 高蛋白日粮	205.97CD	7.94
	0.30% RPLys 高蛋白日粮	237.96A	10.53
	标准误	7.28	1.12
	P	0.97	0.13
P 值	A	<0.01	0.01
	P×A	0.01	0.06

表 9-31　不同蛋白日粮中添加 **RPLys** 对牦牛血清中总游离氨基酸的影响

项目	分组	FAA （μg/mL）
	低蛋白日粮	24.63
蛋白水平	高蛋白日粮	26.20
	标准误	0.91
	0% RPLys	28.90a
RPLys 水平	0.15% RPLys	24.04b
	0.30% RPLys	23.31b
	标准误	1.34

（续表）

项目	分组	FAA（µg/mL）
蛋白×RPLys	0% RPLys 低蛋白日粮	25.39BC
	0.15% RPLys 低蛋白日粮	27.84AB
	0.30% RPLys 低蛋白日粮	20.67C
	0% RPLys 高蛋白日粮	32.41A
	0.15% RPLys 高蛋白日粮	20.24D
	0.30% RPLys 高蛋白日粮	25.95BC
	标准误	1.70
P 值	P	0.32
	A	0.03
	P×A	<0.01

五、不同蛋白日粮中添加过瘤胃赖氨酸对牦牛血清中游离氨基酸的影响

由表 9-32 可知，不添加 RPLys 时，高、低蛋白水平对血清游离必需氨基酸影响均不显著（$P>0.05$）；低蛋白水平下添加 RPLys 对血清游离必需氨基酸影响均不显著（$P>0.05$）；高蛋白水平下添加 0.15% RPLys 显著提高了 Met 的浓度（$P<0.05$），对其他必需氨基酸影响不显著（$P>0.05$）。血清中游离氨基酸浓度可以很好地反映出所添加 RPAA 的过瘤胃效果，体现出其过瘤胃率和在小肠中释放的效果。当 RPAA 经过瘤胃以后到达小肠时会被吸收，从而提高试验动物血清游离氨基酸浓度。所以试验动物血清游离氨基酸浓度与到达小肠并可以被吸收的氨基酸量成正比。在本试验中，RPLys 的添加量对牦牛血清中 FAA 有降低，这可能是由于添加 RPLys 后，提高了血清中的胰岛素含量，在胰岛素的作用下，大多数氨基酸进入肌肉，而使血浆中的浓度下降，再加上本次试验处于川西北高原地区，牦牛缺氧致使氨基酸进入脑细胞的数量升高，影响了血清中氨基酸的浓度。

本试验研究表明，不添加 RPLys 时，高低蛋白对牦牛血清中必需氨基酸含量影响不显著（$P>0.05$）；在低蛋白水平下，RPLys 的添加量对牦牛血清中必需氨基酸含量影响不显著（$P>0.05$）；在高蛋白水平下，RPLys 的添加量对牦牛血清中必需氨基酸含量影响不显著（$P>0.05$），这可能是因为各个牦牛试验组所添加 RPLys 的量不相同，所以瘤胃内降解的氨基酸量也不相同，瘤胃

内留下的氨基酸对其微生物菌群生长和微生物蛋白含量都有有效的影响，促进试验牦牛机体微生物蛋白的合成，因此会影响各处理组小肠内的微生物蛋白含量，从而影响其血清游离氨基酸浓度。血液生化指标通常被用来评估健康和营养状况，其中 ALT、AST、总蛋白、肌酐、尿素氮和白蛋白的浓度可以作为代谢紊乱和器官损伤的生物标志物（He 等，2017）。此外，血清 AST/ALT 与肝功能损伤呈正相关（Giannini 等，2003）。先前的研究报道了 AST 和尿素氮水平随年龄的变化而变化，并且容易受饮食的影响（Mohri 等，2007）。蛋白质和氨基酸经过动物体内代谢后，最终会形成血清尿素，日粮蛋白含量以及氨基酸的添加都会影响血清尿素的浓度（Piccione 等，2010）。在反刍动物中日粮氨基酸处于理想氨基酸模型下，反刍动物会提高对氮的利用效率。贾文彬（2006）研究结果表明，在奶牛日粮中添加 RPLys、RPMet，添加组血清尿素极显著低于未添加组（$P<0.01$），血清尿素下降了 12.01%。在本试验中，不添加 RPLys 时，高蛋白日粮组中血清 ALT 含量有高于低蛋白日粮组的趋势（$P=0.052$）；在低蛋白日粮水平下，随着 RPLys 的添加，血清中各项生化指标都显著升高（$P<0.05$），其中葡萄糖含量、白蛋白含量极显著增加（$P<0.01$）；在高蛋白水平下，随着 RPLys 的添加，血清中除了肌酐外各项指标都极显著增加（$P<0.01$），葡萄糖显著增加（$P<0.05$），这可能是由于 RPLys 在瘤胃中释放的部分 Lys 参与了 MCP 的合成，使得更多的蛋白质在小肠进行消化吸收，从而导致血清中各项指标含量的提高；但在本试验条件下，蛋白质水平对牦牛血清生化影响不显著（$P>0.05$），这与程光民等（2019）用不同蛋白含量日粮饲喂荷斯坦奶牛，试验奶牛血糖含量随着蛋白水平升高而增加；周芳芳等（2020）给荷斯坦奶牛饲喂不同蛋白含量日粮，试验奶牛血糖含量随着蛋白水平升高而降低结论不一致，可能是高蛋白水平的设置并没有打破牦牛吸收能力的上限。ALT 和 AST 可以反映出试验牦牛的肝和心功能，本试验中不同蛋白水平下添加 RPLys 对试验牦牛血清中 ALT 和 AST 含量都在氨基酸水平上有显著影响（$P<0.05$），说明 RPLys 的添加对试验牦牛的肝和心造成了氮代谢的压力，血清胰岛素有转运氨基酸和参与蛋白质合成的作用，因此试验牦牛胰岛素含量可以反映其氨基酸和蛋白质含量是否平衡。在本试验中，不添加 RPLys 时，IGF-1、INS 含量差异不显著（$P>0.05$）；在低蛋白水平下，随着 RPLys 的增加，IGF-1 含量极显著升高（$P<0.01$），最高组为 0.3% RPLys 组 233.05 ng/mL，相比 0.15% RPLys 添加组提高了 121.11%，INS 含量显著升高（$P<0.05$），最高组为 0.15% RPLys 组 13.17 mLU/L；在高蛋白水平下，随着 RPLys 的添加极显著增加了牦牛血清中 IGF-1 的含量（$P<0.05$），最高组为

表9-32 不同蛋白日粮中添加 **RPLys** 对柴牛血清游离必需氨基酸的影响

（μg/L）

项目	分组	Lys, 赖氨酸	Met, 蛋氨酸	Val, 缬氨酸	Thr, 苏氨酸	Leu, 亮氨酸	His, 组氨酸	Phe, 苯丙氨酸	Trp, 色氨酸
蛋白水平	低蛋白日粮	151.00	25.29	120.32	110.11	299.93	44.21	121.74	158.68
	高蛋白日粮	169.07	27.17	155.85	115.56	343.19	42.47	130.50	179.36
	标准误	7.98	1.40	10.63	10.96	21.74	1.67	9.892	8.152
RPLys水平	0% RPLys	151.25	24.24	135.75	104.01	322.66	42.91	125.84	167.12
	0.15% RPLys	170.64	30.43	135.66	117.37	326.91	45.34	124.80	166.28
	0.30% RPLys	158.21	24.03	142.84	117.13	315.11	41.78	127.72	173.66
	标准误	10.75	1.88	14.32	14.76	29.28	2.26	13.324	10.97
蛋白×RPLys	0% RPLys低蛋白日粮	150.61	24.77	128.81	101.97	323.60	43.52	123.02	159.79
	0.15% RPLys低蛋白日粮	153.81	27.04	103.04	114.98	280.04	43.58	121.79	147.69
	0.30% RPLys低蛋白日粮	148.58	24.07	129.10	113.38	296.16	45.54	120.42	168.57
	0% RPLys高蛋白日粮	151.89	23.72	142.69	106.06	321.72	42.30	128.66	174.45
	0.15% RPLys高蛋白日粮	187.48	33.82	168.29	119.75	373.78	47.10	127.81	184.88
	0.30% RPLys高蛋白日粮	167.84	23.99	156.58	120.88	334.06	38.03	135.02	178.75
	标准误	13.60	2.38	18.11	18.67	37.04	2.85	16.854	13.88
P值	P	0.18	0.41	0.06	0.76	0.23	0.52	0.584	0.136
	A	0.45	0.05	0.92	0.79	0.96	0.51	0.987	0.872
	P×A	0.59	0.30	0.44	0.99	0.53	0.25	0.965	0.634

0.3% RPLys 添加组 237.96 ng/mL，相比 0% RPLys 添加量时提高了 140.92%，对 INS 含量影响不显著（$P>0.05$）；胰岛素生长因子可以促进动物机体对葡萄糖的利用，有利于动物机体合成蛋白质等，诱发糖原异生，同时可以降低血清氨基酸浓度。在杨魁（2014）、耿忠诚等（2011）、闫晓刚等（2008）在反刍动物中添加 RPLys 后，IGF-1 和 INS 指标都随 RPLys 的增加而降低，这与本试验研究结果不一致，可能是由于其试验 RPAA 添加量比本试验低，没有打破原先的氨基酸平衡，没有起到足量补充 Lys 的效果。

六、结论

（1）在 0% 过瘤胃赖氨酸添加量下，高蛋白水平日粮显著提高牦牛的平均日增重，相比提高了 36.68%，料重比显著降低，相比降低了 26.17%；对养分消化率、血清生化指标、氨基酸含量影响不显著。

（2）在高蛋白水平与低蛋白水平下，随着过瘤胃赖氨酸添加比例的上升，显著提高了牦牛的生长性能、养分表观消化率、血清常规生化指标、血清胰岛素和胰岛素样生长因子含量。

第六节　不同蛋白水平日粮中添加过瘤胃蛋氨酸对牦牛生长性能、血清指标、瘤胃发酵和菌群组成的影响

牦牛是青藏高原及相连接地区特有的优势畜种，主要分布在海拔 3 000 m 以上（阎萍等 2019）。高原地区牧民经济收入主要依靠牦牛提供，当下牦牛养殖依旧以传统放牧为主要的模式，过度依赖天然草场，然而青藏高原地区冷暖季时间长短不一致，冬季时间长。冬季极端寒冷的条件导致牧草休眠期延长（10 月至翌年 5 月），牧草生长期缩短 100~150 d。导致牦牛生长陷入"夏壮、秋肥、冬瘦、春死"的不良周期当中，造成牦牛出栏周期长、生产效率低下，同时还破坏高原地区生态环境（薛白等，2005；Peng 等，2018；张建勋，2013）。

近年来，牦牛舍饲育肥技术的推广是解决草畜矛盾及季节不平衡、提高资源利用效率及草地畜牧业经济效益、促进草地畜牧业可持续发展的有效措施（杨昌福等，2019）。通过试验，对牦牛舍饲育肥技术中饲料配方的改良，可以更好地满足短期育肥牦牛的生长需要，降低饲料成本，增加经济效益。

蛋白质是动物的重要营养素，其在反刍动物活体内含量一般在 17% ~ 21%，仅次于水分含量（王之盛等，2016），蛋白质对于牦牛的重要性不言而喻。但是蛋白饲料价格高涨，并且反刍动物蛋白利用率偏低，摄入的蛋白大量通过粪尿排出，对环境造成一定的氮污染（李国栋，2020）。氨基酸营养的兴起提供了解决思路，过瘤胃氨基酸是通过物理或者化学方法将氨基酸以某种形式保护起来，从而使其不被瘤胃微生物发酵、降解。蛋氨酸（DL-Methionine，Met）是反刍动物第一限制性氨基酸（King 等，1990）。研究发现日粮中添加过瘤胃蛋氨酸可以增加奶公牛日增重（殷溪瀚，2015）。过瘤胃蛋氨酸在奶牛上的应用较多，而关于牦牛的应用鲜有报道。为了更好地改善牦牛短期育肥饲料配方，为系统地评价不同蛋白水平添加过瘤胃氨基酸对牦牛生长性能、血清指标的影响，西南民族大学黎凌铄开展了一系列研究。

一、研究方案

（一）材料与方法

1. 试验时间及地点

试验于 2019 年 1 月至 2020 年 3 月在四川省阿坝藏族羌族自治州小金县新桥乡新桥农牧业有限公司（东经 102°32′16″，北纬 31°04′21″）进行，公司位于海拔2 600 m，该地区年平均气温12.2℃，年平均降水量613.9 mm，属亚热带季风气候区。冬天冷夏天凉，天气干燥昼夜温差大。试验期间圈舍内最高气温 17℃，最低气温-4℃。

2. 试验动物及试验设计

试验选取 36 头体重（225.29±30.59）kg 无显著差异、健康状况良好的公牦牛为试验动物；试验采用完全随机设计，处理组采用 2×3 交叉设计，以蛋白水平和过瘤胃蛋氨酸（RPM）添加量为两因素，实测蛋白水平分别为 12.90%（理论值为 13.00%）的基础日粮组（LCP）和 14.99%（理论值为 15.00%）的基础日粮组（HCP），RPM 的添加量（按风干基础全混合日粮计）分别为不添加过瘤胃蛋氨酸（NRPM）、添加 0.05%过瘤胃蛋氨酸（LRPM）和添加 0.1%过瘤胃蛋氨酸（HRPM），见表 9-33。将 36 头牦牛分为 6 组，每组 6 个重复，每个重复 1 头牦牛，预饲期 10 d，正饲期 60 d。

表 9-33　试验分组

日粮类型	蛋氨酸添加剂量		
	不添加蛋氨酸	低剂量蛋氨酸	高剂量蛋氨酸
12.90%蛋白日粮	0	0.05%	0.1%
14.99%蛋白日粮	0	0.05%	0.1%

3. 试验日粮及饲养管理

过瘤胃氨基酸由建明（中国）科技有限公司提供，过瘤胃蛋氨酸瘤胃通过率66%、小肠释放率90%。试验日粮参照国家《肉牛饲养标准》（NY/T 815—2004）设计而成。粗料采用青贮玉米秸秆和鲜酒糟，精料补充料在四川新通达生物饲料科技有限公司生产，所有饲料需要量一次性备齐。采用TMR全混合日粮，精粗比5∶5，每天预估采食量，人工现配现喂。日粮原料组成及营养成分见表9-34。

表 9-34　试验日粮组成及营养成分（干物质基础,%）

项目	低蛋白日粮	高蛋白日粮
精料补充料		
玉米	40.00	36.00
豆粕	7.70	11.65
尿素	0.25	0.30
氯化钠	0.40	0.40
重钙	0.50	0.50
碳酸氢钙	0.25	0.25
碳酸氢钠	0.50	0.50
芒硝	0.20	0.20
胆碱	0.10	0.10
预混料[1]	0.10	0.10
粗料		
鲜酒糟	25.00	25.00
青贮玉米秸秆	25.00	25.00
合计	100	100

（续表）

项目	低蛋白日粮	高蛋白日粮
营养水平[2]		
干物质 DM	63.54	64.23
总能 GE（MJ/g）	18.36	18.49
粗蛋白质 CP	12.90	14.99
粗脂肪 EE	3.32	3.11
中性洗涤纤维（NDF）	40.71	39.39
酸性洗涤纤维（ADF）	20.70	19.49
粗灰分（Ash）	7.21	7.32
钙 Ca	0.53	0.55
总磷 P	0.35	0.36

注：1. 预混料为每千克日粮提供：维生素 A 2 500 IU，维生素 D 550 IU，维生素 E 10 IU，铜（五水硫酸铜）10 mg，铁（硫酸亚铁）50 mg，锰（硫酸锰）40 mg，锌（硫酸锌）40 mg，碘（碘化钾）0.5 mg，硒（亚硒酸钠）0.2mg，钴（氯化钴）0.2 mg。

2. 营养水平均为实测值。

试验牦牛进入圈舍前，对圈舍进行全面的清洁与消毒。将圈舍分为 6 个区域，每个区域 6 头牛分别由专人管理，不拴系采用散养。试验牦牛于试验前统一驱虫，圈舍每 7 d 消毒 1 次，每 10 d 除粪 1 次保证圈舍清洁卫生。每日饲喂两次（9:00 和 18:00）。自由饮水，自由采食。

4. 样品的采集及测定

（1）生长性能　在开始试验的第 1 天和试验结束的最后 1 d 清晨饲喂前对试验牦牛进行称重，记录初重（IBW）和末重（FBW），计算平均日增重（ADG）。每天详细记录各组日粮的投喂量及剩余量。试验结束后通过计算得出日采食量（ADFI）。然后根据 ADG 和 ADFI 计算料重比（F/G）。计算公式如下。

ADG（g/d）=（FBW-IBW）/饲喂天数；

ADFI（kg）=每日投料量-每日剩料量；

F/G=ADFI/ADG。

（2）常规养分分析　试验最后的 3 d，每天采用四分法收集 TMR 日粮 1 kg。将每个处理组 3 d 的日粮混合均匀采集 1 kg 带回实验室。在 65℃的烘箱中干燥，然后粉碎过 40 目筛，分装于不同的自封袋标号保存用于常规养分的测定。干物质（DM）的测定采用 GB/T 6435—2014 中的方法。粗脂肪（EE）的测定采用德国格哈特公司的索克森快速溶剂浸提系统。粗蛋白质（CP）的测定采用德国格哈特公司的全自动杜马斯定氮仪。粗灰分（Ash）的测定采用 GB/T 6438—2007 中的方法。钙（Ca）的含量采用 GB/T 6436—2018 第二法进行测定。和总磷（P）的含量采用 GB/T 6437—2018 中的方法进行测定。中性洗涤纤维（NDF）和酸性洗涤纤维（ADF）的测定采用德国格哈特公司的费伯包技术。总能采用 IKA 等温氧弹量热仪（C6000，德国）测定。

（3）表观养分消化率　试验最后的 3d，每天采集每一头牦牛的 100 g 新鲜粪便，用 20 mL 10% 的 H_2SO_4 固氮，3 d 收集粪便工作结束后将每头牛的所有粪便混合，随机取 150 g 于 -20℃ 冷冻保存。将粪便样品在 65℃ 的烘箱中干燥，然后粉碎过 40 目筛，分装于不同的自封袋标号保存用于表观养分消化率的测定。采用盐酸不溶灰分（AIA）作指示剂测定养分表观消化率。日粮和粪样中 AIA 的含量采用 GB/T 23742—2009 中灼烧和酸处理法进行测定。粪样中粗脂肪（EE）、粗蛋白质（CP）、粗灰分（Ash）、钙（Ca）、总磷（P）、中性洗涤纤维（NDF）、酸性洗涤纤维（ADF）的测定同前文所述，有机物（OM）通过计算得出。各养分表观消化率计算公式如下：某养分表观养分消化率（%）= 100× [1- （RAIA/MAIA）× （Mn/Rn）]。

式中：RAIA 和 MAIA 分别表示日粮和粪中 AIA 含量；Mn 和 Rn 分别表示日粮和粪中某养分含量。

（4）血清指标　在正式试验的最后 1 d 清晨，每个处理组随机选取 3 头接近本组平均水平和体况良好的牦牛进行颈静脉采血 20 mL，放置于 4 只采血管中，随后在 4℃ 下 4 000 r/min 离心 5 min，取上清液分装于 2 mL EP 管中，-20℃ 保存用于血清指标的测定。

① 血清生化指标

样品经 4℃ 解冻后，采用兽用全自动生化分析仪（BC－240VET，深圳）测定血清中的丙氨酸氨基转移酶（ALT）、总蛋白（TP）、白蛋白（ALB）、尿素氮（BUN）、葡萄糖（GLU）、肌酐（CREA）、天门冬氨酸氨基转移酶（AST）、球蛋白（GLB）含量。

② 血清胰岛素和胰岛素样生长因子

血清经 4℃ 解冻后，采用上海苗彩生物科技有限公司的 Bovine IGF－1 ELISA KIT、Bovine INS ELISA KIT 试剂盒测定血清中的胰岛素样生长因子

（IGF-1）及血清胰岛素（INS）的含量。将胰岛素样生长因子（IGF-1）、血清胰岛素（INS）抗体包被于 96 孔微孔板中，制成固相载体，向微孔中分别加入标准品或者样本，其中的 IGF-1、INS、连接于固相载体上的抗体结合，然后彻底洗涤后加入 IGF-1、INS 抗体，将未结合的生物素抗体洗净后，加入 HRP 标记的亲和素，再次彻底洗涤后加入 TMB 底物显色。TMB 在过氧化物酶的催化下转化成蓝色，并在酸的作用下转化成最终的黄色。颜色的深浅和样品中的 IGF-1、INS 呈正相关。用酶标仪在 450 nm 波长下测定吸光度（OD 值），计算样品浓度。

③ 血清氨氮

血清经 4℃ 解冻后，采用上海茁彩生物科技有限公司的 AN 测定试剂盒测定血清中的氨氮（AN）含量。测定方法参考试剂盒说明书。

④ 血清游离氨基酸

血清样品经 4℃ 解冻后，采用上海茁彩生物科技有限公司 Bovine FAA ELISA KIT 试剂盒测定血清中的游离氨基酸总量（FAA）。测定方法参考试剂盒说明书。血清中天门冬氨酸、苏氨酸、丝氨酸、谷氨酸、甘氨酸、丙氨酸、缬氨酸、异亮氨酸、亮氨酸、酪氨酸、苯丙氨酸、赖氨酸、组氨酸、精氨酸、脯氨酸的含量参照 GB/T 18246—2019 中的酸提取法使用氨基酸自动分析仪进行测定。蛋氨酸、胱氨酸的含量参照 GB/T 18246—2019 中的氧化酸水解法使用氨基酸自动分析仪进行测定

（5）瘤胃发酵参数及瘤胃菌群组成　每组随机选取接近本组平均水平和体况良好的 3 头牦牛，每头采集 1 次，参照 Wang 等（2017）的方法用胃管直接采集瘤胃液，先使用开口器撑起牛的口腔，然后将胃管式瘤胃液采样器缓慢从牛口腔插入瘤胃，抽取瘤胃液，最初的 50 mL 弃置（以免唾液影响），再抽取大约 60 mL，分别装于 15 mL 离心管和 5 mL 冻存管中，5 mL 冻存管立刻放入液氮罐中，采集完成后转移至实验室 -80℃ 超低温冰箱保存，用于微生物菌群组成的测定。15 mL 离心管 -20℃ 保存，用于 NH_3-N 和挥发性脂肪酸（VFA）及微生物蛋白（MCP）的测定。

① pH 值

瘤胃液采集完毕后，立即使用 pHS-10 型便携式 pH 计测定 15 mL 离心管中瘤胃液的 pH 值。

② 氨态氮

瘤胃液氨态氮（NH_3-N）参考冯宗慈等（2010）的比色法进行测定。样品前处理：先将瘤胃液解冻，然后在漩涡振荡器上振荡 1 min，接着在 4℃ 下

4 000 r/min离心 10 min。用 15 mL 玻璃试管先加入 1 mL 蒸馏水，再用移液枪吸取 1 mL 上清液加入其中，与此同时加入 8 mL 0.2 mol/L 盐酸，再次用漩涡振荡器振荡摇匀。最后用移液枪精准量取混合溶液 0.4 mL 置于试管内，分别加入 A 液 2 mL、B 液 2 mL，漩涡振荡器振荡摇匀后静置 10 min，用酶标仪在 700 nm 波长下测定。

③ 挥发性脂肪酸

挥发性脂肪酸（VFA）的含量采用 Agilent 6890N 气相色谱仪测定。以 2-乙基丁酸（2EB）作为内标物，采用内标校正定量方法进行计算。样品前处理：瘤胃液在 5 400 r/min 条件下离心 10 min，然后抽取 1 mL 上清液加入 5 mL 离心管内接着加入 0.2 mL 含有内标物 2EB 的 25%（w/v）偏磷酸溶液，将溶液混合均匀，在冰水浴中放置 30 min 以上，再在 10 000 r/min 条件下离心 10 min。气相色谱仪进口样参数设定：载气 N_2，分流比 40∶1，进样量 0.6 μL，温度：220℃。色谱柱为恒流模式，流量 2.0 mL/min，平均线速度 38 cm/s，柱压 11.3 psi。检测器设定为 FID，温度 250℃，H_2流量 40 mL/min，空气流量 450 mL/min，柱流量＋尾吹气流量 45 mL/min。柱温箱程序升温 120℃（3 min）→10℃/min→180℃（1 min）。

④ 微生物蛋白

瘤胃液微生物蛋白含量的测定采用南京建成工业的考马斯亮蓝试剂盒。将瘤胃液样品解冻后，在漩涡振荡器上振荡 1 min，将微生物和食糜分离，取 3 mL 混合液，4℃ 1 000~800 r/min，离心 10 min。吸取上清液 1 mL 于 1.5 mL 离心管中，13 000 r，4℃离心 20 min。弃上清液，底物中加入 1 mL 的 0.25 mol/L NaOH 混匀后吸入离心管中，100℃水浴 10 min 后，4℃ 13 000 r，离心 10 min。吸取上清液 500 μL，加入 5 mL 考马斯亮蓝，混匀后，室温放置 2 min，用酶标仪在 595 nm 波长下测定。

⑤ 瘤胃微生物菌群

1）DNA 的提取和 PCR 扩增

根据 FastDNA® Spin Kit for Soil（MP Biomedicals，U.S.）说明书进行微生物群落总 DNA 抽提，使用 1% 的琼脂糖凝胶电泳检测 DNA 的提取质量，使用 NanoDrop 2000 测定 DNA 浓度和纯度；使用 338F（5′-ACTCCTACGGGAG-GCAGCAG-3′）和 806R（5′-GGACTACHVGGGTWTCTAAT-3′）对 16S rRNA 基因 V3-V4 可变区进行 PCR 扩增，扩增程序如下：95℃预变性 3 min，27 个循环（95℃变性 30 s，55℃退火 30 s，72℃延伸 30 s），然后 72℃稳定延伸 10 min，最后在 4℃进行保存（PCR 仪：ABI GeneAmp® 9700 型）。PCR 反应体

系为：5×TransStart FastPfu 缓冲液 4 μL，2.5 mM dNTPs 2 μL，上游引物（5 uM）0.8 μL，下游引物（5 uM）0.8 μL，TransStart FastPfu DNA 聚合酶 0.4 μL，模板 DNA 10 ng，补足至 20 μL。每个样本 3 个重复。

2）Illumina Miseq 测序

将同一样本的 PCR 产物混合后使用 2% 琼脂糖凝胶回收 PCR 产物，利用 AxyPrep DNA Gel Extraction Kit（Axygen Biosciences，Union City，CA，USA）进行回收产物纯化，2% 琼脂糖凝胶电泳检测，并用 Quantus™ Fluorometer（Promega，USA）对回收产物进行检测定量。使用 NEXTFLEX Rapid DNA-Seq Kit 进行建库：（A）接头链接；（B）使用磁珠筛选去除接头自连片段；（C）利用 PCR 扩增进行文库模板的富集；（D）磁珠回收 PCR 产物得到最终的文库。利用 Illumina 公司的 Miseq PE300/NovaSeq PE250 平台进行测序。原始数据上传至 NCBI SRA 数据库。使用 fastp（https：//github.com/OpenGene/fastp，version 0.20.0）软件对原始测序序列进行质控，使用 FLASH（http：//www.cbcb.umd.edu/software/flash，version 1.2.7）软件进行拼接：

a. 过滤 reads 尾部质量值 20 以下的碱基，设置 50 bp 的窗口，如果窗口内的平均质量值低于 20，从窗口开始截去后端碱基，过滤质控后 50 bp 以下的 reads，去除含 N 碱基的 reads；

b. 根据 PE reads 之间的 overlap 关系，将成对 reads 拼接（merge）成一条序列，最小 overlap 长度为 10 bp；

c. 拼接序列的 overlap 区允许的最大错配比率为 0.2，筛选不符合序列；

d. 根据序列首尾两端的 barcode 和引物区分样品，并调整序列方向，barcode 允许的错配数为 0，最大引物错配数为 2。

使用 UPARSE 软件（http：//drive5.com/uparse/，version 7.1），根据 97% 的相似度对序列进行 OTU 聚类并剔除嵌合体。利用 RDP classifier（http：//rdp.cme.msu.edu/，version 2.2）对每条序列进行物种分类注释，比对 Silva 16S rRNA 数据库（v138），设置比对阈值为 70%。

5. 数据统计分析

试验数据用 Excel 2010 处理，随后使用 SPSS 24.0 统计分析软件进行二因素方差分析，采用 Duncan's 法进行多重比较。结果用平均值±标准差表示。$P<0.01$ 表示差异极显著，$P<0.05$ 表示差异显著，$P>0.05$ 表示差异不显著，$0.05<P<0.10$ 表示有趋势。

二、不同蛋白水平日粮中添加过瘤胃蛋氨酸对牦牛生长性能的影响

由表 9-35 可知，在不同的蛋白水平下，HCP 组 ADG 比 LCP 组显著提高 123.33 g/d（$P<0.05$），且 F/G 比 LCP 组显著降低 0.84（$P<0.05$），而 DMI 无显著差异（$P>0.05$）。在不同 RPM 水平下，与对照组相比，添加 RPM 有提高 ADG 的趋势（$P<0.10$）。蛋白水平和 RPM 添加量对牦牛生长性能指标无交互作用（$P>0.05$）。蛋白质经瘤胃微生物降解的主要产物是氨，部分氨被瘤胃壁吸收，随血液循环进入肝脏合成尿素，大部分尿素进入肾脏随尿排出造成浪费，而蛋氨酸作为反刍动物第一限制性氨基酸（王之盛等，2016），添加过瘤胃氨基酸能够直接增加牦牛的小肠代谢蛋白，从而提高牦牛的生长性能。李荫柱等（2020）研究发现，在试验组基础饲粮中添加 0.06% RPMet 相比于对照组，滩羔羊平均日增重、胴体重和屠宰率均显著提高（$P<0.05$），而料重比显著降低（$P<0.05$），在荷斯坦阉牛和杂交羔羊的基础饲粮中添加过瘤胃蛋氨酸可提高阉牛和羔羊的日增重（Wiese 等 2003，Hussein 等 1995）。韩云胜等（2016）研究发现，将 RPMet 和 RPLys 添加于基础日粮中对公奶牛干物质采食量无显著影响（$P<0.05$）。添加 RPLys 30 g/d 处理组、添加 RPMet 15 g/d+RPLys 30 g/d 处理组、添加 RPMet 15 g/d+RPLys 30 g/d（同时降低日粮粗蛋白质 2.20%）处理组末重和平均日增重显著增加（$P<0.05$）。添加 RPMet 15 g/d+RPLys 30 g/d 处理组、添加 RPMet 15 g/d+RPLys 30 g/d（同时降低日粮粗蛋白质 2.20%）处理组料重比显著降低（$P<0.05$）。李海霞等（2019）的研究表明，在基础饲粮中添加 RPMet 对黔北麻羊的生长性能指标差异不显著（$P>0.05$）。王菲等（2020）的研究表明，在低蛋白饲粮中添加 RPMet 相比于对照组的正常蛋白水平饲粮，黔北麻羊的末重、干物质采食量（DMI）、平均净增重（ANG）、平均日增重（ADG）、料重比（F/G）差异不显著（$P>0.05$）。在本试验中，不同 RPM 水平下，添加 RPM 没有显著提高 ADG，但有升高的趋势（$P<0.10$），与杨海涛等（2016）在奶牛上的研究结果一致。没有显著差异可能是因为试验时间较短，体重增长差异较小；在不同蛋白水平下，HCP 处理组牦牛 ADG 显著高于 LCP 组（$P<0.05$），与葛汝方（2015）的研究结果一致。当饲料蛋白水平提高，动物体内蛋白质沉积增加，从而促进动物的生长发育。本试验表明，RPM 可以一定程度地提高牦牛 ADG；在不同 CP 水平下，HCP 组生产性能优于 LCP 组。杨小婷等（2013）研究发现牦牛在育肥阶段，日粮中粗蛋白含量最少的试验组 F/G 极显著高于其他两个高蛋白组，

与本试验研究结果一致，可能是因为 HCP 组牦牛 DMI 与 LCP 组牦牛差异不显著，而 HCP 组牦牛 ADG 显著高于 LCP 组牦牛，最终使 F/G 差异显著。

表 9-35 　不同蛋白水平日粮中添加过瘤胃蛋氨酸对牦牛生长性能的影响

项目		初始体重（kg）	末重（kg）	ADG（g/d）	DMI（kg）	F/G
CP	LCP	234.59±24.52	275.94±31.72	689.17±151.01[b]	6.27±0.84	8.84±0.70[a]
	HCP	217.47±34.34	266.24±34.64	812.50±155.30[a]	6.35±0.85	8.00±1.24[b]
RPM	NRPM	224.17±24.03	263.73±32.51	659.03±184.12	6.07±0.84	8.93±1.66
	RPM LRPM	227.08±18.79	275.29±22.59	803.47±163.93	6.48±1.05	8.09±0.74
	HRPM	226.84±27.30	274.24±31.60	790.00±108.32	6.38±0.91	8.26±0.81
LCP	NRPM	219.83±24.03	254.58±32.51	579.17±160.10	6.09±0.08	9.21±0.69
	LRPM	238.33±18.79	280.33±22.59	700.00±130.49	5.97±1.05	8.43±0.74
	HRPM	245.60±27.30	292.90±31.60	788.33±86.12	6.73±0.86	8.89±0.49
HCP	NRPM	228.50±61.09	281.38±61.50	738.89±176.38	6.04±0.07	8.64±2.40
	LRPM	215.83±31.32	272.88±29.78	906.95±128.06	6.98±0.83	7.74±0.62
	HRPM	208.08±10.82	255.58±15.96	791.67±132.39	6.02±0.90	7.62±0.51
P 值	CP	0.12	0.41	0.02	0.79	0.04
	RPM	0.97	0.68	0.05	0.53	0.21
	CP×RPM	0.23	0.18	0.22	0.06	0.74

注：1. 同行数据肩标无字母或字母相同表示差异不显著（$P>0.05$），肩标不同大字母表示差异极显著（$P<0.01$），肩标不同小写字母表示差异显著（$P<0.05$），下表同。

2. CP=蛋白质水平；RPM=过瘤胃蛋氨酸水平；LCP=低蛋白水平；HCP=高蛋白水平；CP×RPM=蛋白质和过瘤胃蛋氨酸交互作用；NRPM=0%过瘤胃蛋氨酸；LRPM=0.05%过瘤胃蛋氨酸；HRPM=0.1%过瘤胃蛋氨酸，下表同。

三、不同蛋白水平日粮中添加过瘤胃蛋氨酸对牦牛养分表观消化率的影响

由表 9-36 可知，在不同的蛋白水平下，HCP 组牦牛 CP、Ca、ADF 表观消化率比 LCP 组牦牛显著提高 6.93%、11.48%、14.32%（$P<0.05$）。在不同 RPM 水平下，各处理组牦牛养分表观消化率无显著差异（$P>0.05$）。蛋白水平和 RPM 添加量对牦牛养分表观消化率无交互作用（$P>0.05$）。养分表观消化率是反映动物机体对饲粮消化吸收情况的重要指标。添加过瘤胃蛋氨酸对奶牛营养物质消化无显著影响（毕晓华等，2014）。林英庭等（2014）的研究表

明，在小尾寒羊的日粮中添加过瘤胃氨基酸可以显著提高 DM 和 ADF 的表观消化率。张卫兵等（2009）在研究中发现，当日粮蛋白水平升高对 8 月龄后备牛养分表观消化率无显著影响。刘书广等（2009）的研究表明，随着日粮蛋白水平的升高，绒山羊公羊 ADF 的表观消化率提高。Broderick 等（2008）的研究表明，蛋白水平 17.3%日粮饲喂的泌乳奶牛 DM、NDF、ADF表观消化率显著高于蛋白水平 16.1%饲喂的泌乳奶牛。在本试验中，HCP 组CP、ADF、Ca 表观消化率显著高于 LCP 组（$P<0.05$），与上述研究结果部分一致。随着蛋白水平的提高，瘤胃可降解蛋白升高，瘤胃中微生物可利用的氮含量增加，微生物加速对营养物质的消化，从而促使反刍动物养分表观消化率提高。

表 9-36　不同蛋白水平日粮中添加过瘤胃蛋氨酸对牦牛养分表观消化率的影响（%）

项目		OM	CP	EE	NDF	ADF	Ca	P
CP	LCP	69.03±7.32	54.58±4.94[b]	76.11±5.93	44.01±5.33	38.41±4.86[b]	27.77±3.42[b]	46.41±4.36
	HCP	71.36±4.65	60.97±3.98[a]	71.48±4.98	53.18±3.38	52.73±4.63[a]	39.25±2.94[a]	46.72±3.37
RPM	NRPM	66.78±3.92	55.27±1.43	79.28±4.96	49.06±1.37	42.87±1.25	27.93±1.65	40.05±3.52
	LRPM	72.94±3.69	59.77±3.95	76.95±4.95	41.36±7.32	44.90±1.32	36.99±1.87	49.71±2.58
	HRPM	70.87±6.61	58.28±6.86	65.15±3.52	41.62±1.33	48.94±1.33	35.61±2.73	49.94±1.59
LCP	NRPM	66.62±3.53	55.36±1.45	79.61±4.63	49.06±1.95	32.99±0.95	16.84±1.24	45.72±4.36
	LRPM	69.56±3.68	55.83±2.77	78.70±4.99	41.36±2.13	40.03±2.36	32.65±1.71	44.61±1.39
	HRPM	70.92±4.62	52.54±2.38	63.35±2.98	41.62±2.33	42.21±2.48	33.81±2.82	48.91±2.03
HCP	NRPM	66.94±3.52	55.18±2.43	78.95±3.65	49.43±2.56	52.74±3.96	39.03±1.63	34.38±1.86
	LRPM	76.33±5.73	63.72±4.66	68.54±2.95	56.52±3.21	49.78±5.34	41.33±3.97	54.81±2.44
	HRPM	70.81±4.60	64.02±3.94	66.55±2.96	53.61±3.16	55.67±2.93	37.40±1.88	50.97±3.24
P 值	CP	0.50	0.04	0.47	0.10	0.02	0.04	0.97
	RPM	0.41	0.46	0.13	0.95	0.54	0.37	0.59
	CP×RPM	0.54	0.36	0.30	0.57	0.72	0.36	0.57

四、不同蛋白水平日粮中添加过瘤胃蛋氨酸对牦牛瘤胃发酵参数的影响

由表 9-37 可知，在不同的蛋白水平下，HCP 组和 LCP 组 pH、NH_3-N、MCP 无显著差异（$P>0.05$）。在不同 RPM 水平下，各处理组牦牛瘤胃发酵参

数指标无显著差异（P>0.05）。蛋白水平和 RPM 添加量对牦牛瘤胃发酵参数指标无交互作用（P>0.05）。瘤胃酸碱度代表着瘤胃的健康和功能稳定，它对微生物菌群、发酵产物以及瘤胃的运动和吸收功能有深远的影响（Nagaraja 等，2007）。瘤胃液 pH 能够反映反刍动物瘤胃发酵状况，pH 的变化主要受营养水平及日粮结构的影响（张腾等，2013）。Van Houtert 等（1993）认为，pH 值在 5.7 以上最适合瘤胃微生物生长，当 pH 值低于 5.7 时有可能会引起动物机体的酸中毒，让瘤胃 pH 保持稳定，对于微生物的活性以及瘤胃的正常发酵具有重要意义。当荷斯坦公犊牛采用不同蛋白水平日粮饲喂时，瘤胃 pH 没有显著差异（郭凯等，2019）。王菲等（2020）在研究中发现，低蛋白质水平饲粮添加过瘤胃蛋氨酸对黔北麻羊瘤胃 pH 没有显著影响。易雪静（2010）在研究中发现，饲粮中蛋氨酸水平的高低对瘤胃 pH 值没有显著影响。上述研究结果均与本试验一致。

表 9-37　不同蛋白水平日粮中添加过瘤胃蛋氨酸对牦牛瘤胃发酵参数的影响

项目		pH	NH₃-N（mmol/L）	MCP（gprot/L）
CP	LCP	6.69±0.21	13.96±3.64	2.15±0.33
	HCP	6.85±0.16	16.02±2.21	2.40±0.36
RPM	NRPM	6.77±0.19	14.20±1.74	2.20±0.34
	LRPM	6.73±0.17	15.78±1.81	2.32±0.37
	HRPM	6.75±0.16	15.00±2.77	2.31±0.23
LCP	NRPM	6.76±0.09	13.27±1.43	1.90±0.13
	LRPM	6.70±0.14	13.10±0.83	2.35±0.29
	HRPM	6.62±0.11	15.51±1.80	2.20±0.27
HCP	NRPM	6.78±0.13	15.12±2.71	2.49±0.48
	LRPM	6.77±0.07	18.45±1.53	2.28±0.35
	HRPM	6.88±0.15	14.48±1.43	2.41±0.43
P 值	CP	0.16	0.09	0.31
	RPM	0.93	0.54	0.90
	CP×RPM	0.42	0.09	0.54

瘤胃 NH₃-N 是维持瘤胃有效发酵的主要物质之一（Wanapat 等，1999），是瘤胃微生物生长所需氮的来源，也是合成微生物蛋白的主要前体物。瘤胃 NH₃-N 一部分来源于饲料中蛋白质的脱氨基作用，另一部分来源于非蛋白氮

物质的降解，其浓度受日粮的蛋白水平、降解速率等影响（曾钰等，2019）。Wanapat 等（1999）研究表明，随着瘤胃 NH_3-N 含量的提高，反刍动物消化能力和摄食量升高。肉牛瘤胃 NH_3-N 含量与饲粮中蛋白水平呈正比关系（Haaland 等，1982）。张弘等（2020）在研究中发现，高蛋白水平饲粮会显著提高黑山羊瘤胃 NH_3-N 含量。在本试验中，不同 CP 水平对牦牛瘤胃 NH_3-N 无显著影响（$P>0.05$），但随着 CP 浓度增加瘤胃 NH_3-N 有增加的趋势（$P<0.10$）。与前人研究结果不完全一致，可能是因为日粮蛋白水平不同。

瘤胃微生物可以降解来自饲料和唾液中的粗蛋白质产生氨、小肽、氨基酸，并以这些降解产物为氮源合成微生物蛋白质。瘤胃中通过降解粗蛋白合成的微生物蛋白是动物宝贵的可代谢蛋白来源（Robinson 等，1999）。Chalupa 等（1976）研究表明，通常有 40%~80% 的膳食蛋白质可能在瘤胃中降解并转化为微生物蛋白质。瘤胃微生物蛋白的合成量可以衡量氮代谢的水平。张成喜等（2017）在研究中发现，添加过瘤胃蛋氨酸可以显著提高奶牛瘤胃微生物蛋白产量。张仔堃等（2020b）在奶牛中也得到相似的结果，添加不同组合的稀土和过瘤胃蛋氨酸能显著提高奶牛瘤胃微生物蛋白产量。不同组合的过瘤胃蛋氨酸与过瘤胃赖氨酸能显著提高奶牛瘤胃微生物蛋白产量（丁大伟等，2019b）。在本试验中，与对照组相比，添加 RPM 对 MCP 无显著影响（$P>0.05$）。与上述试验结果不一致，可能是因为添加的过瘤胃蛋基酸浓度及过瘤胃率不同。

进入瘤胃的饲料蛋白有 60%~80% 在瘤胃微生物分泌的蛋白酶、肽酶和脱氨酶共同作用下被分解成肽，然后进一步被降解为挥发性脂肪酸（王之盛等，2016）。作为反刍动物的主要能源，挥发性脂肪酸 95% 都是乙酸、丙酸和丁酸。葡萄糖由丙酸在糖异生作用下合成，乙酸则是乳脂合成的主要前体物质，在动物机体中乙/丙越低或丙酸越高，可为动物机体提供的能量就越高（徐晨晨等，2019）。杨志林等（2017）研究表明，当饲粮蛋白水平降低时，泌乳奶牛瘤胃中乙酸含量显著增加，乙酸/丙酸有上升的趋势，但丙酸和丁酸含量有下降趋势。毕晓华等（2014）研究发现，在荷斯坦泌乳牛日粮中添加 60 g/d RPMet，饲喂 2~6 d 后，乳牛瘤胃 pH 值、NH_3-N 浓度、VFA 及各挥发性脂肪酸比例没有产生差异。夏传奇（2018）在研究中发现，当饲粮蛋白水平升高时，瘤胃乙酸、丙酸、丁酸的含量显著上升。在本试验中，在不同 CP 水平下，HCP 显著提高了丙酸的含量（$P<0.05$）。在不同 RPM 水平下，与对照组相比，添加 RPM 对挥发性脂肪酸含量无显著影响（$P>0.05$）。

由表 9-38 可知，在不同的蛋白质水平下，HCP 组牦牛瘤胃丙酸比 LCP 组牦牛显著提高 3.59 mmol/L（$P<0.05$）。在不同 RPM 水平下，各处理组牦牛瘤胃各挥发性脂肪酸无显著差异（$P>0.05$）。蛋白水平和 RPM 添加量对牦牛瘤胃挥发性脂肪酸无交互作用（$P>0.05$）。本次试验结果与前人研究结果基本一致，说明 HCP 能为动物机体提供更多的能量，过瘤胃氨基酸在瘤胃中降解较少，所以对挥发性脂肪酸无显著影响。

表 9-38　不同蛋白水平日粮中添加过瘤胃蛋氨酸对牦牛瘤胃
挥发性脂肪酸的影响

（mmol/L）

项目		乙酸	丙酸	异丁酸	丁酸	异戊酸	戊酸	乙/丙
CP	LCP	35.32±3.26	7.11±0.88[b]	1.02±0.33	6.83±0.88	1.53±0.04	0.57±0.03	4.65±0.12
	HCP	47.74±3.88	10.70±1.79[a]	1.22±0.63	9.64±1.43	1.88±0.05	0.79±0.08	4.57±0.30
RPM	NRPM	37.49±2.47	8.01±0.95	1.02±0.05	7.34±1.56	1.75±0.05	0.70±0.03	4.80±0.23
	LRPM	39.83±3.55	8.98±1.83	1.23±0.21	8.59±0.93	1.73±0.09	0.67±0.06	4.46±0.19
	HRPM	42.77±4.38	9.72±1.55	1.12±0.74	8.77±0.34	1.63±0.10	0.67±0.03	4.57±0.04
LCP	NRPM	29.86±3.93	6.70±0.85	0.97±0.23	6.99±0.83	1.62±0.12	0.69±0.02	4.46±0.19
	LRPM	33.01±1.28	6.83±1.30	1.07±0.23	6.58±1.50	1.50±0.16	0.46±0.03	4.76±0.14
	HRPM	37.09±3.61	7.79±0.77	1.03±0.14	6.91±0.73	1.46±0.11	0.56±0.10	4.73±0.22
HCP	NRPM	45.12±4.20	9.33±0.82	1.08±0.03	7.70±1.44	1.88±0.18	0.72±0.02	5.14±0.28
	LRPM	46.65±2.42	11.13±1.37	1.39±0.28	10.60±1.83	1.95±0.09	0.87±0.10	4.16±0.06
	HRPM	48.44±3.04	11.64±1.54	1.20±0.30	10.62±1.64	1.81±0.04	0.79±0.07	4.41±0.21
P 值	CP	0.324	0.034	0.066	0.073	0.053	0.056	0.86
	RPM	0.715	0.668	0.283	0.699	0.824	0.96	0.81
	CP×RPM	0.953	0.9	0.66	0.612	0.89	0.398	0.46

五、不同蛋白水平日粮中添加过瘤胃蛋氨酸对牦牛瘤胃菌群组成的影响

（一）测序结果

18 个样本采用 Illumina Miseq 平台测序，结果如表 9-39 所示，一共得到 925 695 条优质细菌 16S rRNA 基因序列，平均每个样本产生 54 453 条基因序列，序列的平均长度为 415 bp。

表 9-39　样本测序结果

序列扩增区域	样本数目	序列数目	碱基数目（bp）	序列平均长度
338F_806R	18	925 695	384 947 550	415

（二）Alpha 多样性分析

香农指数（Shannon）和辛普森指数（Simpson）可反映瘤胃菌群的多样性，香农指数值越大，群落多样性越高；辛普森指数值越大，群落多样性越低。艾斯指数（Ace）和赵氏指数（Chao）可反映瘤胃菌群丰富度。6 个试验组的 Alpha 多样性指数见表 9-40，在各水平下，牦牛 Shannon 指数、Simpson 指数、Ace 指数、Chao 指数均无显著影响（$P>0.05$）。各组 Coverage 指数均超过了 99%，说明测序合理，能够准确地反映样本中细菌群落种类和结构多样性。

表 9-40　不同蛋白水平日粮中添加过瘤胃蛋氨酸对牦牛瘤胃细菌群落 Alpha 多样性的影响

	项目	Shannon	Simpson	Ace	Chao	Coverage
CP	LCP	5.55±0.28	0.01±0.00	1 480.39±38.55	1 493.76±73.45	0.99±0.00
	HCP	5.26±0.33	0.02±0.01	1 390.93±42.34	1 415.30±66.43	0.99±0.00
RPM	NRPM	5.56±0.14	0.01±0.00	1 508.53±46.88	1 536.76±58.74	0.99±0.00
	LRPM	5.25±0.15	0.02±0.00	1 306.36±39.75	1 417.63±43.25	0.99±0.00
	HRPM	5.42±0.22	0.01±0.00	1 342.09±33.42	1 459.19±63.55	0.99±0.00
LCP	NRPM	5.69±0.28	0.01±0.00	1 574.03±24.23	1 602.58±36.77	0.99±0.00
	LRPM	5.43±0.16	0.02±0.01	1 424.39±18.11	1 523.70±57.31	0.99±0.00
	HRPM	5.54±0.27	0.01±0.00	1 442.76±39.20	1 455.01±23.40	0.99±0.00
HCP	NRPM	5.43±0.22	0.02±0.01	1 443.04±41.05	1 470.94±35.07	0.99±0.00
	LRPM	5.07±0.19	0.03±0.01	1 188.33±20.73	1 511.57±77.58	0.99±0.00
	HRPM	5.30±0.13	0.02±0.01	1 241.41±37.53	1 463.38±67.52	0.99±0.00
P 值	CP	0.158	0.274	0.246	0.31	0.129
	RPM	0.436	0.595	0.052	0.083	0.311
	CP×RPM	0.939	0.909	0.751	0.854	0.323

（三）稀释性曲线

利用各个处理组样本在不同测序深度的 Alpha 多样性指数可以构建稀释曲

线，是反映各个处理组样本在不同测序数量时微生物多样性的指标，可以说明样本的测序数据量是否合理，也可以用来比较测序数据量不同的样本中物种的丰富度或均一性。本试验中各处理组稀释曲线随着测序深度的增加而逐渐趋于平缓，说明测序数据量足够大，各处理组样本中微生物多样性可以很好反映，各个处理组覆盖度曲线达到了饱和状态（大于99%），说明本试验各个处理组样品的测序深度和测序量合理，能够很好地反映瘤胃微生物的组成情况。

（四）瘤胃菌群物种 Venn 图分析

按照序列97%的相似性进行 OUT 聚类操作6个处理组共得到1 200个OTU，C_L、L_01、L_02、C_H、H_01、H_02组 OTU 数分别为1 005、1 010、1 029、1 062、1 023和1 006个，其中987个 OUT 为各处理组共有的，占 OTU 总数的82.25%。C_L 组独有的 OUT 数目为18占 OTU 总数的1.50%，L_01 组独有的 OUT 数目为23占 OTU 总数的1.90%，L_02 组独有的 OUT 数目为42占 OTU 总数的3.50%，C_H 组独有的 OUT 数目为75占 OTU 总数的6.25%，H_01 组独有的 OUT 数目为36占 OTU 总数的3.00%、H_02 组独有的 OUT 数目为19占 OTU 总数的1.58%。说明各个处理组 OUT 的组成相似度较高，差异不明显。

（五）瘤胃菌群门水平的物种差异分析

试验样品通过测序，然后进行分类学对比分析归类和注释，18个样本共得到1个域、1个界、24个门、45个纲、92个目、153个科、297个属、564个种。其中，拟杆菌门（Bacteroidota）、厚壁菌门（Firmicutes）、和变形菌门（Proteobacteria）相对丰度的总和均高于92%，各个处理组中微生物相对丰度均大于1%的门为厚壁菌门（Firmicutes）、拟杆菌门（Bacteroidota），分别占自己组序列总数的92.56%、93.53%、93.64%、93.84%、93.98%和93.48%，属于优势菌门；各个组中总和均超过3%属于次优势菌门，分别为放线菌门（Actinobacteriota）、螺旋体门（Spirochaetae）、未分类门的反硝化菌门（unclassifiedk norankd bacteria）和脱硫杆菌门（Desulfobacterota）。虽然其他菌门也有检出，如髌骨菌门（Patescibacteria），但相对丰度均未超过1%。

由表9-41所示，在不同的蛋白水平下，HCP 组牦牛瘤胃脱硫杆菌门（Desulfobacterota）相对丰度显著高于 LCP 组牦牛（$P<0.05$），而其他菌门无显著差异（$P>0.05$）。在不同 RPM 水平下，添加 RPM 组牦牛瘤胃脱硫杆菌门（Desulfobacterota）相对丰度显著低于对照组牦牛（$P<0.05$）。蛋白水平和 RPM 添加量对牦牛瘤胃脱硫杆菌门（Desulfobacterota）相对丰度有交互作用（$P<0.05$）。

表9-41　不同蛋白水平日粮中添加过瘤胃蛋氨酸对牦牛瘤胃细菌组成的影响（门水平，%）

项目	CP		RPM			LCP			HCP			P值		
	LCP	HCP	NRPM	LRPM	HRPM	NRPM	LRPM	HRPM	NRPM	LRPM	HRPM	CP	RPM	CP×RPM
Actinobacteriota	1.63±0.19	1.32±0.47	1.09±0.44	1.86±0.26	1.46±0.02	1.74±0.10	1.85±0.23	1.29±0.10	0.44±0.13	1.88±0.03	1.63±0.26	0.37	0.22	0.17
Bacteroidota	40.83±5.46	42.70±3.71	44.14±1.95	41.96±4.80	39.21±7.81	39.56±4.71	39.84±4.48	43.08±6.77	48.71±6.39	44.07±1.11	35.33±5.53	0.69	0.69	0.33
Bdellovibrionota	0.02±0.00	0.02±0.01	0.04±0.02	0.01±0.01	0.02±0.01	0.04±0.00	0.02±0.00	0.01±0.00	0.04±0.01	0.03±0.00	0.02±0.01	0.74	0.16	0.79
Chloroflexi	0.05±0.01	0.05±0.01	0.05±0.00	0.05±0.02	0.06±0.01	0.06±0.02	0.06±0.00	0.04±0.01	0.03±0.00	0.04±0.02	0.08±0.01	0.84	0.83	0.30
Cyanobacteria	0.13±0.02	0.13±0.10	0.09±0.07	0.22±0.03	0.08±0.02	0.14±0.01	0.21±0.03	0.06±0.01	0.05±0.01	0.24±0.02	0.09±0.01	0.92	0.07	0.61
Desulfobacterota	0.51±0.05	0.27±0.09	0.72±0.06	0.26±0.04	0.19±0.07	1.14±0.06[a]	0.23±0.05[b]	0.16±0.02[b]	0.31±0.04[b]	0.29±0.10[b]	0.21±0.03[b]	0.01	0.01	0.01
Elusimicrobiota	0.09±0.01	0.04±0.00	0.11±0.05	0.06±0.01	0.03±0.00	0.14±0.11	0.09±0.07	0.05±0.03	0.08±0.04	0.03±0.01	0.02±0.00	0.09	0.13	0.80
Fibrobacterota	0.39±0.08	0.24±0.01	0.47±0.11	0.29±0.18	0.28±0.14	0.57±0.10	0.19±0.20	0.40±0.09	0.36±0.08	0.19±0.20	0.16±0.04	0.09	0.15	0.40
Firmicutes	52.42±3.62	51.06±10.18	49.06±6.93	51.80±2.59	54.36±1.62	53.00±6.80	53.69±8.72	50.56±3.02	45.13±6.29	49.91±2.6	58.15±9.41	0.76	0.62	0.34

（续表）

项目	CP		RPM			LCP			HCP			P值		
	LCP	HCP	NRPM	LRPM	HRPM	NRPM	LRPM	HRPM	NRPM	LRPM	HRPM	CP	RPM	CP×RPM
Patescibacteria	0.86±0.06	0.76±0.17	0.77±0.10	0.85±0.19	0.81±0.41	0.75±0.10	0.88±0.32	0.94±0.11	0.79±0.47	0.81±0.08	0.68±0.41	0.78	0.18	0.11
Proteobacteria	0.78±0.04	0.58±0.27	0.76±0.10	0.50±0.09	0.78±0.37	0.94±0.16	0.61±0.30	0.79±0.12	0.58±0.22	0.39±0.18	0.77±0.15	0.64	0.96	0.85
Spirochaetota	1.32±0.02	1.59±0.28	1.74±0.19	1.12±0.33	1.50±0.45	1.05±0.38	0.80±0.28	2.11±0.31	2.43±0.04	1.45±0.14	0.88±0.10	0.43	0.58	0.85
Synergistota	0.13±0.06	0.20±0.04	0.39±0.08	0.08±0.09	0.02±0.01	0.23±0.08	0.12±0.08	0.03±0.02	0.54±0.05	0.04±0.08	0.02±0.05	0.54	0.52	0.08
unclassifiedk norankd Bacteria	0.62±0.14	0.75±0.10	0.27±0.21	0.81±0.23	0.98±0.25	0.34±0.02	1.22±0.06	0.31±0.03	0.21±0.03	0.39±0.22	1.65±0.13	0.55	0.09	0.46
Verrucomicrobiota	0.19±0.09	0.26±0.02	0.25±0.07	0.21±0.04	0.23±0.08	0.25±0.06	0.17±0.08	0.16±0.01	0.25±0.07	0.25±0.05	0.29±0.07	0.81	0.57	0.26

（六）瘤胃菌群属水平的物种差异分析

不同蛋白水平日粮中添加过瘤胃蛋氨酸对牦牛瘤胃菌群的相对丰度造成影响，从属水平分析，各个试验组相对丰度均在 1% 以上的属有 *norank f F082*、*Prevotella*、*Rikenellaceae_RC9_gut_group*、*NK4A214_group*、*Christensenellaceae_R-7_group*、*UCG-001*、*Lachnospiraceae_NK3A20_group*、*norank f UCG-011*、*norank f Muribaculaceae*、*Succiniclasticum*、*Ruminococcus*、*norank f Eubacterium_coprostanoligenes_group*。

由表 9-42 所示，在不同的 CP 水平下，各处理组牦牛瘤胃菌群属水平无显著差异（$P>0.05$）。在不同 RPM 水平下，与对照组相比，添加 RPM 组显著提高 *Succiniclasticum* 相对丰度（$P<0.05$）。CP 和 RPM 对牦牛瘤胃 *Acetitomaculum* 相对丰度有交互作用（$P<0.05$）。瘤胃作为反刍动物的重要器官拥有极其复杂的微生物区系，因此微生物区系的组成情况影响着反刍动物的健康和生产。16S rRNA 高通量测序技术作为研究微生物多样性的手段，可以较为清晰地展示瘤胃微生物菌群的组成。本试验通过测序得到 925 695 条序列，序列平均长度为 415。有研究表明，当样品取样充分时，样品覆盖度曲线应高于 97%（Mao 等，2015）。在本试验中各组处理组覆盖度曲线达到了饱和状态，说明测序深度和测序量合理。稀释性曲线也随着测序深度的增加而逐步趋于平缓，说明测序量足够大，能很好地反映瘤胃细菌多样性。祁敏丽（2016）的研究表明，不同蛋白水平对羔羊瘤胃微生物 Shannon 指数、Simpson 指数、Ace 指数和 Chao 指数均无显著影响，与本次试验结果一致，在本次试验中，各水平下组间 Ace 指数、Chao 指数、Shannon 指数、Simpson 指数无显著差异。

拟杆菌门（53%~63%）和厚壁菌门（23%~33%）是肉牛瘤胃菌群中的优势菌门（Myer 等，2015）。杨琦玥等（2017）的研究同样表明，拟杆菌门（64%）和厚壁菌门（20%）是牦牛瘤胃菌群的优势菌门，次优势菌门为螺旋菌门（2.3%）、变形菌门（1.8%）、纤维杆菌门（1.7%）。本次试验中，各处理组优势菌门依然为厚壁菌门（45.13%~58.15%）（*Firmicutes*）和拟杆菌门（35.33%~48.71%）（*Bacteroidetes*）。与郭凯（2019）的研究结果相似。不同蛋白水平和 RPM 添加量对牦牛瘤胃脱硫杆菌门相对丰度有交互作用（$P<0.05$）。可能是因为过瘤胃蛋氨酸的少量降解影响了其生长发育。从属水平分析，在本次试验中 *norank f F082*、*Prevotella*、*Rikenellaceae_RC9_gut_group*、*NK4A214_group* 为各组优势菌属。普雷沃氏菌属（*Prevotella*）属于厚壁菌门，虽不能降解纤维素，但能很好地利用瘤胃中的淀粉和植物细胞壁多糖，属于瘤

表9-42 不同蛋白水平日粮中添加过胃蛋氨酸对牦牛瘤胃细菌组成的影响（属水平，%）

项目	CP		RPM			LCP			HCP			P值		
	LCP	HCP	NRPM	LRPM	HRPM	NRPM	LRPM	HRPM	NRPM	LRPM	HRPM	CP	RPM	CP×RPM
norankf_F082	11.51±3.32	10.58±1.84	8.48±2.81	14.87±1.19	9.78±3.74	9.93±3.30	13.41±2.98	11.20±1.35	7.04±3.62	16.33±4.64	8.35±2.24	0.70	0.11	0.52
Prevotella	6.28±2.25	13.10±0.52	12.78±1.25	7.49±2.17	8.80±2.71	3.62±1.28	6.13±0.08	9.10±3.88	21.95±1.22	8.85±3.90	8.49±2.60	0.24	0.73	0.38
Rikenellaceae_RC9_gut_group	10.02±1.91	8.00±4.26	8.23±1.08	9.09±3.89	9.71±3.69	9.13±3.68	9.78±2.02	11.16±1.58	7.33±2.17	8.40±1.11	8.26±1.16	0.15	0.66	0.88
NK4A214_group	7.78±2.69	6.45±0.24	5.56±2.90	7.48±2.21	8.31±0.42	6.51±0.68	8.38±2.17	8.45±1.91	4.60±0.36	6.58±1.33	8.18±2.18	0.14	0.06	0.66
Christensenellaceae_R-7_group	5.46±0.14	5.96±1.21	5.69±1.14	5.40±2.00	6.04±0.51	5.68±0.72	5.02±1.46	5.68±0.37	5.70±1.22	5.79±0.80	6.40±1.14	0.63	0.87	0.95
UCG-001	4.29±0.99	3.94±0.86	3.19±0.21	4.38±0.20	4.78±0.88	3.15±0.23	5.19±0.75	4.53±0.08	3.23±0.12	3.57±0.93	5.02±0.74	0.77	0.57	0.74
Lachnospiraceae_NK3A20_group	3.40±0.53	3.70±0.72	2.26±0.01	3.94±0.42	4.46±1.91	3.01±1.28	3.25±1.09	3.95±1.34	1.51±0.56	4.62±1.90	4.98±1.97	0.79	0.28	0.54
norankfUCG-011	2.99±0.06	2.94±1.33	2.10±0.37	2.99±0.01	3.81±0.54	2.40±0.40	3.21±0.01	3.38±0.92	1.81±0.22	2.78±0.11	4.24±0.40	0.93	0.08	0.51
Norankf Muribaculaceae	3.60±1.41	2.71±0.84	4.30±0.94	3.16±0.95	2.01±0.88	5.79±0.01	3.79±0.37	1.21±0.28	2.81±0.02	2.52±0.82	2.80±0.26	0.40	0.24	0.23
Succiniclasticum	3.36±0.07	2.29±1.34	5.39±0.94a	1.64±0.60b	1.45±0.65b	6.82±1.08	2.05±0.42	1.21±0.31	3.96±1.07	1.22±0.27	1.68±0.19	0.26	0.01	0.37

（续表）

项目	CP		RPM			LCP			HCP			P值		
	LCP	HCP	NRPM	LRPM	HRPM	NRPM	LRPM	HRPM	NRPM	LRPM	HRPM	CP	RPM	CP×RPM
Ruminococcus	2.11±0.37	2.40±1.07	1.76±0.20	2.03±1.01	2.98±0.18	1.50±0.90	1.97±0.46	2.87±0.06	2.02±0.18	2.09±0.70	3.10±0.68	0.50	0.07	0.92
Norank_f_Eubacterium_coprostanoligenes_group	1.39±0.74	1.32±0.72	1.19±0.43	1.63±0.84	1.25±0.72	1.14±0.26	1.85±0.58	1.19±0.02	1.23±0.17	1.41±0.72	1.30±0.24	0.80	0.45	0.70
norank_f_norank_o_Clostridia_UCG-014	1.25±0.26	1.33±0.11	0.94±0.48	1.51±0.39	1.42±0.43	0.96±0.18	1.63±0.33	1.15±0.07	0.91±0.03	1.38±0.14	1.69±0.31	0.81	0.39	0.60
Norank_f_Bacteroidales_RF16_group	1.39±0.26	1.17±0.13	1.13±0.12	1.28±0.29	1.43±0.08	1.49±0.12	0.95±0.16	1.72±0.06	0.78±0.18	1.60±0.20	1.13±0.11	0.63	0.87	0.40
Prevotellaceae_UCG-003	1.46±0.09	0.96±0.29	1.34±0.21	1.06±0.29	1.23±0.01	1.72±0.29	1.05±0.30	1.61±0.01	0.98±0.01	1.06±0.03	0.85±0.18	0.200	0.82	0.62
Prevotellaceae_UCG-004	1.03±0.09	1.29±0.29	1.08±0.16	1.28±0.11	1.11±0.12	1.05±0.01	0.68±0.05	1.35±0.06	1.12±0.19	1.87±0.05	0.87±0.13	0.59	0.93	0.33
Lachnospiraceae_ND3007_group	1.50±0.28	0.90±0.22	1.51±0.07	0.85±0.07	1.25±0.15	2.50±0.15	0.85±0.12	1.15±0.19	0.51±0.13	0.85±0.22	1.34±0.29	0.10	0.33	0.05
Acetiomaculum	1.16±0.19	1.03±0.05	0.60±0.02	0.99±0.19	1.18±0.15	1.65±0.06a	1.01±0.11ab	0.83±0.18ab	0.58±0.19b	0.97±0.05ab	0.55±0.12	0.50	0.72	0.01
Unclassified_f_Ruminococcaceae	0.74±0.02	1.31±0.17	0.69±0.12	1.63±0.20	0.85±0.01	0.69±0.12	0.98±0.02	0.55±0.12	0.51±0.07	2.27±0.15	1.14±0.09	0.23	0.18	0.44
norank_f_norank_o_RF39	0.90±0.03	1.09±0.06	0.77±0.03	1.05±0.08	1.17±0.01	0.70±0.00	1.09±0.08	0.92±0.04	0.84±0.08	1.01±0.04	1.42±0.01	0.70	0.11	0.64

胃中数量最多的几种菌之一。高雨飞等（2016）在研究中发现，利用 Mi Seq 测序技术分析锦江牛瘤胃细菌多样性优势菌属分别为 *Prevotella*、*Paraprevotella*、*Rikenella*，与本次研究结果不完全一致，可能是因为野生和半家养反刍动物饲料结构及瘤胃菌群较复杂，导致家养反刍动物瘤胃菌群的丰度不如野生和半家养的反刍动物（黎凌铄等，2021）。本次试验中，在不同 RPM 水平下，与对照组相比，添加 RPM 显著降低牦牛瘤胃 *Succiniclasticum* 相对丰度（$P<0.05$），推测与过瘤胃蛋氨酸的部分降解有关，具体作用机理还待进一步验证。

六、不同蛋白水平日粮中添加过瘤胃蛋氨酸对牦牛血清生化指标的影响

由表9-43可知，在不同的蛋白水平下，LCP 组牦牛 CREA 显著高于 HCP 组牦牛（$P<0.05$）。在不同 RPM 水平下，NRPM 组牦牛 CREA 显著高于 HRPM 组牦牛（$P<0.05$）；与对照组相比，添加 RPM 显著提高 ALT、AST 含量（$P<0.05$）。在本试验中，蛋白水平和 RPM 添加量对牦牛 AST 含量有交互作用（$P<0.05$）。动物自身血清生化指标受到多种因素的影响，如食物、自身激素分泌情况、生长阶段和生长环境等，可以反映自身的健康水平和物质代谢情况，也是动物机体内营养物质沉积状况的重要指标。血清中的 AST 和 ALT 含量是反映肝脏和心脏功能情况及蛋白质代谢的重要指标，当肝脏功能异常后，血清中 ALT 和 AST 的活性会快速升高。张仔堃等（2020a）在研究稀土和过瘤胃蛋氨酸不同组合对奶牛血液生化指标的影响时发现，不同浓度过瘤胃蛋氨酸和稀土组合添加对奶牛 AST 和 ALT 影响差异不显著。本次试验中，在不同 RPM 水平下，与对照组相比，添加 RPM 显著提高 ALT 和 AST 含量（$P<0.05$），且不同蛋白水平和 RPM 添加量对 AST 有交互作用。可能是因为 RPM 的降解增加了肝脏氮代谢的负担。

长期以来，反刍动物营养学家一直把 UN 水平作为评价动物体内蛋白质利用状况的指标。其含量越低，氨基酸平衡性越好，蛋白质的合成效率也越高（董金金等，2018）。毕晓华等（2014）在试验中发现，奶牛饲粮中添加过瘤胃蛋氨酸对奶牛的血清 UN 不会产生显著影响。GLU 是反映动物体能量是否平衡的标志，也是动物机体的主要能源物质，GLU 稳定有利于动物机体的健康和生长发育，当动物体内缺少 GLU 时，可能会导致其蛋白质代谢紊乱，生长性能下降等（郭冬生等，2011）。TP 包括 ALB 和 GLB，TP 的含量是衡量机体

表9-43　不同蛋白水平日粮中添加过瘤胃蛋氨酸对耗牛血清生化指标的影响

项目		ALT (U/L)	UN (nmol/L)	Glu (nmol/L)	TP (g/L)	CREA (µmol/L)	AST (U/L)	ALB (g/L)	GLB (g/L)	AN (ng/mL)
CP	LCP	22.18±4.90	2.95±0.28	2.74±0.73	39.91±3.92	115.90±9.56[a]	59.49±5.22	20.46±5.71	19.45±2.34	38.21±6.51
	HCP	20.08±3.91	3.93±0.31	2.49±0.41	37.91±1.79	90.50±3.80[b]	55.07±3.25	19.30±2.15	18.61±2.64	40.72±3.01
RPM	NRPM	15.58±4.02[b]	2.59±0.93	2.50±1.97	39.53±3.90	122.58±5.79[a]	39.91±12.56	15.17±1.13	14.36±0.32	36.61±3.71
	LRPM	24.48±4.40[a]	3.38±0.63	2.63±0.83	44.85±7.68	98.02±1.46[ab]	69.57±5.73	22.73±0.26	22.12±2.91	38.97±5.15
	HRPM	23.33±2.03[a]	3.49±0.51	2.72±0.47	42.35±9.11	89.00±5.40[b]	62.37±12.78	21.73±3.85	20.62±3.09	42.81±3.74
LCP	NRPM	12.75±4.91	1.95±0.14	1.74±0.57	22.15±5.21	136.50±8.82	28.65±13.54[c]	12.20±0.76	9.95±3.37	36.02±4.18
	LRPM	25.98±2.52	3.23±0.54	3.30±0.05	46.73±2.03	101.87±7.15	71.00±10.41[ab]	23.63±7.12	23.10±1.73	41.08±6.04
	HRPM	27.83±3.61	3.66±0.92	3.18±0.52	50.83±4.50	109.33±13.19	78.83±5.22[a]	25.53±4.44	25.30±1.56	37.51±3.31
HCP	NRPM	18.40±2.70	3.23±0.07	3.26±0.56	36.90±1.58	108.67±12.20	51.17±0.37[abc]	18.13±1.19	9.95±1.10	37.20±1.28
	LRPM	23.00±1.20	3.52±0.56	1.95±1.46	42.97±4.75	94.17±7.84	68.13±4.92[ab]	21.83±2.49	21.13±1.41	36.86±1.88
	HRPM	18.83±4.72	3.31±0.31	2.26±0.16	33.87±8.22	68.67±5.01	45.90±0.37[bc]	17.93±6.31	15.93±0.19	48.10±4.79
P值	CP	0.367	0.277	0.645	0.725	0.023	0.53	0.689	0.773	0.32
	RPM	0.019	0.144	0.947	0.107	0.047	0.014	0.114	0.117	0.156
	CP×RPM	0.069	0.232	0.117	0.115	0.374	0.024	0.201	0.075	0.068

对蛋白质吸收和代谢的重要指标，当 TP 逐渐升高，促进组织蛋白的沉积和机体的免疫力，ALB 与组织修补和物质转运相关，而 GLB 在一定程度上可以反映机体的抗体水平（卜艳玲等，2018）。在本次研究中，蛋白水平和 RPM 添加量对上述指标均无显著影响。

CREA 是机体肌肉代谢的产物，由磷酸肌酸和肌酸代谢所生成，动物机体中 CREA 的产生量与肌肉量呈正比关系，最终全部经肾小球滤过进入尿液中，同时血清肌酐也是用于判定肾功能好坏的主要指标（宋德荣等，2014）。在低蛋白日粮中添加过瘤胃蛋氨酸和过瘤胃赖氨酸对山羊血清 CREA 有上升趋势的影响（韩娥，2019）。张成喜等（2017）在研究中发现，在荷斯坦奶牛日粮中添加过瘤胃蛋氨酸可降低血清中肌酐的含量。与本次试验结果一致，表明过瘤胃蛋氨酸的添加和 HCP 日粮能够提高牦牛的肾功能，加快肾脏的代谢。

血清氨（AN）是蛋白质代谢过程中通过氨基酸脱氨基形成，然后进入门静脉再进入血液循环。由于肝脏能有效地清除来源于肠道的氨，当血清氨水平上升时可能伴随着动物肝功能的损伤。在肉牛的十二指肠灌注蛋氨酸能够显著降低肉牛血清氨含量（杨维仁，2004）。郑春田等（2001）研究结果表明，相同蛋白含量日粮中添加异亮氨酸可以提高仔猪日增重并降低血清氨含量。在本试验中，蛋白水平和 RPM 添加量对牦牛 AST 含量有交互作用（$P<0.05$），推测其原因可能是 RPM 被吸收代谢进入血液循环引起 AN 含量的提高。

七、不同蛋白水平日粮中添加过瘤胃蛋氨酸对牦牛血清胰岛素和胰岛素样生长因子的影响

由表 9-44 可知，不同蛋白水平对牦牛 INS 和 IGF-1 含量无显著影响（$P>0.05$）。在不同 RPM 水平下，与对照组相比，添加 RPM 显著提高 INS 含量（$P<0.05$）；在本试验中，蛋白水平和 RPM 添加量对牦牛 IGF-1 含量有交互作用（$P<0.05$）。胰脏内的胰岛 β 细胞受内源性或外源性物质（如葡萄糖、乳糖、核糖、精氨酸、胰高血糖素等）的刺激分泌形成一种蛋白质激素称作胰岛素。胰岛素不仅能降低血糖，还能促进机体蛋白质的合成和氨基酸的转运，也有抑制蛋白质、糖原、脂肪、尿素分解的作用。Horiuchi 等（2017）在小鼠试验中发现，低蛋白日粮会造成胰岛素分泌减少，但是可以通过补充支链氨基酸来恢复。李国栋（2020）在研究中发现，后备牛在低蛋白日粮补饲过瘤胃蛋氨酸、亮氨酸、异亮氨酸，在试验 30 d 时各组间胰岛素含量没有显著差异，但是 60 d 时低蛋白日粮添加过瘤胃蛋氨酸、亮氨酸、异亮氨酸组显著高于其他组。在低蛋白饲粮中添加蛋氨酸可以提高泌乳小鼠血浆胰岛素水平

（吕佳栋，2017）。在本次试验中，在 RPM 水平下，添加 RPM 试验组胰岛素水平显著高于对照组（$P<0.05$）。说明添加 RPM 可以促进机体蛋白质的合成与 ADG 的变化趋势一致。

表 9-44　不同蛋白水平日粮中添加过瘤胃蛋氨酸对牦牛血清胰岛素和
胰岛素样生长因子的影响

项目		INS（mLU/L）	IGF-1（ng/mL）
CP	LCP	9.06±1.58	112.11±8.49
	HCP	8.73±1.24	111.19±7.29
RPM	NRPM	5.96±1.58b	101.49±9.80
	LRPM	10.49±1.26[a]	117.51±3.85
	HRPM	10.25±2.01[a]	115.97±3.02
LCP	NRPM	6.19±1.52	105.40±8.17[ab]
	LRPM	11.85±1.15	127.67±10.34[a]
	HRPM	9.15±1.48	103.26±10.75[ab]
HCP	NRPM	5.73±0.95	97.58±7.20[b]
	LRPM	9.14±1.47	107.34±8.72[ab]
	HRPM	11.34±1.54	128.68±5.35[a]
P 值	CP	0.7	0.89
	RPM	0.01	0.13
	CP×RPM	0.08	0.03

　　胰岛素样生长因子（IGF-1）是一类主要在肝脏合成的多功能细胞调控因子，广泛存在于血液循环中，不仅能够促进机体组织摄取葡萄糖，还能促进合成蛋白质、糖原和脂肪，调节组织生长和发育。对肌肉沉积、身体成分的维持及营养代谢的调节起着重要的作用，此外还与乳腺发育有关。有研究表明，肉牛血清中胰岛素样生长因子的浓度与平均日增重之间存在着正相关（Stick，1998）。张永翠等（2009）在研究中发现，在新西兰肉兔饲粮中添加蛋氨酸能显著提高胰岛素样生长因子含量。过瘤胃蛋氨酸的添加对肉羊胰岛素样生长因子 mRNA 水平影响不显著（王慧媛，2014b）。杨魁（2014）在研究中发现，过瘤胃蛋氨酸和过瘤胃赖氨酸的添加对生长育肥牛的胰岛素样生长因子含量影响不显著。在本试验中，蛋白水平和 RPM 添加量对牦牛血清 IGF-1 的含量有交互作用（$P<0.05$），说明 RPM 的添加可影响动物机体蛋白质、糖类和脂肪

的合成，进而促进动物生长发育。

八、不同蛋白水平日粮中添加过瘤胃蛋氨酸对牦牛血清游离氨基酸的影响

（一）不同蛋白水平日粮中添加过瘤胃蛋氨酸对牦牛血清游离氨基酸总量的影响

如表 9-45 所示，在不同 CP 水平下，LCP 组 FAA 和 HCP 组 FAA 无显著差异（$P > 0.05$）。在不同 RPM 水平下，各处理组 FAA 无显著差异（$P > 0.05$）。在本试验中，蛋白水平和 RPM 添加量对 FAA 含量无交互作用（$P > 0.05$）。当过瘤胃氨基酸通过瘤胃到达小肠，接着被小肠吸收进入血液循环，血清游离氨基酸含量就会上升。所以测定血清中游离氨基酸的含量可以很好地反映过瘤胃氨基酸的过瘤胃率和小肠释放率，如果血清游离氨基酸浓度不上升，说明过瘤胃氨基酸无法到达小肠或者无法在小肠释放。血清游离氨基酸水平与到达小肠的氨基酸量呈正比关系。在早期断奶阶段仔猪机体中的血清氨基酸含量会发生明显变化，添加谷氨酰胺能明显调节仔猪血清游离氨基酸含量（赵广民，2020）。在基础日粮中添加 0.15% N-羟甲基蛋氨酸钙能够显著提高泌乳期奶牛血清游离蛋氨酸含量（方伟，2017）。孙华等（2010）的试验结果表明，在泌乳高峰期荷斯坦奶牛日粮中添加过瘤胃蛋氨酸，奶牛血清游离氨基酸总量有一定程度的提高。在本次试验中，在 LCP 水平或者 HCP 水平下，添加 RPM 均对血清游离氨基酸总量没有显著影响，推测其与 RPM 添加剂量有关。

表 9-45　不同蛋白水平日粮中添加过瘤胃蛋氨酸对牦牛血清游离氨基酸总量的影响

项目		FAA（μg/mL）
CP	LCP	27.21±4.55
	HCP	29.64±1.17
RPM	NRPM	28.90±2.62
	LRPM	28.00±1.63
	HRPM	28.37±3.39
LCP	NRPM	25.39±1.25
	LRPM	29.80±4.65
	HRPM	26.43±3.47

（续表）

项目		FAA（μg/mL）
HCP	NRPM	32.41±3.92
	LRPM	26.21±4.73
	HRPM	30.31±2.61
P值	CP	0.372
	RPM	0.963
	CP×RPM	0.277

　　韩兆玉等（2006）的试验结果表明，过瘤胃蛋氨酸可以提高奶牛血清游离蛋氨酸和血清游离赖氨酸的含量。刘飞等（2014）的试验结果表明，在荷斯坦奶牛的饲粮中添加过瘤胃蛋氨酸和过瘤胃赖氨酸，可以提高血清中游离蛋氨酸和赖氨酸的含量，并且血清中游离蛋氨酸和赖氨酸的含量与过瘤胃蛋氨酸和赖氨酸的添加量成正比。在本试验中，在不同RPM水平下，添加RPM组血清游离蛋氨酸含量显著高于NRPM组（$P<0.05$）。这说明本次试验所使用的过瘤胃蛋氨酸具有良好的过瘤胃率，可以到达小肠释放并被机体吸收。

（二）不同蛋白水平日粮中添加过瘤胃蛋氨酸对牦牛血清游离必需氨基酸的影响

　　如表9-46所示，在不同RPM水平下，LRPM组和HRPM组血清游离蛋氨酸比NRPM组分别显著提高0.40 mg/100 g和0.39 mg/100 g（$P<0.05$）。在本试验中，蛋白水平和RPM添加量对牦牛血清游离必需氨基酸含量无交互作用（$P>0.05$）。血清中游离蛋氨酸和赖氨酸的含量与过瘤胃蛋氨酸和赖氨酸的添加量成正比。在本试验中，在不同RPM水平下，添加RPM组血清游离蛋氨酸含量显著高于NRPM组（$P<0.05$）。这说明本次试验所使用的过瘤胃蛋氨酸具有良好的过瘤胃率，可以到达小肠释放并被机体吸收。Davenport等（1990）的研究结果表明，在饲粮中添加过瘤胃蛋氨酸，可以降低生长育肥牛血清游离支链氨基酸含量。在本次试验中，血清游离缬氨酸随着RPM添加水平的升高有降低的趋势（$P<0.10$），这可能是因为其作为支链氨基酸是机体合成蛋白质的重要原料。牦牛日增重的增加，机体合成蛋白质量相应增加，造成支链氨基酸消耗增大，含量降低。CP和RPM对甘氨酸有交互作用（$P<0.01$），可能是不同CP水平日粮的氨基酸含量不同，添加不同剂量的RPM，小肠可吸收氨基酸总量以及氨基酸不同组成比例之间相互制约所致（杨魁，2014）。

表 9-46　不同蛋白水平日粮中添加过瘤胃蛋氨酸对牦牛血清游离必需氨基酸的影响　　　　　　　　（mg/100 g）

项目		赖氨酸	组氨酸	亮氨酸	缬氨酸	蛋氨酸	苏氨酸	苯丙氨酸
CP	LCP	3.09±0.39	3.31±0.18	3.94±0.47	0.85±0.21	0.71±0.11	2.28±0.43	2.26±0.18
	HCP	3.80±0.46	3.54±0.39	4.31±0.41	1.15±0.04	0.91±0.13	2.28±0.27	2.71±0.01
RPM	NRPM	3.89±0.29	3.35±0.06	4.23±0.13	1.53±0.14	0.55±0.08b	1.93±0.49	2.92±0.19
	LRPM	3.33±0.44	3.56±0.02	4.47±0.20	0.80±0.21	0.95±0.20a	2.55±0.14	2.55±0.10
	HRPM	3.13±0.19	3.37±0.18	3.67±0.40	0.68±0.06	0.94±0.17a	2.37±0.48	1.99±0.18
LCP	NRPM	3.58±0.23	3.08±0.33	4.21±0.47	1.27±0.02	0.60±0.28	2.34±0.22	2.64±0.24
	LRPM	2.74±0.07	3.53±0.14	3.88±0.23	0.71±0.01	0.75±0.13	2.20±0.03	2.38±0.34
	HRPM	2.95±0.38	3.31±0.09	3.73±0.07	0.58±0.07	0.79±0.03	2.30±0.42	1.75±0.14
HCP	NRPM	4.19±0.31	3.62±0.36	4.24±0.17	1.78±0.26	0.51±0.15	1.51±0.21	3.19±0.04
	LRPM	3.91±0.47	3.58±0.15	5.06±0.03	0.88±0.07	1.14±0.30	2.89±0.16	2.71±0.29
	HRPM	3.31±0.47	3.43±0.30	3.62±0.12	0.79±0.12	1.09±0.31	2.44±0.27	2.22±0.09
P 值	CP	0.243	0.555	0.56	0.202	0.056	0.994	0.251
	RPM	0.628	0.85	0.414	0.05	0.012	0.312	0.161
	CP×RPM	0.76	0.892	0.528	0.839	0.157	0.189	0.967

九、主要结论

（1）高蛋白水平日粮较低蛋白水平日粮显著提高牦牛日增重；随着过瘤胃蛋氨酸添加量的增加，日增重有进一步提高趋势；以 14.99% 蛋白含量日粮添加 0.05% 过瘤胃蛋氨酸表现最佳。

（2）高蛋白水平对菌群多样性无显著影响，但影响了部分菌群相对丰度；

提高了养分表观消化率；改善瘤胃发酵，进而提高牦牛生产性能。

（3）添加过瘤胃蛋氨酸显著提高了血清游离蛋氨酸、肌酐、谷丙转氨酶和谷草转氨酶含量。

综上所述：高蛋白日粮饲喂效果优于低蛋白日粮；在日粮中添加过瘤胃蛋氨酸能一定程度提高牦牛生产性能。

参考文献

北京农学院，2001. 家畜环境卫生学 ［M］. 北京：中国农业出版社.

曹宁贤，2008. 肉牛饲料与饲养新技术 ［M］. 北京：中国农业科学出版社.

刁其玉，2007. 动物氨基酸营养与饲料 ［M］. 北京：化学工业出版社.

葛长荣，马美湖，2002. 肉与肉制品工艺学 ［M］. 北京：中国轻工业出版社.

桂红兵，张建丽，李隐侠，等，2022. 添加包被赖氨酸和蛋氨酸低蛋白质日粮对西门塔尔牛生产性能及氮排放的影响 ［J］. 江苏农业学报，38（6）：1586-1593.

国家统计局，2016. 国民经济和社会发展统计公报 ［R］. 北京：国家统计局：5-20.

黄应祥，2002. 奶牛养殖与环境监控 ［M］. 北京：中国农业大学出版社.

黄应祥，2002. 肉牛无公害综合饲养技术 ［M］. 北京：中国农业出版社.

冀一伦，2001. 实用养牛科学 ［M］. 北京：中国农业出版社.

黎凌铄，2022. 不同蛋白水平日粮中添加过瘤胃蛋氨酸对牦牛生长性能、血清指标、瘤胃发酵和菌群组成的影响 ［D］. 成都：西南民族大学.

李国栋，2021. 低蛋白日粮补饲过瘤胃蛋氨酸、亮氨酸、异亮氨酸对后备牛生长及消化性能的影响 ［D］. 泰安：山东农业大学.

李媛，刁其玉，屠焰，2018. 肉牛及奶牛生长阶段饲粮的氨基酸限制性顺序及理想氨基酸模式研究现状 ［J］. 饲料工业，39（21）：63-67.

刘凌云，郑光美，2009. 普通动物学 ［M］. 4 版. 北京：高等教育出版社.

刘敏雄，1991. 反刍动物消化生理学 ［M］. 北京：中国农业大学出版社.

马姜静，张燕，2021. 低蛋白质日粮补充合成氨基酸对荷斯坦肉牛生长性能、氮代谢及胴体性状的影响 ［J］. 中国饲料（20）：13-16.

孙志洪，等，2020. 畜禽氨基酸代谢与低蛋白质日粮技术 ［M］. 北京：化学工业出版社.

陶薪燕，张丹丹，程景，等，2023. 低蛋白日粮对中国西门塔尔牛太行类群生长性能、养分表观消化率和血清生化参数的影响 [J]. 中国畜牧杂志，59（2）：191-195.

涂瑞，2022. 不同蛋白水平日粮中添加过瘤胃赖氨酸对牦牛生长性能、养分消化、血清生化、瘤胃发酵和菌群组成的影响 [D]. 成都：西南民族大学.

王聪，2004. 优质牛肉生产技术 [M]. 北京：中国农业大学出版社.

王聪，2007. 肉牛饲养手册 [M]. 北京：中国农业大学出版社.

王之盛，李胜利，2016. 反刍动物营养学 [M]. 北京：中国农业出版社.

印遇龙，2008. 猪氨基酸营养与代谢 [M]. 北京：科学出版社.

张丽英，2007. 饲料分析及饲料质量检测技术 [M]. 2 版. 北京：中国农业大学出版社.

中华人民共和国农业部，2005. 肉牛饲养标准：NY/T 815—2004 [S]. 北京：中国农业出版社.

AGLE M, HRISTOV A N, ZAMAN S, et al., 2010. The effects of ruminally degraded protein on rumen fermentation and ammonia losses from manure in dairy cows [J]. Journal of Dairy Science, 93: 1625-1637.

ALBRECHT J, ZIELINSKA M, NORENBERG M D, 2010. Glutamine as a mediator of ammonia neurotoxicity: A critical appraisal [J]. Biochemical Pharmacology, 80: 1303-1308.

ANTHONY S, DONIGIAN J R, WAYNE C H, 1991. Modeling of non-point source water quality in urban and non-urban area. Environmental Research Laboratory Office of Research and Development [J]. US Environmental Protection Agency: 34-39.

ANTONELLI AC, MORI C S, SOARES P C, et al., 2004. Experimental ammonia poisoning in cattle fed extruded or prilled urea: clinical findings [J]. Brazilian Journal of Veterinary Research and Animal Science, 41: 67-74.

AROGO J, WESTERMAN P W, HEBER A J, 2003. A review of ammonia emissions from confined swine feeding operations [J]. Transactions of the Asae, 46: 805-817.

BAUGHER W L, CAMPBELL T C, 1969. Gossypol detoxication by fungi [J]. Science, 164: 1526-1527.

BRUNEKREEF B, HOLGATE S T, 2002. Air pollution and health [J]. Lancet, 360: 1233-1242.

BUSSINK D W, OENEMA O, 1998. Ammonia volatilization from dairy farming systems in temperate areas: a review [J]. Nutrient Cycling in Agroecosystems, 51: 19-33.

BUTTERWORTH R F, 2014. Pathophysiology of brain dysfunction in hyperammonemic syndromes: The many faces of glutamine [J]. Molecular Genetics and Metabolism, 113: 113-117.

CHIOU P W S, CHEN C, YU B, 2000. Effects of Aspergillus oryzac fermentation extract oil in situ degradation of feedstuffs [J]. Asian-Australasian Journal of Animal Sciences, 13: 1076-1083.

COLMENERO J J O, BRODERICK G A, 2006. Effect of dietary crude protein concentration on milk production and nitrogen utilization in lactating dairy cows [J]. Joumal of Dairy Science, 89: 1704-1712.

CREMIN J D, FITCH M D, FLEMING S E, 2003. Glucose alleviates ammonia-induced inhibition of short-chain fatty acid metabolism in rat colonic epithelial cells [J]. American Journal of Physiology-Gastrointestinal and Liver Physiology, 285: G105-G114.

DAMGAARD T, LAMETSCH R, OTTE J, 2015. Antioxidant capacity of hydrolyzed animal by-products and relation to amino acid composition and peptide size distribution [J]. Journal of Food Science and Technology, 52: 6511-6519.

DAVID B, MEJDELL C, MICHEL V, et al., 2015. Air quality in alternative housing systems may have an impact on laying hen welfare [J]. Part ll-Ammonia. Animals, 5: 886-896.

DUODU C P, ADJEI-BOATENG D, EDZIYIE R E, et al., 2018. Processing techniques of selected oilseed by-products of potential use in animal feed: Effects on proximate nutrient composition [J]. Animal Nutrition, 4: 442-451.

ERISMAN J W, HENSEN B A, VERMCULEN A, 2008. Agricultural air quality in Europe and the future perspectives [J]. Atmospheric Environment, 42: 3209-3217.

GU B, JU X, CHANG S X, et al., 2017. Nitrogen use efficiencies in Chinese agricultural systems and implications for food security and environmental protection [J]. Regional Environmental Change, 17: 1-11.

HAMILTON T D, ROE J M, WEBSTER A J, 1996. Synergistic role of gaseous ammonia in etiology of Pastcurella multocida - induced atrophic rhinitis in swine [J]. Journal of Clinical Microbiology, 34, 2185-2190.

HAYES E T, CURRAN T P, DODD V A, 2006. Odour and ammonia emissions from intensive pig units in Ireland [J]. Bioresource Technology, 97: 940-948.

HOU Y, CHEN W P, LINO Y H, et al., 2017. Scenario analysis of the impacts of socioeconomic development on phosphorous export and loading from the Dongting Lake watershed China [J]. Environment Science Pollution Research, 24: 26706-26723.

JIZE Z, CONG L, XIANGFANG T, et al., 2015. High concentrations of atmospheric ammonia induce alterations in the hepatic protcome of broilers (*Gallus gallus*): an iTRAQ - based quantitative proteomic analysis [J]. PLoS One, 10: c0123596.

KERR B J, URRIOLA PE, JHA R, et al., 2019. Amino acid composition and digestible amino acid content in animal protein by-product meals fed to growing pigs [J]. Journal of Animal Science, 97: 4540-4547.

LEE C, HRISTOV A N, DELL C J, et al., 2012. Effect of dictary protein concentration on ammonia and greenhouse gas emitting potential of dairy manure [J]. Journal of Dairy Science, 95: 1930-1941.

LIN H, SUI S J, JIAO H C, et al., 2006. Impaired development of broiler chickens by stress mimicked by corticosterone exposure [J]. Comparative Biochemistry&Physiology Part A Molecular&Integrative Physiology, 143: 400-405.

LIN X Y, WANG J F, SU P C, et al., 2014. Lactation performance and mammary amino acid metabolism in lactating dairy goats when complete or met lacking amino acid mixtures were infused into the jugular vein [J]. Small Ruminant Research, 120: 135-141.

LOBLEY G E, CONNELL A, LOMAX M A, et al., 1995. Hepatic detoxification of ammonia in the ovine liver: possible consequences for amino acid catabolism [J]. British Journal of Nutrition, 73: 667-685.

MAJUMDAR D, GUPTA N, 2000. Nitrate pollution of groundwater and associated human health disorders [J]. Indian Journal of Environmental Health, 42: 28-39.

MALIK S G, IRWANTO K A, OSTROW J D, et al., 2010. Effect of bilirubin on cytochrome c oxidase activity of mitochondria from mouse brain and liver [J]. BMC Research Notes, 3: 162.

MANRIQUEZ O M, MONTANO M F, CALDERON J F, et al., 2016. Influence of wheat straw pelletizing and inclusion rate in dry rolled or steam-flaked corn-based finishing diets on characteristics of digestion for feedlot cattle [J]. Asian-Australasian Journal of Animal Sciences, 29: 823-829.

MANSILLA W D, SILVA K E, CUILAN Z, et al., 2018. Ammonia-nitrogen added to low-crude-protein diets deficient in dispensable amino acid-nitrogen increases the net release of alanine, citrulline, and glutamate post-splanchnic organ metabolism in growing pigs [J]. The Journal of Nutrition, 148: 1081-1087.

MEGINNS M, JANZEN H H, COATES T, 2003. Atmospheric ammonia, volatile fatty acids, and other odorants near beef feedlots [J]. Journal of Environmental Quality, 32: 1173-1182.

MICHIELS A, PIEPERS S, ULENS T, et al., 2015. Impact of particulate matter and ammonia on average daily weight gain, mortality and lung lesions in pigs [J]. Preventive Veterinary Medicine, 121: 99-107.

MILES D M, MILLER W W, BRANTON S L, et al., 2006. Ocular responses to ammonia in broiler chickens [J]. Avian Discases, 50: 45-49.

NAKHOUL N L, ABDULNOUR-NAKHOUL S M. BOULPAEP E L, et al., 2010. Substrate specificity of Rhbg: ammonium and methyl ammonium transport [J]. AJP: Cell Physiology, 299: C695-C705.

NORENBERG M D, 2003. Oxidative and nitrosative stress in ammonia ncurotoxicity [J]. Neurochemistry International, 37: 245-248.

NOSENGO N, 2003. Fertilized to death [J]. Nature, 425: 894-895

QI J, ZHENG B, LI MY, et al., 2017. A high-resolution air pollutants emission inventory in 2013 for the Beijing-Tianjin-Hebei region [J]. ChinaAtmospheric Environment, 170: 156-168.

ROSE C, YTREBE L M, DAVIES N A, et al., 2007. Association of reduced extracellular brain ammonia, lactate, and intracranial pressure in pigs with acute liver failure [J]. Hepatology, 46: 1883-1892.

ROZAN F, VILLAUME C, BAU H M, 1996. Detoxication of rapeseed meal by Rhizopus oligosorus SP-T3: A first step towards rapeseed protein concentrate [J]. International Journal of food science&Technology, 31: 85-90.

SCHEELE G A, 1994. Extracellular and intracellular messengers in dict-induced regulation of pancreatic gene expression. In: JOHNSON L R (ed). Physiology of the gastrointestinal tract. Raven Press, New York, NY.

STEINFELD H, GERBER P, WASSENAAR T, et al., 2006. Livestock's long shadow: environmental issues and options [J]. Livestocks Long Shadow Environmental Issues&Options, 16: 1-7.

TODD R W, COLE N A, WALDRIP H M, et al., 2013. Arrhenius equation for modeling feedyard ammonia emissions using temperature and diet crude protein [J]. Journal of Environmental Quality, 42: 666-671.

VIJAY G M, HU C, PENG J, et al., 2016. Ammonia-induced brain oedema and immune dysfunction is mediated by toll-like receptor 9 (TLR9) [J]. Journal of Hepatology, 64, S314.

WATHES C M, JONES J B, KRISTENSEN H H, et al., 2002. Aversion of pigs and domestic fowl to atmospheric ammonia [J]. Transactions of the ASAE, 45, 1605-1610.

XIONG Y, TANG X, MENG Q, et al., 2016. Differential expression analysis of the broiler tracheal proteins responsible for the immune response and muscle contraction induced by high concentration of ammonia using iTRAQ-coupled 2D LC-MS/MS [J]. Science China Life Sciences, 59: 1166-1176.